“十二五”普通高等教育本科国家级规划教材

大学计算机

（第 7 版）

龚沛曾 杨志强 　主编

朱君波 李湘梅 肖杨 　编

高等教育出版社·北京

内容提要

本书是"十二五"普通高等教育本科国家级规划教材,是国家精品课程"大学计算机基础"主讲教材。

本书是在《大学计算机(第6版)》的基础上,根据教育部高等学校大学计算机课程教学指导委员会提出的"以计算思维为切入点的计算机基础教育改革"思路编写的。全书共分9章,主要内容包括计算机与计算思维、计算机系统、操作系统基础、数制和信息编码、数据处理、数据库技术基础、计算机网络基础、信息浏览和发布、问题求解与算法等。

本书既保持了以往一贯的内容丰富、层次清晰、通俗易懂、图文并茂、易教易学的特色,又根据"夯实基础、面向应用、培养创新"指导思想奠定了教材的基础性、应用性和创新性,旨在提高大学生计算机应用能力,并为学习后继课程打下扎实的基础。

本书配有《大学计算机上机实验指导与测试(第7版)》、电子教案以及内容丰富的教学资源,便于广大师生的教和学。

图书在版编目(CIP)数据

大学计算机/龚沛曾,杨志强主编;朱君波,李湘梅,肖杨编. --7版. --北京:高等教育出版社,2017.9(2021.5重印)

ISBN 978-7-04-048344-4

Ⅰ.①大… Ⅱ.①龚… ②杨… ③朱… ④李… ⑤肖… Ⅲ.①电子计算机-高等学校-教材 Ⅳ.①TP3

中国版本图书馆CIP数据核字(2017)第194836号

Daxue Jisuanji

| 策划编辑 | 耿 芳 | 责任编辑 | 耿 芳 | 封面设计 | 张志奇 | 版式设计 | 童 丹 |
| 插图绘制 | 杜晓丹 | 责任校对 | 李大鹏 | 责任印制 | 刁 毅 | | |

出版发行	高等教育出版社	网　　址	http://www.hep.edu.cn
社　　址	北京市西城区德外大街4号		http://www.hep.com.cn
邮政编码	100120	网上订购	http://www.hepmall.com.cn
印　　刷	河北鹏盛贤印刷有限公司		http://www.hepmall.com
开　　本	850mm×1168mm 1/16		http://www.hepmall.cn
印　　张	17.25	版　　次	1998年12月第1版
字　　数	320千字		2017年9月第7版
购书热线	010-58581118	印　　次	2021年5月第15次印刷
咨询电话	400-810-0598	定　　价	38.00元

数字课程资源使用说明 ▎▎▎▎➤

与本书配套的数字课程资源发布在高等教育出版社易课程网站，请登录网站后开始课程学习。

一、注册/登录

访问 http://abook.hep.com.cn/18610199，点击"注册"，在注册页面输入用户名、密码及常用的邮箱进行注册。已注册的用户直接输入用户名和密码登录即可进入"我的课程"页面。

二、课程绑定

点击"我的课程"页面右上方"绑定课程"，正确输入教材封底防伪标签上的20位密码，点击"确定"完成课程绑定。

三、访问课程

在"正在学习"列表中选择已绑定的课程，点击"进入课程"即可浏览或下载与本书配套的课程资源。刚绑定的课程请在"申请学习"列表中选择相应课程并点击"进入课程"。

四、与本书配套的易课程数字课程资源包括电子教案、动画、微视频、拓展阅读等，以便读者学习使用。

账号自登录之日起一年内有效，过期作废。

如有账号问题，请发邮件至：abook@hep.com.cn。

前　言 ▌▌▌▌➤

　　本书是国家精品课程"大学计算机基础"的主讲教材，也是"十二五"普通高等教育本科国家级规划教材。

　　近几年来，全国高校的计算机基础教育改革主要围绕着两个主题展开：一是以计算思维为切入点，提升课程的内涵；二是应用 MOOC/SPOC 改进教学方法和手段。为实施以计算思维为切入点的教学改革，第 6 版教材采用了将大学计算机和程序设计两门课程联动改革的方案，即在大学计算机课程增加算法和程序设计，在程序设计课程中增加利用计算机技术解决实际应用能力的训练。实践证明这一举措是正确的，激发了大学生学习和探究计算机的积极性，提升了大学生的计算机素质和应用创新能力，提高了课程的教学质量。然后各学科对大学生计算思维能力的要求不断提高，教育部高等学校大学计算机课程教学指导委员会于 2015 年制定了《大学计算机基础课程教学基本要求》，为此本书根据有关要求，继续保持第 6 版两门课程联动的方案，对原有内容进行了凝练、精简、充实，引入了近期发展迅速的云计算、大数据等新技术，加强计算思维能力和应用创新能力培养。同时，为了适应 MOOC/SPOC 的混合教学模式，本书为配套资源配置二维码，制成新形态教材。

　　本书建议教学学时为 64 学时，其中理论与实践课时比例为 1：1，均为 32 学时。各学校在教学过程中可根据专业类别、学生程度和学时的不同，选择书中的内容组织教学。在教学过程中应以实践为主线安排教学进度而不是按章节次序。

　　本书除保持了前几版内容丰富、层次清晰、通俗易懂、图文并茂等特色外，还根据作者多年的教学经验，为提高教学实效，促进学生自主学习，提供了丰富的教学资源，包括

　　（1）电子教案、动画和视频演示、教学录像；

　　（2）完备的实验方案与详细的实验指导、自测综合实验；

　　（3）通用考试系统，集试题录入、组卷、考试、阅卷于一体，网址为 http://202.120.167.124。

　　本书由龚沛曾、杨志强主编，朱君波、李湘梅、肖杨参编，教研室的陆慰民、孙

丽君、丛培盛、陆有军、高枚、李洁、陈宇飞等教师对全书的修订提出许多宝贵的建议，在此一并表示感谢！也深深感谢国内各高校的专家、同仁、一线教师长期以来对我们工作的信任和支持！

　　使用本书的学校可与作者联系索取相关的教学资料。E - mail 地址为 gongpz@163.com 或 yzq98k@163.com，也可访问国家精品课程网站 http://202.120.165.61。

　　由于作者水平有限，书中难免有不足之处，恳请各位读者和专家批评、指正！

主　编
2017 年 6 月

目　录 ▶

第 1 章
计算机与计算思维基础

　　世界上第一台计算机 ENIAC 于 1946 年诞生至今，已有 70 多年的历史。计算机及其应用已渗透到人类社会生活的各个领域，催生了计算机文化，促进了计算思维的研究和应用，有力地推动了整个信息化社会的发展。

1.1 引言

　　人人拥有计算能力，然而人的计算速度又是极低的。例如，公元 5 世纪祖冲之将圆周率 π 推算至小数点后 7 位数花了整整 15 年，现代人不借助计算机计算一个 30×30 的行列式需要许多个人年，我国第一颗原子弹研制时出现了数百位科学家在大礼堂埋头打算盘的壮观场景。为了追求"超算"的能力，人类在漫长的文明进化过程中，发明和改进了许许多多的计算工具。早期具有历史意义的计算工具有如下几种。

　　① 算筹。计算工具的源头可以上溯至 2000 多年前的春秋战国时代，古代中国人发明的算筹是世界上最早的计算工具。

　　② 算盘。我国唐代发明的算盘是世界上第一种手动式计数器，一直沿用至今。许多人认为算盘是最早的数字计算机，而珠算口诀则是最早的体系化的算法。

　　③ 计算尺。1622 年，英国数学家奥特瑞德（William Oughtred）根据对数表设计了计算尺，可执行加、减、乘、除、指数、三角函数等运算，一直沿用到 20 世纪 70 年代才由计算器所取代。

　　④ 加法器。1642 年，法国哲学、数学家帕斯卡（Blaise Pascal）发明了世界上第一个加法器，它采用齿轮旋转进位方式执行运算，但只能做加法运算。

　　⑤ 计算器。1673 年，德国数学家莱布尼茨（Gottfried Leibniz）在帕斯卡发明的基础上设计制造了一种能演算加、减、乘、除和开方的计算器。

　　⑥ 差分机和分析机。英国剑桥大学查尔斯·巴贝奇（Charles Babbage）教授分别于 1812 年和 1834 年设计了差分机和分析机。分析机体现了现代电子计算机的结构、设计思想，因此被称为现代通用计算机的雏形。

　　这些计算工具都是手动式的或机械式的，不能满足人类对"超算"的渴望。直到电子计算机发明以后，人类才从繁重的计算中解放出来。

1.2 计算机的诞生和发展

　　在以机械方式运行的计算机诞生百年之后，随着电子技术的突飞猛进，计算机开始了真正意义上的由机械向电子的"进化"。经过由量到质的转变，电子计算机才正式问世。今天，人们所说的计算机都是指电子计算机。

1.2.1　计算机的诞生

20 世纪上半叶，图灵机、ENIAC 和冯·诺依曼体系结构的出现在理论上、工作原理、体系结构上奠定了现代电子计算机的基础，具有划时代的意义。

1. 图灵机

阿兰·图灵（Alan Mathison Turing，1912—1954 年，见图 1.2.1）是英国科学家。在第二次世界大战期间，为了能彻底破译德国的军事密电，图灵设计并完成了真空管机器 Colossus，多次成功地破译了德国作战密码，为反法西斯战争的胜利做出了卓越的贡献。

图灵为了回答究竟什么是计算、什么是可计算性等问题，在分析和总结了人类自身如何运用纸和笔等工具进行计算以后，提出了图灵机（Turing Machine，TM）模型，奠定了可计算性理论的基础。

拓展阅读：
阿兰·图灵

图 1.2.1　图灵

（1）图灵机模型

图灵机的描述有两种方法：一是形式化描述，可描述全部的细节，因为非常烦琐且仅在专业中使用；二是非形式化描述，概略地说明图灵机的组成和工作方式。为简单起见，这里采用非形式化的描述方法。

图灵机由以下两部分组成。

① 一条无限长的纸带，纸带分成了一个一个的小方格，用作无限存储。

② 一个读写头，能在纸带上读、写和左、右移动。

图灵机开始运作时，纸带上只有输入串，其他地方都是空的。若要保存信息，则读写头可以将信息写在纸带上；若要读已经写下的信息，则读写头可以来回移动。机器不停地计算，直到产生输出为止。

为了更好地理解图灵机，下面以计算 $X+1$ 的图灵机为例说明图灵机的组成以及计算原理。

例 1.1　构造图灵机 M 计算 $X+1$。

① 图灵机 M 有 3 个状态：接受状态、拒绝状态和进位状态。初始时处于进位状态。

② 假定数据 X 已经以二进制的形式写在纸带上。图灵机 M 从右边第 1 个写有 0 或 1 的方格开始向左扫描纸带。处于进位状态时，读写头若读到 0 或空白，则改写为 1，并且进入接受状态，立即停机；若读到 1，则改写为 0，并且状态保住不变，读写

头左移。如图 1.2.2 所示。

③ 重复第②步，图灵机 M 会在某个时刻进入接受状态后停机。

这就是计算 $X+1$ 的图灵机，不能计算其他问题。也就是说，一个问题对应一台图灵机，不同的问题需要不同的图灵机。

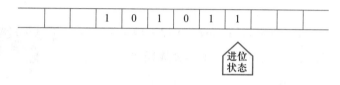

图 1.2.2   图灵机 M 计算 $X+1$ 的示意图

（2）通用图灵机

对于任意一个图灵机（用 M 表示），都可以用某种方式将其编码（用〈M〉表示），这样就可以构造出一个特殊的图灵机，它接受任意一个图灵机的编码〈M〉，然后模拟 M 的运作，这样的图灵机称为通用图灵机（Universal Turing Machine）。图灵机相当于一个程序，通用图灵机相当于一台计算机，计算机接受并且运行程序，实现该程序所描述的算法。

图灵机虽然连解决一个简单的实际问题都显得很麻烦，但是它反映了计算的本质。可计算性理论可以证明，图灵机拥有最强大的计算能力，其功能与高级程序设计语言等价。邱奇、图灵和哥德尔曾断言：一切直觉上可计算的函数都可用图灵机计算，反之亦然，这就是著名的邱奇 – 图灵论题。

图灵的另一个卓越贡献是提出了图灵测试，回答了什么样的机器具有智能，奠定了人工智能的理论基础。为纪念图灵的贡献，美国计算机学会（Association for Computing Machinery，ACM）于 1966 年创立了"图灵奖"，每年颁发给在计算机科学领域的领先研究人员，号称计算机业界和学术界的诺贝尔奖。

拓展阅读：
历届图灵奖获得者

2. ENIAC

目前，大家公认的第一台电子计算机是在 1946 年 2 月由宾夕法尼亚大学研制成功的 ENIAC（Electronic Numerical Integrator And Calculator），即"电子数字积分计算机"，如图 1.2.3 所示。这台计算机从 1946 年 2 月开始投入使用，到 1955 年 10 月最后切断电源，服役 9 年多。虽然它每秒只能进行 5 000 次加减运算，但它预示了科学家们将从奴隶般的计算中解脱出来。至今人们公认，ENIAC 机的问世表明了电子计算机时代的到来，具有划时代意义。

图 1.2.3   ENIAC

ENIAC 机本身存在两大缺点：一是没有存储器；二是用布线接板进行控制，甚至要搭接几天，计算速度也就被这一工作抵消了。所以，ENIAC 的发明仅仅表明计算机的问世，对以后研制的计算机没有什么影响。EDVAC 的发明才为现代计算机在体系结构和工作原理上奠定了基础。

3. 冯·诺依曼体系结构计算机

EDVAC（Electronic Discrete Variable Automatic Computer，离散变量自动电子计算机）是人类制造的第二台电子计算机。

1944 年夏天，美籍匈牙利数学家冯·诺依曼（Von Neumann，1903—1957 年，见图 1.2.4）以技术顾问身份加入了 ENIAC 研制小组。为了解决 ENIAC 存在的问题，冯·诺依曼与他的同事们在共同讨论的基础上，于 1945 年发表了"关于 EDVAC 的报告草案"。报告总结和详细说明了 EDVAC 的逻辑设计，其主要思想有如下几点。

拓展阅读：
冯·诺依曼

图 1.2.4　冯·诺依曼

① 采用二进制表示数据。

②"存储程序"，即程序和数据一起存储在内存中，计算机按照程序顺序执行。

③ 计算机由五个部分组成：运算器、控制器、存储器、输入设备和输出设备。

冯·诺依曼所提出的体系结构被称为冯·诺依曼体系结构，一直沿用至今。70 多年来，虽然计算机从性能指标、运算速度、工作方式、应用领域等方面与当时的计算机有很大差别，但基本结构没有变，因此都属于冯·诺依曼计算机。但是，冯·诺依曼自己承认，他的关于计算机"存储程序"的想法都来自图灵。

ENIAC 和 EDVAC 不是商用计算机。第一款商用计算机是 1951 年开始生产的 UNIVAC 计算机。1947 年，ENIAC 的两个发明人莫奇莱和埃克特创立了自己的计算机公司，生产 UNIVAC 计算机，计算机第一次作为商品被出售。UNIVAC 用于公众领域的数据处理，共生产了近 50 台，不像 ENIAC 只有一台并且只用于军事目的。

莫奇莱和埃克特以及他们的 UNIVAC 奠定了计算机工业的基础。

1.2.2　计算机的分代

从 1946 年第一台计算机诞生以来，电子计算机已经走过了 70 多年的历史，计算机的体积不断变小，但性能、速度却在不断提高。根据计算机采用的物理器件，一般将计算机的发展分成 4 个阶段，如表 1.2.1 所示。

▶表 1.2.1
计算机发展的
分代

特点 ＼ 年代	第一代 1946～1958 年	第二代 1958～1964 年	第三代 1964～1970 年	第四代 1971 年至今
物理器件	电子管	晶体管	集成电路	大规模集成电路 超大规模集成电路
存储器	磁芯存储器	磁芯存储器	磁芯存储器	半导体存储器
典型机器举例	IBM 650 IBM 709	IBM 7090 CDC 7600	IBM 360	微型计算机 高性能计算机
达到的运算速度	每秒几千次	每秒几十万次	每秒几百万次	每秒亿亿次
软件	机器语言 汇编语言	高级语言	操作系统	数据库 计算机网络
应用	军事领域 科学计算	数据处理 工业控制	文字处理 图形处理	社会的各个方面

从采用的物理器件来说，目前计算机的发展处于第四代水平。尽管计算机还将朝着微型化、巨型化、网络化和智能化方向发展，但是在体系结构方面没有什么大的突破，因此仍然被称为冯·诺依曼计算机。人类的追求是无止境的，一刻也没有停止过研究更好、更快、功能更强的计算机，从目前的研究情况看，未来新型计算机将可能在下列几个方面取得革命性的突破。

① 光计算机。用光束代替电子进行计算和存储，具有超强的并行处理能力和超高速的运算速度，是现代计算机望尘莫及的。目前光计算机的许多关键技术（光存储技术）都已取得重大突破。

② 生物计算机（分子计算机）。采用由生物工程技术产生的蛋白质分子构成的生物芯片。在这种芯片中，信息以波的形式传播，运算速度比当今最新一代计算机快 10 万倍，能量消耗仅相当于普通计算机的十分之一，并且拥有巨大的存储能力。

③ 量子计算机。一类遵循量子力学规律进行高速数学和逻辑运算、存储及处理量子信息的物理装置。2017 年 5 月，中国科学技术大学潘建伟在量子计算机研究方面取得突破性进展，构建出世界上第一台超越早期经典计算机的光量子计算机，并且有望制造出计算能力与现代计算机相当的量子计算机。

1.2.3　计算机的分类

随着计算机技术的发展和应用的推动，尤其是微处理器的发展，计算机的类型越来越多样化。根据用途及其使用的范围，计算机可分为通用机和专用机。通用机的特点是通用性强，具有很强的综合处理能力，能够解决各种类型的问题。专用机则功能单一，配有解决特定问题的软、硬件，但能够高速、可靠地解决特定的问题。从计算机的运算速度和性能等指标来看，计算机主要有高性能计算机、微型计算机、工作站、服务器、嵌入式计算机等。这种分类标准不是固定不变的，只能针对某一个时期。现在的大型机，过了若干年后可能就成了小型机。

1. 高性能计算机

高性能计算机，又称超级计算机，过去被称为巨型机或大型机，是指目前运行速度最快、处理能力最强的计算机。在 2017 年 6 月进行的世界前 500 强高性能计算机（Top500）测试中，排名第一的是我国国家并行计算机工程技术研究中心研发的"神威·太湖之光"，峰值速度达到每秒 12.5 亿亿次浮点运算。

我国在高性能计算机方面发展迅速，取得了很大的成绩，拥有"曙光""联想""天河"和"神威"等系统，在国民经济的关键领域得到了广泛的应用。在核心处理器上，"神威·太湖之光"中采用国产核心处理器"申威"，达到了国际先进水平。

高性能计算机数量不多，但却有重要和特殊的用途。在军事上，可用于战略防御系统、大型预警系统、航天测控系统等。在民用方面，可用于大区域中长期天气预报、大面积物探信息处理系统、大型科学计算和模拟系统等。

2. 微型计算机（个人计算机）

微型计算机又称个人计算机（Personal Computer，PC），是使用微处理器作为 CPU 的计算机。

1971 年 Intel 公司的工程师马西安·霍夫（M. E. Hoff）成功地在一个芯片上实现了中央处理器（Central Processing Unit，CPU）的功能，制成了世界上第一片 4 位微处理器 Intel 4004，组成了世界上第一台 4 位微型计算机——MCS-4，从此揭开了世界微型计算机大发展的帷幕。在过去的 40 多年中，微型计算机因其小、巧、轻、使用方便、价格便宜等优点得到迅速发展，成为计算机的主流。目前 CPU 主要有 Intel 的 Core 系列和 AMD 系列等。

微型计算机的种类很多，主要分成 4 类：桌面型计算机（Desktop Computer）、笔记本电脑（Notebook Computer）、平板电脑（Tablet Computer）和种类众多的移动设备（Mobile Device）。由于智能手机具有冯·诺依曼体系结构，配置了操作系统，可以安装第三方软件，所以它们也被归入移动设备，属于微型计算机范畴。

3. 工作站

工作站是一种高端的通用微型计算机，具有比个人计算机更强大的性能，尤其是在图形处理能力、任务并行方面的能力更强。自 1980 年美国 Appolo 公司推出世界上第一个工作站 DN-100 以来，工作站迅速发展，成为专门处理某类特殊事务的一种独立的计算机类型。例如，C919 的设计研发、模拟训练、装配验证是在惠普工作站完成的。

工作站通常配有高分辨率的大屏幕显示器和大容量的内、外存储器，具有较强的信息处理功能和高性能的图形、图像处理功能以及联网功能。

工作站主要应用在计算机辅助设计/计算机辅助制造、动画设计、地理信息系统、图像处理、模拟仿真等领域。

4. 服务器

服务器是一种在网络环境中对外提供服务的计算机系统。从广义上讲，一台微型计算机也可以充当服务器，关键是它要安装网络操作系统、网络协议和各种服务软件；从狭义上讲，服务器是专指通过网络对外提供服务的那些高性能计算机。与微型计算机相比，服务器在稳定性、安全性、性能等方面要求更高，因此硬件系统的要求也更高。

根据提供的服务，服务器可以分为 Web 服务器、FTP 服务器、文件服务器、数据库服务器等。

5. 嵌入式计算机

嵌入式计算机是指作为一个信息处理部件，嵌入到应用系统之中的计算机。嵌入式计算机与通用计算机相比，在基础原理方面没有原则性的区别，主要区别在于系统和功能软件集成于计算机硬件系统之中，也就是说，系统的应用软件与硬件一体化。

在各种类型计算机中，嵌入式计算机应用最广泛，数量超过 PC。目前广泛应用于各种家用电器之中，如电冰箱、自动洗衣机、数字电视机、数字照相机等。

1.2.4 计算机的应用

计算机及其应用已经渗透到社会的各个方面，改变着传统的工作、学习和生活方式，推动着信息社会的发展。未来计算机将进一步深入人们的生活，将更加人性化，更加适应人们的生活，甚至改变人类现有的生活方式。数字化生活可能成为未来生活的主要模式，人们离不开计算机，计算机也将更加丰富多彩。

归纳起来，计算机的应用主要有下面几种类型。

1. 科学计算

科学计算也称为数值计算，是指应用计算机处理科学研究和工程技术中所遇到的数学计算。科学计算是计算机最早的应用领域，ENIAC 就是为科学计算而研制的。随着科学技术的发展，使得各种领域中的计算模型日趋复杂，人工计算无法解决。例如在天文学、空气动力学、核物理学等领域中，都需要依靠计算机进行复杂的运算。科学计算的特点是计算工作量大、数值变化范围大。

2. 数据处理

数据处理也称为非数值计算或事务处理，是指对大量的数据进行加工处理，例如统计分析、合并、分类等。数据处理是计算机应用最广泛的一个领域，如管理信息系统、办公自动化系统、决策支持系统、电子商务等都属于数据处理范畴。与科学计算不同，数据处理涉及的数据量大，但计算方法较简单。

3. 电子商务

电子商务（Electronic Commerce，EC）是指利用计算机和网络进行的新型商务活动。它作为一种新型的商务方式，将生产企业、流通企业以及消费者和政府带入了一个网络经济、数字化生存的新天地，它可让人们不再受时间、地域的限制，以一种非常简捷的方式完成过去较为繁杂的商务活动。

电子商务根据交易双方的不同，可分为多种形式，常见的是下列 3 种。

① B2B，交易双方是企业与企业之间，是电子商务的主要形式，如阿里巴巴。

② B2C，交易双方是企业与消费者之间，如京东商城。

③ C2C，交易双方是消费者之间，如淘宝网。

在 Internet 时代，电子商务的发展对于一个公司而言，不仅仅意味着一个商业机会，还意味着一个全新的全球性的网络驱动经济的诞生。

4. 过程控制

过程控制一般泛指石油、化工、电力、冶金、核能等工业生产中连续的或按一定周期程序进行的生产过程（工艺）的自动控制，其被控量通常为压力、液位、流量、温度、pH 值等过程变量，是自动化技术的重要组成部分。

5. CAD/CAM/CIMS

计算机辅助设计（Computer Aided Design，CAD），就是用计算机帮助设计人员进行设计。由于计算机有快速的数值计算、较强的数据处理以及模拟的能力，使 CAD 技术得到广泛应用，例如飞机设计、船舶设计、建筑设计、机械设计、大规模集成电路设计等。采用计算机辅助设计后，不但降低了设计人员的工作量，提高了设计的速度，更重要的是提高了设计的质量。

计算机辅助制造（Computer Aided Manufacturing，CAM），就是用计算机进行生产设备的管理、控制和操作的过程。例如在产品的制造过程中，用计算机控制机器的运行，处理生产过程中所需的数据，控制和处理材料的流动以及对产品进行检验等。使用 CAM 技术可以提高产品的质量、降低成本，缩短生产周期、改善劳动强度。

除了 CAD/CAM 之外，计算机辅助系统还有计算机辅助工艺规划（Computer Aided Process Planning，CAPP）、计算机辅助工程（Computer Aided Engineering，CAE）、计算机辅助教育（Computer Based Education，CBE）等。

计算机集成制造系统（Computer Integrated Manufacture System，CIMS）是指以计算机为中心的现代化信息技术应用于企业管理与产品开发制造的新一代制造系统，是 CAD、CAPP、CAM、CAE、CAQ（计算机辅助质量管理）、PDMS（产品数据管理系统）、管理与决策、网络与数据库及质量保证系统等子系统的技术集成。它将企业生产、经营各个环节，从市场分析、经营决策、产品开发、加工制造到管理、销售、服务都视为一个整体，即以充分的信息共享，促进制造系统和企业组织的优化运行，其目的在于提高企业的竞争能力及生存能力。CIMS 通过将管理、设计、生产、经营等各个环节的信息集成、优化分析，从而确保企业的信息流、资金流、物流能够高效、稳定地运行，最终使企业实现整体最优效益。

随着人工智能、多媒体、虚拟现实、信息等技术的进一步发展，CAD/CAM/CIMS 技术正朝着集成化、智能化、协同化、柔性化、绿色化的方向发展。

6. 多媒体技术

多媒体技术是以计算机技术为核心，将现代声像技术和通信技术融为一体，以追求更自然、更丰富的接口界面，因而其应用领域十分广泛。它不仅覆盖计算机的绝大部分应用领域，同时还拓宽了新的应用领域，如可视电话、视频会议系统等。实际上，多媒体系统的应用以极强的渗透力进入了人类工作和生活的各个领域，正改变着人类的生活和工作方式，成功地塑造了一个绚丽多彩的划时代的多媒体世界。

7. 人工智能

人工智能（Artificial Intelligence，AI）是指用计算机来模拟人类的智能。实现人工智能的根本途径是机器学习（Machine Learning，ML），即通过让计算机模拟人类的学习活动，自主获取新知识。目前很多人工智能系统已经能够替代人的部分脑力劳动，并以多种形态走进人们的生活，小到手机里的语音助手、人脸识别、购物网站推荐，大到智能家居、无人机、无人驾驶汽车、工业机器人、航空卫星等。

人工智能应用中具有里程碑意义的案例是"深蓝"。"深蓝"是 IBM 公司研制的一台超级计算机，在 1997 年 5 月 11 日，仅用了一个小时便轻松战胜俄罗斯国际象棋世界冠军卡斯帕罗夫，并以 3.5∶2.5 的总比分赢得人与计算机之间的挑战赛，这是在国际象棋上人类智能第一次败给计算机。如果说"深蓝"取胜的本质在于传统的"规则"，那么在 2016 年 3 月战胜人类顶尖棋手李世石的谷歌围棋人工智能程序 AlphaGo（见图 1.2.5）的关键技术是机器学习，这宣告着一个新的人工智能时代的到来。

虽然计算机的能力在许多方面远远超过了人类，如计算速度，但是相较人的大脑这一个通用的智能系统，目前人工智能的功能相对单一，并且始终无法获得人脑的丰富的联想能力、创造能力，以及情感交流的能

图 1.2.5   AlphaGo 与李世石的人机大战

力，真正要达到人的智能还是非常遥远的事情。

经过 70 多年的发展，计算机科学及其应用领域几乎无所不在，成为人们工作、生活、学习不可或缺的重要组成部分，并由此形成了独特的计算机文化。计算机文化是人类现代文化的一个重要组成部分，是当今最具活力的一种崭新文化形态，其所产生的思想观念、所带来的物质基础条件加快了人类社会前进的步伐。今天，完整准确地理解计算机科学及其社会影响，已成为新时代青年人的一项重要任务。

1.3　计算机的新技术

电子教案 1.3

1.3.1　大数据

互联网时代，电子商务、物联网、社交网络、移动通信等每时每刻产生着海量的数据，这些数据规模巨大，通常以"PB""EB"甚至"ZB"为单位，故被称为大数据。大数据隐藏着丰富的价值，目前挖掘的价值就像漂浮在海洋中冰山的一角，绝大部分还隐藏在表面之下。面对大数据，传统的计算机技术无法存储和处理，因此大数据技术应运而生。

1. 大数据的定义及特征

究竟什么是大数据？众多权威机构对大数据给予了不同的定义。目前大家普遍认为：大数据是具有海量、高增长率和多样化的信息资产，它需要全新的处理模式来增强决策力、洞察发现力和流程优化能力。

大数据具有下列 4 个特征。

① 数据量巨大（Volume）。至少以"PB""EB"甚至"ZB"为单位。

② 数据类型繁多（Variety）。包括网页、微信、图片、音频、视频、点击流、传感器数据、地理位置信息、网络日志等数据，数据类型繁多，大约 5% 是结构性的数据，95% 是非结构性的数据，使用传统的数据库技术无法存储这些数据。

③ 速度"快"（Velocity）。要求处理速度快，时效性要求高。

④ 价值密度低（Value）。数据价值密度相对较低，只有通过分析才能实现从数据到价值的转变。

2. 大数据技术

大数据时代，人们能够在瞬间处理成千上万的数据，数据是如何处理的呢？面对大数据，数据处理的思维和方法有 3 个特点。

① 不是抽样统计，而是面向全体样本。抽样统计是过去数据处理能力受限的情况

下用最小的数据得到最多发现的方法，而现在人们能够在瞬间处理成千上万的数据，处理全体样本就可以得到更准确的结果。例如，若要统计某个城市居民的男女比例，过去是统计 1 000 或 10 000 人的性别，但是现在是处理全部居民信息。

② 允许不精确和混杂性。例如，若要测量某一个地方的温度，当有大量温度计时，某一个温度计的错误显得无关紧要；当测量频率大幅增加后，某些数据的错误产生的影响也会被抵消。

③ 不是因果关系，而是相互关系。例如，在电子商务中，若要想知道一个顾客是否怀孕，可以通过分析顾客购买的关联物来评价顾客"怀孕趋势"。从前，小偷靠反扒警察一天天地跟踪，如果小偷使用了电子支付，警察发现这个人一天之内乘坐 50 辆不同的公交车转来转去，那么这个人就很可疑。

大数据需要新一代的信息技术来应对，主要涉及基础设施（如云计算、虚拟化技术、网络技术等）、数据采集技术、数据存储技术、数据计算、展现与交互等。

3. 大数据的应用

目前，大数据技术已经成熟，大数据应用逐渐落地生根。应用大数据较多的领域有公共服务、电子商务、企业管理、金融、娱乐、个人服务等。越来越多的成功案例相继在不同的领域中涌现，不胜枚举，在这里仅举两例。

① 阿里信用贷款。大数据在金融领域应用的典型案例，它无抵押、无担保，能通过掌握的企业交易数据，借助大数据技术自动分析判定是否给予企业贷款，全程不会出现人工干预，坏账率约 3%，大大低于商业银行。

② 京东慧眼。大数据在电子商务领域的典型案例，它分析每天交易的海量数据，非常清楚用户的购买力和产品需求，甚至可以在用户下单前就预测到其行为，实现未买先送。例如，在某款手机首发时，通过大数据分析测出每个小区的需要量，把相应量发到配送站，这样用户一下单，配送员就从配送站把货送到用户家里，最快的纪录是用户从下单到拿到产品仅需 7 分钟。

1.3.2　云计算

从前，人们常常会遇到这样的"困境"：硬盘损坏了或者计算机丢失了，多年积累的文件再也没有了，欲哭无泪。但是在云计算时代，如果每天把数据备份到"云"上，这样的情况就不会再发生了。数据备份到"云"上，即云存储，是云计算的一种应用。

1. 什么是云计算

"云"是对计算机集群的一种形象比喻，每一群包括几十台，甚至上百万台计算机，通过互联网随时随地为用户提供各种资源和服务，类似使用水、电、煤一样（按需付费）。用户只需要一个能上网的终端设备（如计算机、智能手机、掌上电脑等），无需关心数据存储在哪朵"云"上，也无需关心由哪朵"云"来完成计算，就可以在任何时间、任何地点，快速地使用云端的资源。

　　用户与"云"的关系类似企业与电力系统的关系。过去，企业为了生产需要购买发电设备自建电厂，不仅投资大，而且安全可靠性不能得到保证；现在，国家投资建成电力系统，像"云"一样，企业按需付费就可以使用，不必知道是哪个电厂发的电，也不必担心扩容的问题，不仅投资少而且安全可靠。在"云计算"诞生之前，用户总时购买计算机、存储设备等自建服务器，而有了"云"以后，可以按照需要租用服务器和各种服务。"云"其实就是一种公共设施，类似国家的电力系统、自来水网一样。

　　云计算具有以下 3 个特点。

　　① 超大规模。弹性伸缩"云"的规模和计算能力相当巨大，并且可以根据需求增减相应的资源和服务，规模可以动态伸缩。

　　② 资源抽象。虚拟化"云"上所有资源均被抽象和虚拟化了，用户可以采用按需支付的方式购买。

　　③ 高可靠性。云计算提供了安全的数据存储方式，能够保证数据的可靠性，用户无需担心软件的升级更新、漏洞修补、病毒攻击和数据丢失等问题。

2. 云服务类型

　　云计算提供哪些资源和服务呢？云计算提供的服务分成 3 个层次：基础架构即服务、平台即服务和软件即服务。

　　（1）基础设施即服务（Infrastructure-as-a-Service，IaaS）

　　IaaS 是指将云中计算机集群的内存、I/O 设备、存储、计算能力整合成一个虚拟的资源池为用户提供所需的存储资源和虚拟化服务器等服务，例如云存储、云主机、云服务器等。IaaS 位于云计算三层服务的最底端。有了 IaaS，项目开发时不必购买服务器、磁盘阵列、带宽等设备，而是在云上直接申请，而且可以根据需要扩展性能。

　　（2）平台即服务（Platform-as-a-Service，PaaS）

　　PaaS 是指将软件研发的平台作为一种服务，提供给用户，如云数据库。PaaS 位于云计算三层服务的中间。有了 PaaS，项目开发时不必购买操作系统、数据库管理系统、开发平台、中间件等系统软件，而是在云上根据需要申请的。

　　（3）软件即服务（Software-as-a-Service，SaaS）

　　SaaS 是指通过互联网就直接能使用软件应用，不需要本地安装，如阿里云提供的短信服务、邮件推送等。SaaS 是最常见的云计算服务，位于云计算三层服务的顶端。有了 SaaS，企业可通过互联网使用信息系统，不必自己研发。

1.3.3 物联网

机器联网了，人也联网了，接下来就是物体与物体要联网了。如果说互联网缩短了人与人之间的距离，那么物联网逐渐消除了人与物之间的隔阂，使人与物、物与物之间的对话得以实现。

1. 什么是物联网

简单地说，物联网（The Internet of Things）就是物物相连的互联网，物联网使所有人和物在任何时间、任何地点都可以实现人与人、人与物、物与物之间的信息交互。

从技术的角度来说，物联网是通过射频识别、红外感应器、全球定位系统等各种传感设备，按照约定的协议，把任何物品与互联网相连接，进行信息交换和通信，实现对物品的智能化识别、定位、跟踪、监控和管理的一种网络，是互联网的延伸与扩展。

2. 物联网的关键技术

物联网的实现主要依赖于以下几个关键技术。

（1）RFID 技术

RFID 即射频识别技术，俗称电子标签，通过射频信号自动识别目标对象，并对其信息进行标志、登记、储存和管理，如图 1.3.1 所示。

RFID 是一个可以让物品"开口说话"的关键技术，是物联网的基础技术。RFID标签中存储着各种物品的信息，利用无线数据通信网络采集到中央信息系统，实现物品的识别。

（2）传感技术

传感技术是从自然信源获取信息，并对之进行处理和识别的一门多学科交叉的现代科学与工程技术，它涉及传感器、信息处理和识别技术。如果把计算机看成处理和识别信息的"大脑"，如果把通信系统看成传递信息的"神经系统"，那么传感器就类似人的"感觉器官"，传感设备如图 1.3.2 所示。

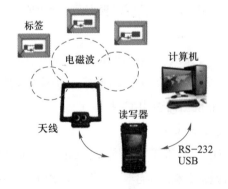

图 1.3.1 RFID 射频识别示意图

图 1.3.2 传感设备

（3）嵌入式技术

嵌入式系统将应用软件与硬件固化在一起，类似于 PC BIOS 的工作方式，具有软件代码小、高度自动化、响应速度快等特点，特别适合于要求实时和多任务的系统。嵌入式系统主要由嵌入式处理器、相关支撑硬件、嵌入式操作系统及应用软件等组成，它是可独立工作的"器件"。嵌入式系统几乎应用在生活中所有的电器设备上，如掌上电脑、智能手机、数码相机等各种家电设备，工控设备、通信设备、汽车电子设备、工业自动化仪表与医疗仪器设备、军用设备等，如图 1.3.3 所示。嵌入式技术的发展为物联网实现智能控制提供了技术支撑。

（4）位置服务技术

位置服务技术就是采用定位技术，确定智能物体的地理位置，利用地理信息系统技术与移动通信技术向物联网中的智能物体提供与位置相关的信息服务。与位置信息密切相关的技术包括遥感技术、全球定位系统（GPS）、地理信息系统（GIS）以及电子地图等技术。GPS 将卫星定位、导航技术与现代通信技术相结合，可实现全时空、全天候和高精度的定位与导航服务，GPS 定位如图 1.3.4 所示。

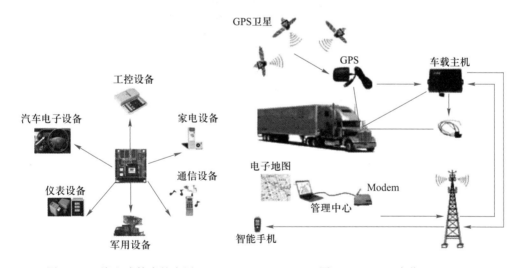

图 1.3.3　嵌入式技术的应用　　　　图 1.3.4　GPS 定位

（5）IPv6 技术

IPv4 采用 32 位地址长度，只有大约 43 亿个 IP 地址，随着互联网的发展，IPv4 定义的有限网络地址将被耗尽。IPv6 的地址长度为 128 位，几乎可以为地球上每一个物体分配一个 IP 地址。

要构造一个物物相连的物联网，需要为每一个物体分配一个 IP 地址，那么大力发展 IPv6 技术是实现物联网的网络基础条件。

3. 物联网的应用

物联网应用广泛，主要应用领域包括智能家居、智能交通、智能医疗、智能物流、智能监测、敌情侦查和情报搜集等，下面主要介绍与人们的日常生活密切相关的几个应用领域。

（1）智能家居

智能家居（Smart Home），又称智能住宅，如图 1.3.5 所示，是指利用先进的计算机技术、嵌入式系统技术、网络通信技术和传感器技术等，将家中的各种设备（照明系统、环境控制系统、安防系统、智能家电等）有机地连接到一起。智能家居让用户采用更方便的手段来管理家庭设备，比如，通过无线遥控器、电话、互联网或者语音识别控制家用设备，根据场景设定设备动作，使多个设备形成联动。智能家居内的各种设备相互间可以通信，不需要用户指挥也能根据不同的状态互动运行，从而在最大程度上给用户提供高效、便利、舒适与安全的居住环境。

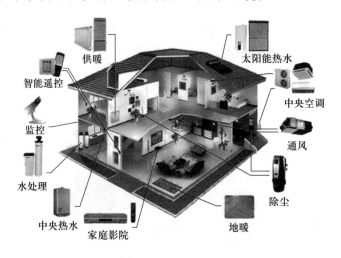

图 1.3.5 智能家居

（2）智能交通

物联网时代的智能交通系统，包含了信息采集、信息发布、动态诱导、智能管理与监控等环节，通过对机动车信息和路况信息的实时感知和反馈，在 GPS、RFID、GIS 等技术的支持下，实现车辆和路网的"可视化"管理与监控，如图 1.3.6 所示，交通指挥中心可以实时显示交通流量、流速、占有率等实时运行数据，并自动检测出道路上的交通事故和拥堵状况，进行实时报警与疏导，智能交通系统还可以实时遥测汽车尾气等污染数据，辅助空气质量的监测等。

（3）智能医疗

智能医疗是在卫生信息化建设的基础上，应用物联网相关技术，通过健康和医疗

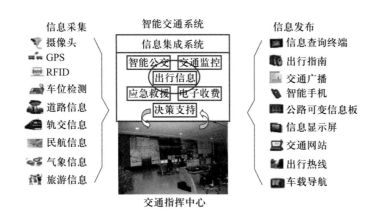

图 1.3.6 智能交通系统

相关设备和系统间的信息自动集成及智能分析与共享，建立统一便捷、互联互通、高效智能的预防保健、公共卫生和医疗服务的智能医疗保健环境。智能医疗系统的目标是为病人提供实时动态的健康管理服务，为医生提供实时动态的医疗服务平台，为卫生管理者提供实时的健康档案动态数据。

1.3.4 虚拟现实

虚拟现实（Virtual Reality，VR）技术是目前发展最快的新技术之一。它利用计算机等设备来产生一个逼真的三维视觉、触觉、嗅觉等多种感官体验的虚拟世界，从而使处于虚拟世界中的人产生一种身临其境的感觉。在这个虚拟世界中，人们可直接观察周围世界及物体的内在变化，与其中的物体之间进行自然的交互，并能实时产生与真实世界相同的感觉，使人与计算机融为一体。

与传统的模拟技术相比，VR 技术的主要特征是：用户能够进入到一个由计算机系统生成的交互式的三维虚拟环境中，可以与之进行交互。通过参与者与仿真环境的相互作用，并利用人类本身对所接触事物的感知和认知能力，帮助启发参与者的思维，全方位地获取事物的各种空间信息和逻辑信息。

虚拟现实技术具有的 3 个突出特征：沉浸性、交互性和想象性。

① 沉浸性。沉浸性又称浸入性，是指用户感觉到好像完全置身于虚拟世界之中一样，被虚拟世界所包围。

② 交互性。在虚拟现实系统中，人与虚拟世界之间要以自然的方式进行，如人的走动、头的转动、手的移动等，通过这些，用户与虚拟世界交互，并且借助于虚拟系统中特殊的硬件设备（如数据手套、力反馈设备等），以自然的方式，与虚拟世界进行交互，实时产生与真实世界相同的感知。例如，用户可以用手直接抓取虚拟世界中

的物体，这时手有触摸感，并可以感觉物体的重量，能区分所拿的东西，并且场景中被抓的物体也立刻随着手的运动而移动。

③ 想象性。想象性指虚拟的环境是人想象出来的，同时这种想象体现出设计者相应的思想，因而可以用来实现一定的目标。

虚拟现实系统的设备主要分成输入设备和输出设备。输入设备分为两大类，一类是基于自然的交互设备，如数据手套、三维控制器、三维扫描仪等设备；另一类是三维定位跟踪设备，如电磁跟踪系统、声学跟踪系统、光学跟踪系统、机械跟踪系统、惯性位置跟踪系统等。输出设备主要有视觉感知设备（如头盔式显示器、洞穴式立体显示装置等）、听觉感知设备（如耳机、喇叭等）、触觉反馈装置。

借助头盔、眼镜、耳机等虚拟现实设备，人们可以"穿越"到硝烟弥漫的古战场，融入浩瀚无边的太空旅行，将科幻小说、电影里的场景移至眼前……虚拟现实，可广泛应用于人们生活、工作的各个领域。

电子教案 1.4

1.4   计算思维基础

达尔文曾说过："科学就是整理事实，从中发现规律，做出结论。"科学研究的三大方法是理论、实验和计算，对应的三大科学思维分别是理论思维、实验思维和计算思维。

① 理论思维。理论思维又称推理思维，以推理和演绎为特征，以数学学科为代表。

② 实验思维。实验思维又称实证思维，以观察和总结自然规律为特征，以物理学科为代表。

③ 计算思维。计算思维又称构造思维，以设计和构造为特征，以计算机学科为代表。

三大思维都是人类科学思维方式中固有的部分。其中，理论思维强调推理，实验思维强调归纳，而计算思维希望能自动求解。它们以不同的方式推动着科学的发展和人类文明的进步。

1.4.1   什么是计算思维

计算思维古已有之，而且无所不在。从古代的算筹、算盘，到近代的加法器、计算器，现代的电子计算机，直到现在风靡全球的网络和云计算，计算思维的内容不断拓展。然而，在计算机发明之前的相当长时期内，计算思维研究缓慢，主要因为缺乏像计算机这样的快速计算工具。直到 2006 年，周以真教授对计算思维进行了清晰、系统的阐述，这一概念才得到人们的极大关注。

周以真教授认为，计算思维是运用计算机科学的基础概念进行问题求解、系统设计，以及人类行为理解等涵盖计算机科学之广度的一系列思维活动。从这一定义可知，计算思维的目的是求解问题、设计系统和理解人类行为，而使用的方法是计算机科学的方法。在不久的将来，计算思维会像普适计算一样成为现实，对科学的进步有举足轻重的作用。

下面通过两个简单实例说明什么是计算思维。

例 1.2　计算函数 $f(x)$ 是区间 $[a, b]$ 上的积分。

在高等数学中，计算积分的方法是使用牛顿—莱布尼兹公式，即首先求 $f(x)$ 的原函数 $F(x)$，然后计算 $F(x)\big|_a^b$，不用黎曼积分的原因是计算量太大。在计算机中，计算积分的方法是使用黎曼积分，即对区间 $[a, b]$ 进行 n 等分，然后计算各小矩形的面积。不用牛顿—莱布尼兹公式的原因有两个：一是不同的 $f(x)$ 求原函数的方法是不同的；二是并不是所有的 $f(x)$ 都能找到原函数 $F(x)$。

例 1.3　计算函数 n 的阶乘 $f(n) = n!$。

在计算机中，计算 $n!$ 采用两种方法：一是递归方法，即将计算 $f(n)$ 的问题分解成计算一个较小的问题 $f(n-1)$，再将计算 $f(n-1)$ 的问题分解成计算一个更小的问题 $f(n-2)$……一直分解下去直到 $f(1) = 1$ 为止不再分解，然后从 $f(1)$ 逐步计算到 $f(n)$；二是迭代方法，即 $f(1) = 1$，根据 $f(1)$ 计算 $f(2)$……最后根据 $f(n-1)$ 计算 $f(n)$。

1. 计算思维的本质

计算思维的本质是抽象（Abstraction）和自动化（Automation）。计算思维中的抽象完全超越物理的时空观，并完全用符号来表示，其中，数字抽象只是一类特例。自动化就是机械地一步一步自动执行，其基础和前提是抽象。

下面以 18 世纪著名古典数学问题——哥尼斯堡七桥问题为例说明什么是抽象。

例 1.4　在哥尼斯堡的一个公园里，有七座桥将普雷格尔河中两个岛以及岛与河岸连接起来，如图 1.4.1 所示。问是否可能从这 4 块陆地中任一块出发，恰好通过每座桥一次，再回到起点？这就是哥尼斯堡七桥问题。

在相当长的时间里，这个问题始终未能解决，因为根据普通数学知识可以知道，若每座桥均走一次，那这七座桥所有的走法一共有 5 040 种。为了求解这一问题，欧拉将问题抽象成如图 1.4.2 所示的数学问题，问题就解决了。欧拉处理实际问题的独特之处是把一个实际问题抽象成合适的"数学模型"。这种研究方法就是"数学模型方法"，这就是计算思维中的抽象。

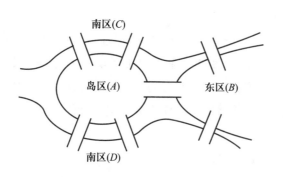 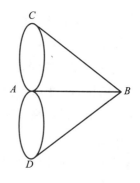

图 1.4.1　哥尼斯堡七桥问题　　　图 1.4.2　哥尼斯堡七桥问题的抽象

2. 计算思维的特征

（1）计算思维是人类求解问题的一条途径，是属于人的思维方式，不是计算机的思维方式。计算机之所以能求解问题，是因为人将计算思维的思想赋予了计算机。例如，递归、迭代、黎曼积分的思想都是在计算机发明之前人类早已提出，人类将这些思想赋予计算机后计算机才能进行这些计算。

（2）计算思维的过程可以由人执行，也可以由计算机执行。例如，不论是递归、迭代，还是黎曼积分，人和机器都可以计算，只不过人计算的速度很慢而已。借助拥有"超算"能力的计算机，人类就能用智慧去解决那些在计算时代之前不敢尝试的问题，实现"只有想不到，没有做不到"的境界。

（3）计算思维是思想，不是人造物。计算思维不是以物理形式到处呈现并时时刻刻触及人们生活的软硬件等人造物，而是设计、制造软硬件中包含的思想，是计算这一概念用于求解问题，管理日常生活，以及与他人交流和互动的思想。

（4）计算思维是概念化，不是程序化。计算机科学并不仅仅是计算机编程。像计算机科学家那样去思维意味着远不止能为计算机编程，还要求能够在抽象的多个层次上思维。

1.4.2　计算思维内涵

虽然人类拥有计算能力后就有了计算思维，但是计算思维显然比理论思维和实验思维更晚受到关注。随着计算机科学的高度发展，计算思维的内涵也在不断拓展。

1. 计算思维的基本问题

计算思维既然是计算的思维，因而研究计算思维需要回答的第一个问题是：什么问题是可计算的？计算的复杂性如何度量？

（1）可计算性

一个问题是可计算的是指可以使用计算机在有限步骤内解决。从本质上来说，计算机的计算是数值计算，但是很多非数值问题（如语音、图形、图像等）是通过转化成为数值问题再成为可计算的。但是，并不是所有问题都是可计算的，如图灵机的停机问题、哥德巴赫猜想、"为我烹制一个汉堡"是不可以计算的。

可计算性的另一个定义是邱奇 - 图灵论题：一切直觉上可计算的函数都可用图灵机计算，反之亦然。由于图灵机与现在计算机在功能上是等价的，所以也可以说，图灵机可计算的就是可计算的。

（2）计算复杂性

计算复杂性就是用计算机求解问题的难易程度，其度量标准有两个：时间复杂性和空间复杂性。

例 1.5 矩阵相乘：$C_{n \times n} = A_{n \times n} \times B_{n \times n}$。

根据公式（1）可以知道，计算 C 中的一个元素需要 n 次乘法和 $n-1$ 次加法，所以计算 C 中所有的元素需要 n^3 次乘法和 $n \times n \times (n-1)$ 次加法。考虑到计算机中执行乘法所需的时间数倍于执行加法，并且忽略系统的时间开销，两个矩阵乘法的时间复杂性记作 $O(n^3)$。另一个重要指标空间复杂性道理差不多，在此不再赘述。

$$c_{ij} = \sum_{k=1}^{n} a_{ik} \times b_{kj} \tag{1}$$

例 1.6 汉诺塔问题：大梵天创造世界的时候做了 3 根金刚石柱子，在一根柱子上从下往上按照大小顺序摆着 64 片黄金圆盘。大梵天命令婆罗门把圆盘从下面开始按大小顺序重新摆放在另一根柱子上。并且规定，在小圆盘上不能放大圆盘，在 3 根柱子之间一次只能移动一个圆盘。

假设有 n 个黄金圆盘，移动次数是 $f(n)$。显然有 $f(1)=1$，$f(2)=3$，$f(3)=7$，且 $f(k+1)=2 \times f(k)+1$。此后不难证明 $f(n)=2^n-1$。因此，时间复杂性记作 $O(2^n)$。

当 $n=64$ 时，$f(64)=2^{64}-1=18\,446\,744\,073\,709\,551\,615$。

假如每秒钟移动一次，一个 365 天，则约需要 584 942 417 355 年，即 5 849 亿年，而地球的寿命才 45 亿年。即使使用计算机进行每秒 1 亿次的移动，也需要 5 849 年。

常见的时间复杂性级递增排列依次为：常数 $O(1)$、对数阶 $O(\log n)$、线形阶 $O(n)$、线形对数阶 $O(n \log n)$、平方阶 $O(n^2)$、立方阶 $O(n^3)$、…、k 次方阶 $O(n^k)$、指数阶 $O(2^n)$。从例 1.6 可知，时间复杂性为指数阶 $O(2^n)$ 的问题，当 n 值稍大时就无法计算了，但是仍然属于可计算性范畴。

（3）图灵测试

随着计算机的功能越来越强大，一个问题自然提出了：机器能有智能吗？换句话说，通过什么样的测试机器才能称拥有智能呢？

图灵于 1950 年 10 月在哲学期刊 *Mind* 上又发表了一篇著名论文"*Computing Machinery and Intelligence*"（计算机器与智能）。他提出，一个人在不接触对方的情况下，通过一种特殊的方式，和对方进行一系列的问答，如果在相当长时间内，他无法根据这些问题判断对方是人还是计算机，那么，就可以认为这个计算机具有同人相当的智力，即这台计算机是能思维的。测试场景如图 1.4.3 所示。今天人们把这样的测试称为图灵测试（Turing Test），它是人工智能的理论基础。

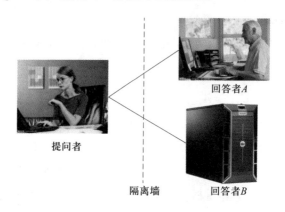

回答者*A*

提问者

隔离墙   回答者*B*

图 1.4.3   图灵测试

迄今为止举办的图灵测试结果说明，目前计算机想和人类真正地谈话还是比较困难的。图灵测试给出了一个衡量智能的标准，但是随着人工智能技术的日益发展及其应用领域的不断扩大，图灵测试已经不再能全方位评估人工智能。

2. 计算思维的基本方法

从方法论的角度来说，计算思维的核心是计算思维方法。总的来说，计算机思维方法有两大类：一类是来自数学和工程的方法，如来自数学的黎曼积分、迭代、递归，来自工程思维的大系统设计与评估的方法；另一类是计算机科学独有的方法，如操作系统中处理死锁的方法。

计算思维并不是一种新的发明，而是早已存在的思维活动，是每一个人都具有的一种技能。在日常生活中，计算思维的案例无所不在。例如，学生早晨去学校时，把当天需要的东西放进背包，这就是预置和缓存；某人弄丢钱包后，沿走过的路寻找，这就是回溯；为什么停电时电话仍然可用？这就是失败的无关性和设计的冗余性。

计算思维方法很多，下面是周以真教授具体阐述的七大类方法。

① 约简、嵌入、转化和仿真等方法，用来把一个看来困难的问题重新阐释成一个人们知道问题怎样解决的思维方法。

② 递归方法、并行方法、把代码译成数据又能把数据译成代码的方法、多维分析推广的类型检查方法。

③ 抽象和分解方法，用来控制庞杂的任务或进行巨大复杂系统设计；基于关注分离的方法（SoC 方法）。

④ 选择合适的方式去陈述一个问题的方法，对一个问题的相关方面建模使其易于处理的思维方法。

⑤ 按照预防、保护及通过冗余、容错、纠错的方式，并从最坏情况进行系统恢复的一种思维方法。

⑥ 启发式推理，用于在不确定情况下的规划、学习和调度的思维方法。

⑦ 利用海量数据加快计算，在时间和空间之间，在处理能力和存储容量之间进行折中的思维方法。

1.4.3 计算思维的应用

计算思维不仅渗透到了每一个人的生活中，而且影响了其他学科的发展，创造和形成了一系列新的学科分支。

1. 计算物理

计算思维渗透到物理学产生了计算物理学。计算物理学与理论物理学、实验物理学一起以不同的研究方式来逼近自然规律，开拓了人类认识自然界的新方法。

当今，计算物理学因为在自然科学研究中的巨大作用使得人们不再单纯地认为它仅仅是理论物理学家的一个辅助工具。复杂的自然现象纯理论不能完全描述，也不容易通过理论方程加以预见，而计算物理学可以采用数值模拟作为探索自然规律的一个很好的工具，其理由是，一个理论是否正确可以通过计算机模拟并与实验结果进行定量的比较加以验证，而实验中的物理过程也可通过模拟加以理解。

例1.7 20世纪50年代初，统计物理学中的一个热点问题是，一个仅有强短程排斥力而无任何相互吸引力的球形粒子体系能否形成晶体。计算机模拟确认了这种体系有一阶凝固相变，但在当时人们难于置信，在1957年一次由15名杰出科学家参加的讨论会上，对于形成晶体的可能性，有一半人投票表示不相信。其后的研究工作表明，强排斥力的确决定了简单液体的结构性质，而吸引力只具有次要的作用。

例1.8 粒子穿过固体时的通道效应就是通过计算机模拟而偶然发现的，当时，在进行模拟入射到晶体中的离子时，一次突然计算似乎陷入了循环无终止的持续中，消耗了研究人员的大量计算费用。之后，在仔细研究了过程后，发现此时离子运动方向恰与晶面几乎一致，离子可以在晶面形成的壁之间反复进行小角碰撞，只消耗很少的能量。

例1.9 钱学森与冯·卡门一起提出了卡门—钱公式，比较精确地估算出翼型上的压力分布，同时还可估算出该翼型的临界马赫数值。但是随着计算机的出现，此公式被淘汰。

2. 计算化学

计算思维渗透到化学产生了计算化学。一般来说，计算化学是根据基本的物理化学理论（通常是量子化学）以大量数值运算方式来探讨化学系统的性质。

计算化学作为理论化学的一个分支，常特指那些可以用计算机程序实现的数学方法。计算化学并不追求完美无缺或者分毫不差，因为只有很少的化学体系可以进行精确计算。不过，几乎所有种类的化学问题都可以并且已经采用近似的算法来表述。

计算化学的研究领域主要有以下 4 个方面。

① 数值计算。用计算数学方法，对化学中的数学模型进行数值计算或方程求解，例如，量子化学和结构化学中的演绎计算、分析化学中的条件预测、化工过程中的各种应用计算等。

② 化学模拟。主要有 3 种模拟：数值模拟，如用曲线拟合法模拟实测工作曲线；过程模拟，根据某一复杂过程的测试数据，建立数学模型，预测反应效果；实验模拟，通过数学模型研究各种参数（如反应物浓度、温度、压力）对产量的影响，在屏幕上显示反应设备和反应现象的实体图形，或反应条件与反应结果的坐标图形。

③ 模式识别。最常用的方法是统计模式识别法。例如，根据二元化合物的键参数（离子半径、元素电负性、原子的价径比等）对化合物进行分类，预报化合物的性质。

④ 化学数据库及检索。例如，根据谱图数据库进行谱图检索，已成为有机分析的重要手段。

3. 计算生物学

计算生物学是指开发和应用数据分析及理论的方法、数学建模、计算机仿真技术等，用于生物学、行为学和社会群体系统研究的一门学科。当前，生物学数据量和复杂性不断增长，每 14 个月基因研究产生的数据就会翻一番，单单依靠观察和实验已难以应付。因此，必须依靠大规模计算技术，从海量信息中提取最有用的数据。

计算生物学的研究例子有生物序列的片段拼接、序列对接、基因识别、种族树的建构、蛋白质结构预测、生物数据库。

随着科学技术的发展，计算生物学的应用也越来越广泛，如对生物等效性的研究，皮肤的电阻，骨关节炎的治疗，哺乳动物的睡眠等。

4. 计算经济学

计算思维渗透到经济学产生了计算经济学。可以说，一切与经济研究有关的计算都属于计算经济学。

20 世纪 90 年代以来，计算经济学最大地影响了经济学研究工具和方法的演进。例如，近期很多经济模型被定为动态规划问题，因为这种方法能达到在不确定环境中的最优化；经济计量工作者正在推进"用模拟求估计"的方法，用于解决一类以前定为难以计算的计量模型；在经济分析中，经济优化问题由于被设想得过分复杂细致，成了一个具有与汉诺塔一样计算复杂度的问题，因而使用人工智能的方法解决；经济增长模型的数理性研究被计算性替代；在金融市场研究中的例子更是数不胜数。

总之，计算思维正在对社会经济结构产生巨大冲击，因而将不可避免地改变经济学理论和方法。

习　题

1. 简述图灵机的组成及工作方法。
2. 冯·诺伊曼体系结构计算机有什么特点？为什么现在的计算机都称为冯·诺伊曼体系结构计算机？
3. 计算机的发展经历了哪几个阶段？各阶段的主要特征是什么？
4. 按综合性能指标分类，计算机一般分为哪几类？请列出各类计算机的代表性机型。
5. 服务器与微型计算机有什么区别？
6. 电子商务有哪几种常见类型？
7. 什么是大数据？大数据有什么特征？
8. 请举例说明自己使用过的云计算服务。
9. 请举例说明虚拟现实在工作、生活中的应用情况。
10. 什么是计算思维？计算思维的本质是什么？请举例说明。
11. 什么是可计算性？请列举两个不可计算的问题。
12. 什么是图灵测试？
13. 请简要说明本专业中计算思维的应用情况。

第 2 章
计算机系统

随着计算机技术的快速发展和应用的不断扩展，计算机系统越来越复杂，功能越来越强，但是计算机的基本组成和工作原理还是大体相同的。本章主要介绍计算机系统的基本组成、计算机的基本工作原理、计算机软件和微型计算机的组成。

电子教案2.1～
2.3

2.1　引言

　　一个完整的计算机系统由硬件系统和软件系统组成，如图 2.1.1 所示。计算机硬件是计算机系统中由电子、机械和光电元件组成的各种计算机部件和设备的总称，是计算机完成各项工作的物质基础。而计算机软件则是在计算机硬件设备上运行的各种程序及其相关文档和数据的总称，用于指挥计算机系统按要求进行工作。

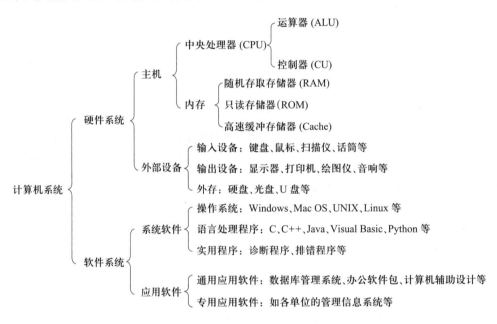

图 2.1.1　计算机系统的组成

　　硬件是软件建立和依托的基础，软件是计算机系统的灵魂。仅由硬件组成，没有软件的计算机称之为"裸机"，而"裸机"只能识别由 0、1 组成的机器代码，用户难以直接使用。而没有硬件对于软件的物质支持，软件则无法运行。

2.2　计算机硬件系统和工作原理

2.2.1　计算机硬件系统

　　计算机的工作过程就是执行程序的过程。怎样组织程序，涉及计算机的基本结构。第一台计算机 ENIAC 的诞生仅仅表明人类发明了计算机，从而进入了"计算"时代。对后来的计算机在体系结构和工作原理上具有重大影响的是在同一时期由美籍匈牙利数学家冯·诺依曼和他的同事们研制的 EDVAC 计算机。在 EDVAC 中采用了"存储程序"的思想，以此思想为基础的各类计算机统称为冯·诺依曼机。它的主要特点可以归结为以下几点。

① 计算机由五个基本部分组成：运算器、控制器、存储器、输入设备和输出设备，其基本结构如图 2.2.1，图中实线为数据流，虚线为控制流。

动画 2-1：
计算机的基本
结构

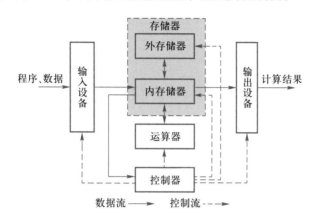

图 2.2.1 计算机的基本结构

② 程序和数据以同等地位存放在存储器中，并要按地址寻访。

③ 程序和数据以二进制表示。

70 多年来，虽然计算机系统从性能指标、运算速度、工作方式、应用领域和价格等方面与当时的计算机有很大差别，但基本结构没有变，都属于冯·诺依曼计算机。

1. 运算器

运算器部件是计算机中进行数据加工的部件，它主要包括算术逻辑单元（Arithmetic and Logic Unit，ALU）和各种寄存器等组成。现在的运算器内部还集成了浮点运算部件（Floating Point Unit，FPU），用来提高浮点运算速度。

累加器是一个具有特殊功能的寄存器，用来传输并临时存储待运算的一个操作数、ALU 运算的中间结果和其他数据。

运算器部件的主要功能是执行数值数据的算术加、减、乘、除等运算，执行逻辑数据的与、或、非等逻辑运算，这个部件还有具备左移和右移的功能。

2. 控 制 器

控制器（Control Unit，CU）是计算机的指挥中枢，用于控制计算机各个部件按照指令的功能要求协同工作。其基本功能是从内存取指令、分析指令和向其他部件发出控制信号。

控制器的主要部件由程序计数器（PC）、指令寄存器（IR）、指令译码器（ID）、时序控制电路以及微操作控制电路等组成。

① 程序计数器。对程序中的指令进行计数，使得控制器能够一次读取指令。

② 指令寄存器。在指令执行期间暂时保存正在执行的指令。

③ 指令译码器。识别指令的功能，分析指令的操作要求。

④ 时序控制电路。生成时序控制信号，协调在指令执行周期的各部件的工作。

⑤ 微操作控制电路。产生各种控制操作命令。

控制器与运算器共同组成了中央处理器（Central Processing Unit，CPU），是计算机的核心部分。

3. 存储器

存储器主要用来存储程序和数据。对存储器的基本操作是按照指定位置存入或取出二进制信息。

存储器具有"取之不尽、一冲就走"的特性，也就是从存储单元读取其内容后，该单元仍然保存着原来的内容，可以重复读取；把数据写入存储单元，该单元的原有内容就被覆盖。

（1）存储器的分类

按功能的不同，计算机中的存储器一般分为内存储器和外存储器两种类型。

① 内存储器简称内存或主存，用来存放要执行的程序和数据，计算机可以直接从内存储器中存取信息。

按存储器的读写功能划分，内存可分为随机存取存储器（RAM）和只读存储器（ROM）。前者既可以读取数据，又可以写入数据；后者只能从中读取数据（即固化指令），不能写入数据。通常所说的内存主要指 RAM，如果断电，RAM 中的信息会自动消失。

② 外存储器简称外存或辅存，用来长期存放程序和数据。外存一般只与内存进行数据交换。

内存的特点是存取速度快，但容量小、价格贵；外存的特点是容量大、价格低，但是存取速度慢。为了解决对存储器要求容量大、速度快、成本低三者之间的矛盾，目前通常采用多级存储器体系结构，即使用高速缓冲存储器、主存储器和外存储器，这时内存包括主存与高速缓存两部分，高速缓存存放当前使用最频繁的指令和数据并实现高速存取。

（2）存储器相关概念

① 位（bit）。在计算机中，数据存储的最小单位为一个二进制位（bit，b）。一位可存储一个二进制数 0 或 1。

② 字节（Byte）。由于 bit 太小，无法用来表示出数据的信息含义，所以把 8 个连续的二进制位组合在一起就构成一个字节（Byte，B），一般用字节来作为计算机存储

容量的基本单位。

常用的单位有 B、KB、MB、GB、TB、PB，它们之间的换算关系如下。

$1 \text{ KB} = 2^{10} \text{ B} = 1\ 024 \text{ B}$

$1 \text{ MB} = 2^{20} \text{ B} = 1\ 024 \text{ KB}$

$1 \text{ GB} = 2^{30} \text{ B} = 1\ 024 \text{ MB}$

$1 \text{ TB} = 2^{40} \text{ B} = 1\ 024 \text{ GB}$

$1 \text{ PB} = 2^{50} \text{ B} = 1\ 024 \text{ TB}$

③ 字（Word）和字长（Word Length）。计算机处理数据时，CPU 一次存取、加工和传送的数据单位称为"字"，而每个"字"占有的二进制位称为"字长"。

通常一个字由若干个字节组成，不同的计算机系统的字长是不同的，常见的有 8 位、16 位、32 位、64 位等。字长越长，计算机一次处理的信息位就越多，精度就越高。字长是计算机性能的一个重要指标，目前主流微型计算机是 64 位计算机。

4. 输入设备

输入设备用于接受用户输入的原始数据和程序，并将它们转换成计算机可以识别的形式（二进制）存放到内存中。常用的输入设备有键盘、鼠标、触摸屏、摄像头、扫描仪、游戏杆、话筒等。

5. 输出设备

输出设备用于将存放在内存中由计算机处理的结果转变为用户可接受的形式。常用的输出设备有显示器、触摸屏、打印机、绘图仪、音箱等。

输入设备和输出设备简称为 I/O（Input/Output）设备。

2.2.2 计算机基本工作原理

按照冯·诺依曼计算机的概念，计算机的基本原理是"存储程序"和"自动地执行程序"。计算机利用内存储器来存放所要执行的程序，CPU 依次从存储器中取出程序中的每一条指令并加以分析和执行，直到完成该程序的全部指令。

1. 指令和指令系统

（1）指令及格式

指令是能够被计算机识别并执行的二进制编码，又称为机器指令。它规定了计算机能够执行的操作以及操作对象所在的位置。在计算机中，每条指令表示一个简单的功能，许多条指令的功能实现了计算机复杂的功能。

一条指令由两部分组成，如图 2.2.2 所示。

操作码	地址码

① 操作码。告诉 CPU 应当执行何种操作。例如，

图 2.2.2 指令格式

取数、存数、加法、减法、乘法、除法、逻辑判断、输

入、输出、移位、转移、停机等操作。操作码的位数决定了操作指令的条数和功能。

② 地址码。告诉 CPU 所要操作的数据在哪里，典型的数据可以存储在运算器中，也可以是内存储器的某个单元地址。

例 2.1 某条 16 位的指令如图 2.2.3 所示，其中前 6 位操作码 "000001" 表示该指令从存储器取数的指令，而后 10 位 "0000001000" 则给出了将要读取的数据在存储器中的地址。

000001	0000001000

图 2.2.3　16 位指令例

一条指令的长度、操作码所占的位数和所表示的操作类型、地址码中指令的格式等，不同类型的 CPU 都有自己的约定。

（2）指令系统及指令类型

指令系统指计算机的 CPU 所能执行的全部指令的集合。不同计算机的指令系统包含的指令种类和数目也不同，一般均包含如下类型。

① 数据传送型。将数据在存储器之间、寄存器之间以及存储器和寄存器之间传送。

② 数据处理型。对数据进行加、减、乘、除等的算术运算和与、或、非等逻辑运算。

③ 程序控制型。控制程序中指令执行的顺序程序调用指令等。

④ 输入和输出型。实现输入输出设备与主机间的数据传递。

⑤ 硬件控制型。对计算机的硬件进行控制和管理。

例 2.2 若要计算 s = ax + b，算法如图 2.2.4 所示，相应功能的指令实现如图 2.2.5 所示。

指令和数据存储地址	指令		注释
	操作码	地址码	
0	000001	0000000110	取 6 号单元的数 x 至累加器中
1	000100	0000000111	乘以 7 号单元的单元数 a 得 ax，结果仍放入累加器中
2	000011	0000001000	加 8 号单元的 b 得 ax+b，结果仍放入累加器中
3	000010	0000001001	将 ax+b 结果存于 9 号单元 s
4	000101	0000001001	将 9 号单元值 s 打印
5	000110		停机
6	x		原始数据 x
7	a		原始数据 a
8	b		原始数据 b
9	s		计算结果

```
取 x      至累加器中
乘以 a    在累加器中
加 b      在累加器中
将运算结果存于 s
打印 s
停机
```

图 2.2.4　算法描述　　　　图 2.2.5　指令和数据存储结构的示意图

在图 2.2.5 中 0~5 号存储单元存放的是程序代码，而在 6~9 号存储单元存放的是数据。这就是冯·诺依曼的"程序和数据以同等地位存储在存储器中"的思想和实现的示意图。存储在存储器中的程序和数据可被 CPU 按地址访问、读取和处理。

2. 计算机的工作原理

计算机工作的基本原理就是程序自动执行的过程。那么程序是如何能自动执行的呢？

计算机在运行时，先通过指令寄存器从内存中取出第一条指令，通过控制器的译码分析，并按指令要求从存储器中取出数据进行指定的算术运算或逻辑操作，然后再按地址把结果送到内存中，接着按照程序的逻辑结构有序地取出第二条指令，在控制器的控制下完成规定操作。依次执行，直到遇到结束指令，如图 2.2.6 所示。

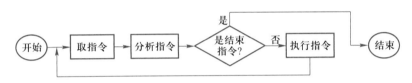

图 2.2.6　程序的执行过程

例 2.3 以如图 2.2.7 所示的指令执行过程为例来认识计算机的基本工作原理。

动画 2-2：计算机的工作原理

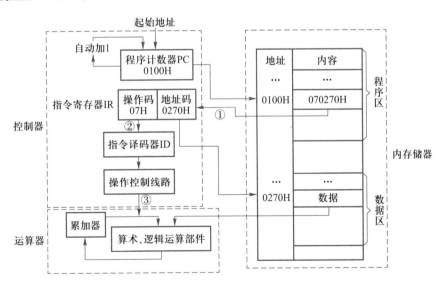

图 2.2.7　指令的执行过程

指令的执行过程分为以下 3 个步骤。

① 取指令。按照程序计数器 PC 中的地址（0100H），从内存储器中取出指令（070270H），并送往指令寄存器。

② 分析指令。对指令寄存器中存放的指令（070270H）进行分析，由译码器对操作码（07H）进行译码，将指令的操作码转换成相应的控制电位信号；由地址码（0270H）确定操作数地址。

③ 执行指令。由操作控制线路发出完成该操作所需要的一系列控制信息，去完成该指令所要求的操作。例如，做加法指令，取内存单元（0270H）的值和累加器的值相加，结果还是放在累加器。

一条指令执行完成，程序计数器加1或将转移地址码送入程序计数器，继续重复执行下一条指令。

拓展阅读：
流水线技术

3. 流水线技术

早期的计算机串行执行指令，即执行完一条指令的各个步骤后再执行下一条指令。为了提高 CPU 执行指令的速度，采用流水线（Pipe Lining）技术，将不同指令的各个步骤通过多个硬件处理单元进行重叠操作，从而实现几条指令的并行处理，以加速程序运行过程。流水线技术如同工厂的生产流水线，以提高产品的生产效率。

按照上面的介绍，每条指令由 3 个步骤依次串行完成。采用流水线设计之后，如图 2.2.8 所示，在 CPU 中将取指令单元、分析指令单元与执行指令单元分开。从 CPU 整体来看，在执行指令 1 的同时，又在并行地分析指令 2 和取指令 3，这样使得指令可以连续不断地进行处理。在同一个较长的时间段内，显然拥有流水线设计的 CPU 能够处理更多的指令。目前，几乎所有的高性能计算机都采用了指令流水线技术。

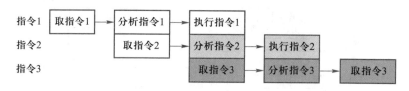

图 2.2.8　流水线技术指令执行示意图

4. 多核技术

流水线技术虽然能使指令并行处理，但在控制器中每个部件还是串行处理，提高程序执行速度的任务还是要提高处理器主频的速度，但主频与功耗成指数关系，主频越高，功耗越大，发热量越大，散热无法解决。所以，主频只能提高到一定程度，有个极限。而随着超大规模集成电路技术的发展，晶体管体积的缩小，可通过放置多个计算引擎（内核）来提升处理器的计算速度，这就是多核（Multicore Chips）技术。多核虽也会增加功耗，但只是倍数关系，可以解决散热问题。

单核处理器只有一个逻辑核心，而多核处理器在一枚处理器中集成了多个微处理器核心（内核，Core），如图 2.2.9 所示，于是多个微处理器核心就可以并行地执行程序代码。现代操作系统中，程序运行时的最小调度单位是线程，即每个线程是 CPU 的分配单位。多核技术可以在多个执行内核之间划分任务，使得线程能够充分利用多个执行内核，那么使用多核处理器将具有较高的线程级并行性，在特定的时间内执行更多任务。

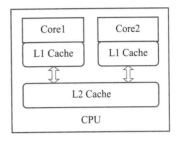

图 2.2.9 双核 CPU 示意图

目前手机、个人电脑、服务器和超级计算机等计算机系统广泛采用多核，多核技术已经成为处理器体系结构发展的一种必然趋势。

2.3 计算机软件系统

软件是指程序、程序运行所需要的数据以及开发、使用和维护这些程序所需要的文档的集合。计算机软件极为丰富，要对软件进行恰当的分类是相当困难的。一种通常的分类方法是将软件分为系统软件和应用软件两大类。实际上，系统软件和应用软件的界限并不十分明显，有些软件既可以认为是系统软件，也可以认为是应用软件，如数据库管理系统。

2.3.1 系统软件

系统软件是指控制计算机的运行，管理计算机的各种资源，并为应用软件提供支持和服务的一类软件。在系统软件的支持下，用户才能运行各种应用软件。系统软件通常包括操作系统、语言处理程序和各种实用程序等。

1. 操作系统

为了使计算机系统的所有软硬件资源协调一致，有条不紊地工作，就必须有一个软件来进行统一的管理和调度，这种软件就是操作系统。引入操作系统有以下两个目的。

首先，从用户的角度来看，操作系统将裸机改造成一台功能更强、服务质量更高、用户使用起来更加灵活方便、更加安全可靠的虚拟机，以使用户能够无需了解许多有关硬件和软件的细节就能使用计算机，从而提高用户的工作效率。

其次，是为了合理地使用系统内包含的各种软硬件资源，提高整个系统的使用效率和经济效益。这如同运输系统没有调度中心，则无法提高效率及正常运行。

操作系统是最基本的系统软件，是现代计算机必配的软件，而且操作系统的性能很大程度上直接决定了整个计算机系统的性能。

目前典型的操作系统有 Windows、UNIX、Linux、Mac OS 等，详细介绍见第 4 章。

2. 程序设计语言与语言处理程序

（1）程序设计语言

自然语言是人们交流的工具，不同的语言（如汉语、英语等）描述的形式各不相同；而程序设计语言是人与计算机交流的工具，是用来书写计算机程序的工具，也可用不同的语言来进行描述。程序设计语言有几百种，最常用的不过十多种。按照程序设计语言发展的过程，程序设计语言大概分为三类：机器语言、汇编语言和高级语言。

① 机器语言。机器语言是由 0 和 1 二进制代码按一定规则组成的、能被机器直接理解和执行的指令集合。

例 2.4　计算 s = 15 + 10 的机器语言程序。

```
10110000 00001111        :把 15 放入累加器 A 中
00101100 00001010        :10 与累加器 A 中的值相加,结果仍放入 A 中
11110100                 :结束
```

由此可见，机器语言编写的程序像"天书"，编程工作量大，难学、难记、难修改，只适合专业人员使用；由于不同的机器，其指令系统不同，因此机器语言随机而异，通用性差，是面向机器的语言。当然机器语言也有其优点，编写的程序代码不需要翻译，因此所占空间少、执行速度快。

② 汇编语言。为了克服机器语言的缺点，人们将机器指令的代码用英文助记符来表示，代替机器语言中的指令和数据。例如用 ADD 表示加、SUB 表示减、JMP 表示程序跳转等，这种指令助记符的语言就是汇编语言，又称符号语言。

例 2.5　计算 A = 15 + 10 的汇编语言程序。

```
MOV        A,15        :把 15 放入累加器 A 中
ADD        A,10        :10 与累加器 A 中的值相加,结果仍放入 A 中
HLT                    :结束
```

由此可见，汇编语言在一定程度上克服了机器语言难读、难改的缺点，同时保持了其编程质量高、占据存储空间少、执行速度快的优点。故在程序设计中，对实时性要求较高的地方，如过程控制等，仍经常采用汇编语言。但汇编语言面向机器，通用性差，不具有可移植性，维护和修改困难，这推动了高级语言的出现。

用汇编语言编写的程序，必须翻译成计算机所能识别的机器语言后，才能被计算

机执行。

③ 高级语言。为了从根本上改变上述缺陷，使计算机语言更接近于自然语言并力求使语言脱离具体机器，达到程序可移植的目的，在 20 世纪 50 年代出现了高级语言，高级语言是一种接近自然语言和数学公式的程序设计语言。高级语言之所以"高级"，就是因为它使程序员可以不用与计算机的硬件打交道，可以不必了解机器的指令系统，这样，程序员就可以集中精力来解决问题本身而不必受机器制约，极大地提高了编程的效率。图 2.3.1 表示了上述三类语言在机器和人的自然语言之间的紧密关系程度，通常机器语言和汇编语言称为低级语言。从计算机技术和程序设计语言发展的角度来看，程序语言的目标是让计算机直接理解人的自然语言，不需要计算机语言，但这个过程是漫长的。

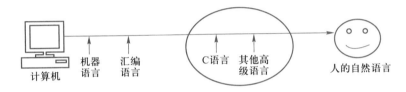

图 2.3.1　三类语言在机器和人的自然语言之间的紧密关系程度

例 2.6 计算 s = 15 + 10 的 Visual Basic 语言程序。

```
s = 15 + 10              '15 与 10 相加的结果放入到变量 s 中
Print s                  '显示结果
End                      '程序结束
```

1954 年第一门高级语言——FORTRAN 语言诞生，它是由 IBM 公司推出的。高级语言的开发成功是软件技术发展的重要里程碑。高级语言不但是软件开发的工具，而且成为一种人与人之间、不同的计算机之间交流的工具。随着计算机技术应用的发展，又先后出现了 COBOL、BASIC、Pascal、C、C++、Java、Visual Basic、C#、Python 等高级语言。

要说明的是，C 语言是高级语言的一种，但它既具有离计算机硬件近的特点，像汇编语言那样实现对硬件的编程操作，如对位、字节和地址等进行操作，又具有高级语言的基本结构和语句，因此，C 语言集高级语言和低级语言的功能于一体，有时也称其为中级语言。它既适合高级语言应用的领域，如数据库、网络、图形、图像等方面，又适合低级语言应用的领域，如工业控制、自动检测等方面，故得到了广泛应用。

（2）语言处理程序

在所有的程序设计语言中，除了用机器语言编制的程序能够被计算机直接理解和执行外，其他的程序设计语言编写的程序都必须经过一个翻译过程才能转换为计算机所能识别的机器语言程序，实现这个翻译过程的工具是语言处理程序，即翻译程序。用非机器语言编写的程序称为源程序，通过翻译程序翻译后的程序称为目标程序。翻译程序也称为编译器。针对不同的程序设计语言编写出的程序，它们有各自的翻译程序，互相不通用。

① 汇编程序。汇编程序是将汇编语言编制的程序（称为源程序）翻译成机器语言程序（也称为目标程序）的工具，它们的相互关系如图 2.3.2 所示。

② 高级语言翻译程序。高级语言翻译程序是将高级语言编写的源程序翻译成目标程序的工具。翻译程序有两种工作方式：解释方式和编译方式。相应的翻译工具也分别称为解释程序和编译程序。

拓展阅读：
解释程序

● 解释方式。解释方式的翻译工作由解释程序来完成。这种方式如同"同声翻译"，解释程序对源程序进行逐句分析，若没有错误，将该语句翻译成一个或多个机器语言指令，然后立即执行这些指令；若当它解释时发现错误，会立即停止，报错并提醒用户更正代码。解释方式不生成目标程序，其工作过程如图 2.3.3 所示。

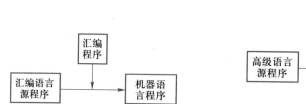

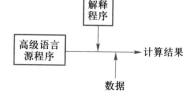

图 2.3.2   汇编程序的作用　　　　　图 2.3.3   解释方式的工作过程

这种边解释边执行的方式特别适合于人机对话，并对初学者有利，因为便于查找错误的语句行和修改。但解释方式执行速度慢，原因有 3 个：其一，每次运行，必须要重新解释，而编译方式编译一次，可重复运行多次；其二，若程序较大，且错误发生在程序的后面，则前面的运行是无效的；其三，解释程序只看到一条语句，无法对整个程序优化。

早期的 BASIC 语言采用解释方式。

● 编译方式。翻译工作由编译程序来完成，这种方式如同"笔译"，在纸上记录翻译后的结果。编译程序对整个源程序经过编译处理，产生一个与源程序等价的目标程序，但目标程序还不能直接执行，因为程序中还可能要调用一些其他语言编写的程序或库函数，所有这些程序通过连接程序将目标程序和有关的程序库组合成一个完整的可执行程序。产生的可执行程序可以脱离编译程序和源程序独立存在并反复使用。故编译方式执行速度快，但每次修改源程序，都必须重新编译。大多数高级语言都是采用编译方式。

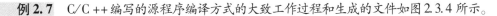

例2.7 C/C++编写的源程序编译方式的大致工作过程和生成的文件如图2.3.4所示。

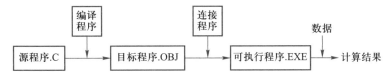

图2.3.4 编译方式的工作过程

由于各种高级程序设计语言的语法和结构不同，所以它们的编译程序也不同。每种语言都有自己的编译程序，相互不能代替。

（3）典型的程序设计语言

从1954年第一门高级语言——FORTRAN语言诞生以来的60多年时间里，人们设计出了几百种语言，编程思想由面向过程发展到面向对象。典型的高级语言有以下几类。

① FORTRAN语言。1954年推出，是世界上最早出现的高级程序设计语言，FORTRAN是FORmula TRANslator的缩写，顾名思义，该语言是用于科学计算的。

② COBOL语言。面向商业的通用语言，1959年推出，主要用于数据处理，随着数据库管理系统的迅速发展，使用越来越少了。

③ Pascal语言。结构化程序设计语言，1968年推出，适用于教学、科学计算、数据处理和系统软件等开发。20世纪80年代，随着C语言的流行，Pascal语言走向了衰落。目前，Inprise公司（即原Borland）仍在开发Pascal语言系统Delphi，它使用面向对象与软件组件的概念，用于开发商用软件。

④ C与C++语言。1972年推出C语言，它是为改写UNIX操作系统而诞生的。C语言功能丰富、使用灵活、简洁明了、编译产生的代码短、执行速度快、可移植性强。C语言虽然形式上是高级语言，但却具有与机器硬件打交道的底层处理能力。1983年在C语言中加入面向对象的概念，对程序设计思想和方法进行了彻底的革命，改名为C++。由于C++对C语言兼容，而C语言的广泛使用，从而使得C++成为应用最广的面向对象程序设计语言。

⑤ BASIC语言。初学者语言，1964年推出，早期的BASIC语言是非结构化的，功能少，它是解释型的，运行速度慢。随着计算机技术的发展，各种开发环境的BASIC语言有了很大的改进。1991年微软公司推出可视化的、基于对象的Visual Basic开发环境，给非计算机专业的广大用户开发Windows环境下的应用软件带来了便利，发展到现在的Visual Basic.NET开发环境，则是完全面向对象的，功能更强大。

⑥ Java语言。一种新型的跨平台的面向对象设计语言，1995年推出，主要为网络应用开发使用。Java语言语法类似C++，但简化并去除了C++语言一些容易被误用的功能，如指针等，使程序更加严谨、可靠、易懂。尤其Java与其他语言不同，编

写的源程序既要经过编译生成一种称为 Java 字节的编码，又要被解释，可在任何环境下运行，如 Windows、Linux、MOS 等，有"写一次，跑到处"的跨平台优点，成为 21 世纪 Internet 上应用的重要编程语言。

⑦ C#。微软公司在 2000 年 7 月发布的一种全新、简单、安全、由 C 和 C ++ 衍生出来的面向对象程序设计语言，是专门为 . NET 的应用而开发的语言。它吸收了 C ++ 、Visual Basic、Delphi、Java 等语言的优点，成为 . NET 开发平台的首选语言。

⑧ Python 语言。一种面向对象的解释型程序设计语言，1989 年诞生。Python 语法简洁清晰、易学易读，具有丰富和功能强大的类库以支持应用开发所需的各种功能。它常被昵称为胶水语言，能够把用其他语言制作的各种模块（尤其是 C/C ++ ）很轻松地联结在一起。Python 语言应用广泛，可用于应用程序开发、网络编程、网站设计、图形界面编程等。

3. 实用程序

实用程序完成一些与管理计算机系统资源及文件有关的任务。通常情况下，计算机能够正常地运行，但有时也会发生各种类型的问题，如硬盘损坏、病毒的感染、运行速度下降等。在这些问题变得严重或开始扩散之前解决是一些实用程序的作用之一。另外，有些服务程序是为了用户能更容易、更方便地使用计算机，如压缩磁盘上的文件，提高文件在 Internet 上的传输速度等。

当今的操作系统都包含系统服务程序，如 Windows 中的"附件"｜"系统工具"中提供了磁盘清理、磁盘碎片整理程序等，如图 2. 3. 5 所示。软件开发商也提供了一些独立的实用程序为系统服务，如系统设置和优化软件

图 2. 3. 5 "系统工具"菜单

Windows 优化大师、压缩文件软件 WinRar 软件、磁盘克隆软件 Ghost 等。

2.3.2　应用软件

利用计算机的软硬件资源为某个专门的应用目的而开发的软件称为应用软件。尤其随着微型计算机的性能提高、Internet 网络的迅速发展，应用软件丰富多彩。下面对一些常见的软件进行简要介绍。

1. 办公软件

办公软件是为办公自动化服务。现代办公涉及对文字、数字、表格、图表、图形、图像、语音等多种媒体信息的处理，就需要用到不同类型的软件。办公软件包含

很多组件，一般有字处理、演示软件、电子表格、桌面出版等。为了方便用户维护大量的数据、与网络时代同步，现在推出的办公软件还提供了小型的数据库管理系统、网页制作软件、电子邮件等组件。

目前常用的办公软件有微软公司的 Microsoft Office 和我国金山公司的 Kingsoft Office，图 2.3.6 显示了 Microsoft Office 2010 的组件。

2. 图形和图像处理软件

计算机已经广泛应用在图形和图像处理方面，除了硬件设备的发展迅速外，还应归功于各种绘图软件和图像处理软件的发展。

（1）图像软件

图像软件主要用于创建和编辑位图文件。在位图文件中，图像由成千上万个像素点组成，就像计算机屏幕显示的图像一样。位图文件是非常通用的图像表示方式，它适合表示像照片那样的真实图片。

图 2.3.6　Microsoft Office 2010 组件

Windows 自带的"画图"是一个简单的图像软件，Adobe 公司开发的 Photoshop 软件是目前流行的图像软件，广泛应用于美术设计、彩色印刷、排版、摄影和创建 Web 图片等。

例 2.8　利用 Adobe Photoshop 软件将图 2.3.7 上面的两张图片取全部或部分内容合并后生成左下方图片的效果。

图 2.3.7　Adobe Photoshop 软件工作界面

常用的其他图像软件还有 Corel Photo、Macromedia xRes 等。

（2）绘图软件

绘图软件主要用于创建和编辑矢量图文件。在矢量图文件中，图形由对象的集合组成，这些对象包括线、圆、椭圆、矩形等，还包括创建图形所必需的形状、颜色以及起始点和终止点。绘图软件主要用于创作杂志、书籍等出版物上的艺术线图以及用于工程和 3D 模型。

常用的绘图软件有 Adobe Illustrator、AutoCAD、CorelDraw、Macromedia FreeHand 等。

由美国 Autodesk 公司开发的 AutoCAD 是一个通用的交互式绘图软件包，应用广泛，常用于绘制建筑图、机械图等。

例 2.9   利用 AutoCAD 制作建筑立面图，图 2.3.8 显示了该软件的操作界面和制作效果。

图 2.3.8   AutoCAD 制作的建筑立面图和操作界面

（3）动画制作软件

图片比单纯文字更容易吸引人的目光，而动画又比静态图片引人入胜。一般动画制作软件都会提供各种动画编辑工具，只要依照自己的想法来排演动画，分镜的工作就交给软件处理。例如，一只蝴蝶从花园一角飞到另一角，制作动画时只要指定起始与结束镜头，并决定飞行时间，软件就会自动产生每一格画面的程序。动画制作软件还提供场景变换、角色更替等功能。动画制作软件广泛用于游戏软件、电影制作、产品设计、建筑效果图等。

常见的动画制作软件有 3D MAX、Flash、After Effect 等。

例 2.10　3D MAX（简写为 3D）是 Autodesk 公司推出的个人机上的三维动画制作软件。3D MAX 源自 3D Studio，功能更强。3D 具有建模、修改模型、赋材质、运动控制、设置灯光和摄像机、插值生成动画以及后期制作等功能。图 2.3.9 显示了 3D MAX 软件制作的效果和操作界面。

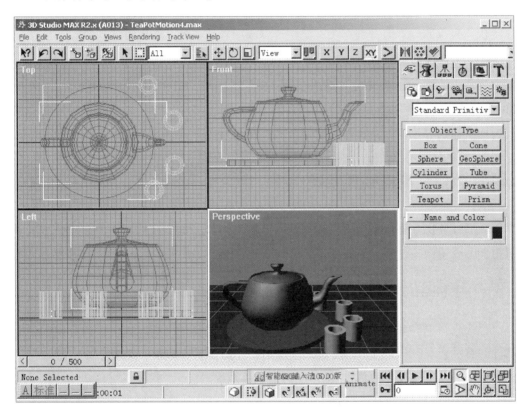

图 2.3.9　3D MAX 软件制作的效果和操作界面

3. 数据库系统

数据库系统是 20 世纪 60 年代末产生并发展起来的，主要是面向解决数据处理的非数值计算问题。数据库系统由数据库（存放数据）、数据库管理系统（管理数据）、数据库应用程序（应用数据）、数据库管理员（管理数据库系统）和硬件等组成。

（1）数据库管理系统

数据库管理系统用于建立、使用和维护数据库的软件，简称 DBMS。它对数据库进行统一的管理和控制，以保证数据库的安全性和完整性。用户通过 DBMS 访问数据库中的数据，利用它可使多个应用程序和用户用不同的方法在同时或不同时刻建立、修改和询问数据库。

目前常用的数据库管理系统有 Access、MySQL、SQLServer、Oracle、Sybase、DB2 等。

（2）数据库应用软件

利用数据库管理系统的功能，自行设计开发符合自己需求的数据库应用软件，是目前计算机应用最为广泛并且发展最快的领域之一，已经和人们的工作、生活密切相关。常见的数据库应用软件如银行业务系统、超市销售系统、铁路航空的售票系统；在学校，有校园一卡通管理系统、学生选课成绩管理系统、通用考试系统等。

4. Internet 服务软件

近年来，Internet 在全世界迅速发展，人们的生活、工作、学习已离不开 Internet。Internet 服务软件琳琅满目，常用的有浏览器、电子邮件、FTP 文件传输、博客和微信、即时通信等软件等，在第 8 章将全面详细介绍。

电子教案 2.4

2.4　微型计算机硬件系统

微型计算机主要包括台式机和笔记本计算机两种。本节将从用户的角度，以台式机为例，介绍微型计算机的硬件系统。

2.4.1　主机系统

台式机由主机系统和外部设备组成。主机系统安装在机箱里，包括计算机的主要部件，有主板、CPU、内存、硬盘、电源等；外部设备有鼠标、键盘、显示器和打印机等，外部设备通过各种总线/接口连接到主机系统。

1. 主板

（1）主板部件

拓展阅读：
主板

主板（Main Board）也称母板（Mother Board），是微型计算机中最大的一块集成电路板，也是其他部件和设备的连接载体，如图 2.4.1 所示。CPU、内存条、显卡等部件通过插槽（或插座）安装在主板上，硬盘、光驱等外部设备在主板上也有各自的接口，有些主板甚至还集成了声卡、显卡、网卡等部件。在微型计算机中，所有的部件和设备通过主板有机连接起来，构成完整的系统。

主板主要由下列两大部分组成。

① 芯片。主要有芯片组、BIOS 芯片、集成芯片（如声卡、网卡）等。

② 插槽/接口。主要有 CPU 插座、内存条插槽、PCI 插槽、PCI – E 插槽、SATA 接口、键盘/鼠标接口、USB 接口、音频接口、HDMI 接口等。

图 2.4.1 系统主板

图 2.4.1 所示是一款主板，它集成了声卡、网卡，有一个 PS/2 鼠标/键盘通用接口，有 DVI、HDMI 和 VGA 三种显示输出接口以及多个 USB 接口。

（2）芯片组

芯片组是系统主板的灵魂，它决定了主板的结构及 CPU 的使用。如果说 CPU 是整个计算机系统的大脑，那么芯片组将是整个系统的心脏。可以这样说，计算机系统的整体性能和功能在很大程度上由主板上的芯片组来决定。新发布的 CPU 都有相应的芯片组来支持。

主板上的芯片组由平台控制器芯片（Platform Controller Hub，PCH）组成，PCH 主要负责 USB 接口、I/O 接口、SATA 接口等的控制以及高级能源管理等。PCH 芯片一般位于离 CPU 插槽较远的下方、扩展插槽的附近，这种布局是考虑到它所连接的 I/O 总线较多，离 CPU 远一些有利于布线。

（3）板载功能

主板除了搭载 CPU、内存、硬盘等外设外，还可以附加许多原来由各种类型的卡所承担的功能，这些功能称为板载功能。目前，主板主要的板载功能有声卡、网卡、IEEE 1394 卡等。原来主板上的集成显卡现在集成在 CPU 的内部，称为 CPU 的显示核心。

拓展阅读：
主板故障维修

2. CPU

CPU 是计算机的核心，其重要性好比大脑对于人一样，它负责处理、运算计算机内部的所有数据。计算机上所有的其他设备在 CPU 的控制下，有序、协调地工作。

（1）主要性能指标

① 主频、睿频和 QPI 带宽。主频是指 CPU 的时钟频率，也是 CPU 的工作频率，单位是 Hz。一般来说，主频越高，运算速度也就越快。CPU 的运算速度还和 CPU 的其他性能指标（如高速缓存、CPU 的位数等）有关，因此不能绝对。

睿频也称为睿频加速，是一种能自动超频的技术。当开启睿频加速后，CPU 会根据当前的任务量自动调整 CPU 主频，重任务时提高主频发挥最大的性能，轻任务时降低主频进行节能。

QPI（Quick Path Interconnect）总线是用于 CPU 内核与内核之间、内核与内存之间的总线，是 CPU 的内部总线。QPI 带宽越高意味着 CPU 数据处理能力越强。QPI 总线可实现多核处理器内部的直接互连，而无需像以前一样必须经过芯片组。

QPI 总线的特点是数据传输延时短、传输速率高。QPI 总线每次传输 2 B 有效数据，而且是双向的，即发送的同时也可以接收。因此 QPI 总线带宽的计算公式为

QPI 总线带宽 = 每秒传输次数（即 QPI 频率）× 每次传输的有效数据 ×2。

例如，QPI 频率为 6.4 GT/s 的总带宽 = 6.4 GT/s × 2 B × 2 = 25.6 GB/s。

② 字长和位数。在计算机中，作为一个整体参与运算、处理和传送的一串二进制数称为一个"字"，组成"字"的二进制数的位数称为字长，字长等于通用寄存器的位数。通常所说的 CPU 位数就是 CPU 的字长，也是 CPU 中通用寄存器的位数。例如，64 位 CPU 是指 CPU 的字长为 64，也是 CPU 中通用寄存器为 64 位。

③ 高速缓冲存储器容量。高速缓冲存储器（Cache）是位于 CPU 与内存之间的高速存储器，运行频率极高，一般是和 CPU 同频运作。Cache 能减少 CPU 从内存读取指令或数据的等待时间。CPU 往往需要重复读取同样的数据块，而大容量的 Cache，可以大幅度提升 CPU 内部读取数据的命中率，而不用再到内存上读取，因此提高系统性能。

由于 CPU 芯片面积和成本的因素，Cache 容量不能很大。目前，CPU 中的 Cache 一般分成三级：L1 Cache（一级缓存）、L2 Cache（二级缓存）和 L3 Cache（三级缓存），如图 2.4.2 所示。L1 Cache 和 L2 Cache 是每个核心独立的，而 L3 Cache 是多个核心共享的。缓冲级别越多并不代表 CPU 的性能越好，命中率越高才越好。实际上二级缓存以后，增加缓存的级数带来的命中率提高越少。

④ 多核和多线程。多核技术的开发是因为单一提高 CPU 的主频无法带来相应的性能提高，反而会使 CPU 更快地产生更多的热量，在短时间内就会烧毁 CPU。在一个

芯片上集成多个核心，通过提高程序的并发性从而提高系统的性能。多核处理器一般需要一个控制器来协调多个核心之间的任务分配、数据同步等工作。

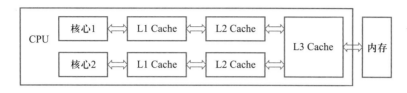

图 2.4.2 Cache

CPU 里的每个核心包含两大部件：控制器和运算器。控制器在读取和分析指令时运算器闲置。增加一个控制器，能独立进行指令读取和分析，共享运算器，这样就组成另一个功能完整的核心，这就是多线程。

多线程减少了 CPU 的闲置时间，提高了 CPU 的运行效率。但是，要发挥这种效能除了操作系统支持之外，还必须要应用软件支持。就目前来说，大部分的软件并不能从多线程技术上得到好处。普通核心与多线程对比如图 2.4.3 所示。

（2）CPU 产品

目前生产 CPU 的主要有 Intel 和 AMD 公司。当前 Intel 的 CPU 主要有酷睿（Core）智能处理器的三个系列：Core i3、Core i5 和 Core i7。

① Intel CPU。2005 年，Intel 公司开始推出酷睿 CPU，开始在一个 CPU 中集成多个核心的技术来提升 CPU 整体性能。早期的酷睿是基于笔记本处理器的，从 2006 年开始的酷睿 2 是一个跨平台的构架体系，包括台式机、服务器和笔记本电脑三大领域。

2010 年 Intel 推出智能处理器酷睿 Core i 系列，主要有 Core i3、Core i5 和 Core i7，如图 2.4.4 所示。Core i3 为低端处理器，采用的核心数和缓存要少一些，Core i7 为高端处理器，拥有更多的核心和缓存。

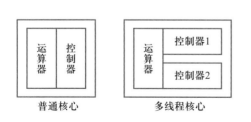

图 2.4.3 普通核心与多线程

图 2.4.4 Core CPU（台式机）

智能处理器的新特性如下。

- 采用睿频加速技术，按负载提升主频，高效节能。
- 采用超线程技术，提升 CPU 的并行处理能力。

● 集成高清显卡，大幅提升 3D 性能。

② AMD CPU。AMD 系列中的各个 CPU 在 Intel 中都能找到相对应的产品，而且性能基本一致。AMD 主要有 A10、A8、A6、A4 等系列，对应于 Intel 的 Core i5、Core i3。

在同级别的情况下，AMD 的 CPU 浮点运算能力比 Intel 的稍弱，强项在于集成的显卡。在相同的价格情况下，AMD 的配置更高，核心数量更多。

③ 国产 CPU——龙芯。龙芯（Loongson）是中国科学院计算所自主开发的通用 CPU，如图 2.4.5 所示，具有自主知识产权。龙芯是 RISC 型 CPU，采用简单指令集。

目前，最新的龙芯处理器是龙芯 3B（主频 1.5 GHz、64 位、八核）。龙芯处理器主要应用于高性能计算机。它在高性能计算教学，大规模科学与工程计算，以及军事科学、国家安全和国民经济建设等领域，应用前景广阔。

图 2.4.5　龙芯 CPU

除了上述 CPU 以外，还有两种应用在服务器和工作站上的 Itanium（安腾）和 Xeon（至强），都是 64 位 CPU。限于篇幅，这里不再介绍。

3. 内存储器

内存储器是 CPU 能够直接访问的存储器，用于存放正在运行的程序和数据。内存储器可分为 3 种类型：随机存取存储器（Random Access Memory，RAM）、只读存储器（Read Only Memory，ROM）和高速缓冲存储器（Cache）。

（1）RAM

RAM 就是人们通常所说的内存。RAM 里的内容可按其地址随时进行存取，RAM 的主要特点是数据存取速度较快，但是掉电后数据不能保存。

RAM 主要的性能指标有两个：存储容量和存取速度。主板上一般有两个或 4 个内存插槽，内存容量的上限受 CPU 位数和主板设计的限制。存取速度主要由内存本身的工作频率决定，目前可以达到 3 200 MHz。

目前内存的种类主要有 DDR3 和 DDR4，如图 2.4.6 所示。

引脚240线　　　　　　　　　　　　　　　　引脚288线

DDR3：800/1 066/1 333 MHz
在一个时钟周期内读写两次，
每次读写 4 个数据

DDR4：1 600/2 133/2 666 MHz
在一个时钟周期内读写两次，
每次读写 8 个数据

说明：假定外频为 100/133/166/200 MHz，内存实际工作频率：DDR3 为 800/1 066/1 333/1 600 MHz，DDR4 为 1 600/2 133/2 666/3 200 MHz

图 2.4.6　DDR3 和 DDR4 内存条

（2）ROM

ROM 主要用于存放计算机启动程序的存储器。与 RAM 相比，ROM 的数据只能被读取而不能写入，如果要更改，就需要紫外线来擦除。另外，掉电以后 RAM 中的数据会自动消失，而 ROM 就不会。

在计算机开机时，CPU 加电并且开始准备执行程序。此时，由于电源关闭时，RAM 中没有任何的程序和数据，所以 ROM 就发挥作用了。

BIOS（Basic Input Output System）即基本输入输出系统。它实际上是被固化到主板 ROM 芯片上的程序。它是一组与主板匹配的基本输入输出系统程序，能够识别各种硬件，还可

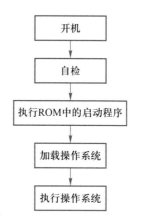

图 2.4.7　启动的过程

以引导系统，这些程序指示计算机如何访问硬盘、加载操作系统并显示启动信息。启动的大致过程如图 2.4.7 所示。

4. 外存储器

外存储器作为内存储器的辅助和必要补充，在计算机中也是必不可少的，它一般具有大容量、能长期保存数据的特点。

需要读者注意的是，任何一种存储技术都包括两个部分：存储设备和存储介质。存储设备是在存储介质上记录和读取数据的装置，例如硬盘驱动器、DVD 驱动器等。有些技术的存储介质和存储设备是封装在一起的，例如硬盘和硬盘驱动器；有些技术的存储介质和存储设备是分开的，例如 DVD 和 DVD 驱动器。

（1）机械硬盘

机械硬盘是计算机的主要外部存储设备，通常说的硬盘，就是指机械硬盘。绝大多数微型计算机以及许多数字设备都配有机械硬盘，主要原因是其存储容量很大，经济实惠。

机械硬盘是由许多个盘片叠加组成的，因此有很多面，而且每个面上有很多磁道，每一个磁道上有很多扇区，如图 2.4.8 所示。

机械硬盘主要技术指标有两个：存储容量和转速。

① 存储容量是硬盘最主要的参数。目前机械硬盘存储容量已经超过 6 TB，一般微型计算机配置的硬盘容量为几百个 GB 到几个 TB。存储容量的计算公式为

$$存储容量 = 盘面数 \times 磁道数 \times 扇区数 \times 扇区容量$$

例如，一个机械硬盘有 64 个盘面，1 600 个磁道，1 024 个扇区，每个扇区 512 个字节，则它的容量是 $64 \times 1\ 600 \times 1\ 024 \times 512 \div 1\ 024 \div 1\ 024 \div 1\ 024\ B = 50\ GB$。

拓展阅读：
机械硬盘

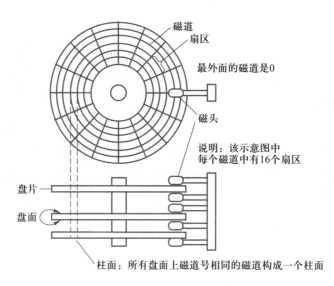

图 2.4.8   机械硬盘结构示意图

② 转速是指硬盘盘片每分钟转动的圈数，单位为 rpm。转速越快，意味着数据存取速度越快。机械硬盘的转速主要有 3 种：5 400 rpm、7 200 rpm 和 10 000 rpm。

（2）固态硬盘

拓展阅读：
认识固态硬盘

固态硬盘（Solid – State Disk，SSD）是运用 Flash/DRAM 芯片发展出的最新硬盘，其存储原理类似于 U 盘。和机械硬盘相比，固态硬盘读写速度快、容量小、价格高、使用寿命有限。

目前的微型计算机的硬盘配置一般采用固态硬盘和机械硬盘双硬盘的这种混合配置方式。将操作系统的系统文件保存在固态硬盘中，通过减少文件读取时间而提高操作系统的运行效率。将非系统文件，如重要的数据、文档等，保存在机械硬盘中，可以长久保存。

硬盘接口的作用是在硬盘和主机内存之间传输数据。目前硬盘接口类型是 SATA（Serial ATA）接口，是一种串行接口，无论是机械硬盘还是固态硬盘都采用这种接口。SATA 有多个版本，数据传输速率如下。

① SATA 2.0。数据传输率达到 300 MBps。

② SATA 3.0。数据传输率达到 600 MBps。

（3）光盘

光盘盘片是在有机塑料基底上加各种镀膜制作而成的，数据通过激光刻在盘片上。光盘存储器具有体积小、容量大、易于长期保存等优点。

读取光盘的内容需要光盘驱动器，简称光驱。光驱有两种：CD（Compact Disk）驱动器和 DVD（Digital erdatile Disk）驱动器。CD 光盘的容量一般为 650 MB。DVD 采用更有效的数据压缩编码，具有更高的磁道密度。因此 DVD 光盘的容量更大，一张 DVD 光盘的容量为 4.7 GB ~ 50 GB，相当于 7 ~ 73 张普通 CD 光盘。

衡量一个光驱性能的主要指标是读取数据的速率，光驱的数据读取速率是用倍速来表示的。CD - ROM 光驱的 1 倍速是 150 KBps，DVD 光驱的 1 倍速是 1 350 KBps。如某一个 CD - ROM 光驱是 8 倍速的，就是指这个光驱的数据的传输速率为 150 KBps × 8 = 1 200 KBps。目前 CD - ROM 光盘驱动器的数据传输速率最高为 64 倍速。而 DVD 光驱的速率最高到 20 倍速，这个速度基本上已经接近光盘驱动器的极限了。

（4）移动存储

常用的移动存储设备有 Flash 存储器和移动硬盘等。

① Flash 存储器是一种新型半导体存储器，它的主要特点是在断电时也能长期保持数据，而且加电后很容易擦除和重写，又有很高的存取速度。随着集成电路的发展，Flash 存储器集成度越来越高，而价格越来越便宜。

常见的 Flash 存储器有 U 盘和 Flash 卡，它们的存储介质相同而接口不同。U 盘采用 USB 接口，主要有两种：USB 2.0 和 USB 3.0。计算机上的 USB 接口版本必须与 U 盘的接口类型一致才能达到最高的传输速度。

Flash 卡一般用作数码相机和手机的存储器，如 SD 卡。Flash 卡虽然种类繁多，但存储原理相同，只是接口不同。每种 Flash 卡需要相应接口的读卡器与计算机连接，计算机才能进行读写。

② 移动硬盘通常由笔记本电脑硬盘和带有数据接口电路的外壳组成，数据接口有两种：USB 接口和 IEEE 1394 接口。笔记本电脑硬盘只是比普通的台式机硬盘尺寸要小，它的直径为 1.8 英寸，而台式机是 2.5 英寸。

2.4.2 总线与接口

1. 总线

在计算机系统中，总线（Bus）是各部件（或设备）之间传输数据的公用通道。从主机各个部件之间的连接，到主机与外部设备之间的连接，几乎都采用了总线，所以计算机系统是多总线结构的计算机。

从作用来说，总线与高速公路相似。为了解决北京与上海之间各城市之间的交通问题，就建设京沪高速公路（相当于总线），而沿线各城市（相当于部件或外部设备）就连接到该高速公路上，如图 2.4.9（a）和图 2.4.9（c）所示。

在总线结构中，各设备共享总线的带宽。例如，若总线的带宽为 10 Mbps，总线上连接了 5 个设备，则每一个设备的带宽为 2 Mbps。因此，当总线上连接的设备较多时，每一个设备的有效传输速率就降低了。为了提高设备的数据传输速率，现在计算机系统中开始广泛采用点对点的传输方式，如图 2.4.9（b）所示。在这种总线结构中，每一个设备独享带宽。

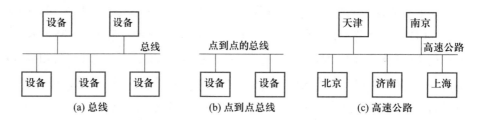

图 2.4.9　总线与高速公路作用比较

从数据传输方式看，总线可分为串行总线和并行总线。在串行总线中，二进制数据逐位通过一根数据线发送到目的部件（或设备），如图 2.4.10 所示，常见的串行总线有 RS－232、PS/2、USB 等。在并行总线中，数据线有许多根，故一次能发送多个二进制位数据，如图 2.4.11 所示，如 PCI 总线等。

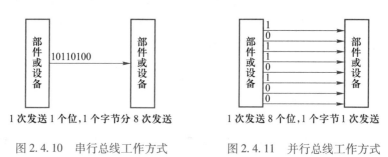

图 2.4.10　串行总线工作方式　　　图 2.4.11　并行总线工作方式

总线的主要技术指标有 3 个：总线带宽、总线位宽和总线工作频率。

① 总线带宽。总线带宽是指单位时间内总线上传送的数据量，反映了总线数据传输速率。总线带宽与位宽和工作频率之间的关系是

总线带宽 = 总线工作频率 × 总线位宽 × 传输次数/8

其中传输次数是指每个时钟周期内的数据传输次数，一般为 1。

② 总线位宽。总线位宽是指总线能够同时传送的二进制数据的位数。例如，32 位总线、64 位总线等。总线位宽越宽，总线带宽越大。

③ 工作频率。总线的工作频率以 Hz 为单位，工作频率越高，总线工作速度越快，总线带宽越大。

例如，某总线的工作频率为 33 MHz，总线位宽为 32 位，一个时钟周期内数据传输一次，则该总线带宽 = 33 MHz × 32 位 × 1 次/8 = 132 MBps。

系统总线是微型计算机系统中最重要的总线，人们平常所说的微型计算机总线就是指系统总线。系统总线用于 CPU 与接口卡的连接。为使各种接口卡能够在各种系

中实现"即插即用"，系统总线的设计要求有统一的标准，与具体的 CPU 型号无关。常见的系统总线有 PCI 总线、PCI – E 总线等。

（1）PCI

拓展阅读：PCI

PCI（Peripheral Component Interconnect，外设组件互连标准）是 Intel 公司 1991 年推出的局部总线标准。它是一种 32 位的并行总线（可扩展为 64 位），总线频率为 33 MHz（可提高到 66 MHz），最大传输速率可达 $66 \text{ MHz} \times 64/8 = 532 \text{ MBps}$。

PCI 总线的最大优点是结构简单、成本低、设计容易。PCI 总线的缺点也比较明显，就是总线带宽有限，如果有多个设备，将共享总带宽。

（2）PCI – E

PCI – E（PCI Express，PCI 扩展标准）是一种新型总线标准，是一种多通道的串行总线。PCI – E 的主要优势就是数据传输速率高，总线带宽独享。每个 PCI – E 设备与控制器是点对点的连接，因此数据带宽是独享的。

PCI – E 采用多通道传输机制。多个通道相互独立，共同组成一条总线。例如，PCI – E x16 表示 16 通道。一般 PCI – E 的设备应插在相同通道数的插槽上，但是 PCI – E 向下兼容，即 PCI – E x4 的设备可以插在 PCI – E x4 及以上的插槽上。

PCI – E 总线也有 1.0、2.0 和 3.0 多个版本，高版本的数据传输带宽更高，PCI – E 1.0 是 250 MBps，PCI – E 2.0 是 500 MBps，PCI – E 3.0 是 1 GBps。

2. 接口

各种外部设备通过接口与计算机主机相连。使用接口连接的常见外部设备有打印机、扫描仪、U 盘、MP3 播放器、数码相机（DC）、数码摄像机（DV）、移动硬盘、手机、写字板等。

主板上常见的接口有 USB 接口、HDMI 接口、音频接口和显示接口等，如图 2.4.12 所示。

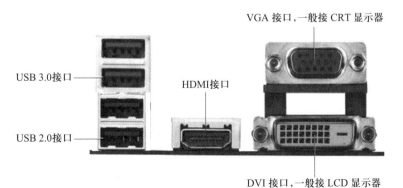

图 2.4.12 外部设备接口

（1）USB 接口

USB（Universal Serial Bus，通用串行总线）接口是一种串行总线接口，于 1994 年由 Intel、Compaq、IBM、Microsoft 等多家公司联合提出的计算机新型接口技术，由于其支持热插拔、传输速率较高等优点，成为目前外部设备的主流接口方式。

USB 接口目前有以下两个规范。

① USB 2.0（黑色）。理论上传输速率可达 480 Mbps。

② USB 3.0（蓝色）。理论上传输速率可达 5 Gbps，足以满足大多数外设的要求。

USB 3.0 向下与 USB 2.0 兼容。也就是说，所有 USB 2.0 的设备都可以直接在 USB 3.0 的接口上使用而不必担心兼容性问题。

USB 接口广泛应用于数码相机、数码摄像机、测量仪器、移动硬盘等数码设备中。

（2）IEEE 1394 接口

IEEE 1394 接口是为了连接多媒体设备而设计的一种高速串行接口标准。IEEE 1394 目前传输速率可以达到 400 Mbps，将来会提升到 800 Mbps、1 Gbps、1.6 Gbps。同 USB 一样，IEEE 1394 也支持热插拔，可为外设提供电源，能连接多个不同设备。现在支持 IEEE 1394 的设备不多，主要是数字摄像机、移动硬盘、音响设备等。

（3）HDMI 接口

HDMI（High Definition Multimedia Interface，高清晰度多媒体接口）是一种数字化视频/音频接口技术，可同时传送视频和音频信号，最高数据传输速度为 18 Gbps。

HDMI 接口是替代 DVI（Digital Visual Interface，数字显示接口）的高清显示输出的新接口。由于 DVI 接口暴露出的种种问题，成为高清视频技术发展的瓶颈。DVI 接口不兼容平板高清电视，DVI 接口只有 8 位的 RGB 信号，不能让广色域的显示器发挥最佳性能，DVI 接口只能传输图像信号，没有音频信号。人们迫切需要一种能满足未来高清视频行业发展的接口技术，也正是基于此，才促使 HDMI 的诞生。

2.4.3　输入输出设备

输入输出设备（又称为外部设备）是计算机系统的重要组成部分。微型计算机的基本输入输出设备有键盘、鼠标、触摸屏、显示器、打印机等。由于信息技术的长足进步，现在许多数码设备，如数码相机、数码摄像机、摄像头、投影仪等，已经成为常用外部设备，甚至像磁卡、IC 卡、射频卡等许多卡片的读写设备、条形码扫描器、指纹识别器等在许多应用领域也成为外部设备。本节仅仅简单介绍微型计算机的基本输入输出设备，常用的数码设备将在第 8 章介绍，其余的外部设备不再介绍，读者在使用时可查阅有关资料。

1. 基本输入设备

微型计算机的基本输入设备有键盘、鼠标、触摸屏。

（1）键盘

键盘是微型计算机必备的输入设备，通常连接在 PS/2（紫色）口或 USB 口上。近年来，利用"蓝牙"技术无线连接到计算机的无线键盘也越来越多。

（2）鼠标

鼠标是微型计算机的基本输入设备，通常连接在 PS/2（绿色）口或 USB 口上。与无线键盘一样，无线鼠标也越来越多。

常用的鼠标器有两种：一种是机械式的，另一种是光电式的。一般来说，光电鼠标比机械鼠标好，因为光电鼠标更精确、更耐用、更容易维护。

在笔记本电脑中，一般还配备了轨迹球（TrackPoint）、触摸板（TouchPad），它们都是用来控制鼠标的。

（3）触摸屏

触摸屏是一种新型输入设备，是目前最简单、方便、自然的一种人机交互方式。触摸屏尽管诞生时间不长，因为可以代替鼠标或键盘，故应用范围非常广阔。目前，触摸屏主要应用公共信息的查询和多媒体应用等领域，如银行、城市街头等地方的信息查询，将来肯定会走入家庭。

触摸屏一般由透明材料制成，安装在显示器的前面。它将用户的触摸位置，转变为计算机的坐标信息，输入到计算机中。触摸屏简化了计算机的使用，即使是对计算机一无所知的人，也能够马上使用，使计算机展现出更大的魅力。

2. 基本输出设备

微型计算机的基本输出设备有显示器和打印机。

（1）显示器

显示器是微型计算机必备的输出设备。目前，常用的显示器是液晶显示器（LCD），如图 2.4.13 所示。液晶显示器的主要技术指标有分辨率、颜色质量以及响应时间。

① 分辨率。显示器上像素的数量。分辨率越高，显示器上的像素越多。常见的分辨率有 1 024 × 768、1 280 × 1 024、1 600 × 800、1 920 × 1 200 等。

图 2.4.13　液晶显示器

② 颜色质量。显示一个像素所占用的位数，单位是位（bit）。颜色位数决定了颜色数量，颜色位数越多，颜色数量越多。例如，将颜色质量设置为 24 位（真彩色），则颜色数量为 2^{24} 种。现在显示器允许用户选择 32 位的颜色质量，Windows 允许用户自行选择颜色质量。

③ 响应时间。屏幕上的像素由亮转暗或暗转亮所需要的时间，单位是毫秒（ms）。响应时间越短，显示器闪动就越少，在观看动态画面时不会有尾影。目前，液晶显示器的响应时间是 16 ms 和 12 ms。

（2）打印机

打印机是计算机最基本的输出设备之一。打印机主要的性能指标有两个：一是打印速度，单位是 ppm，即每分钟可以打印的页数（A4 纸）；二是分辨率，单位是 dpi，即每英寸的点数，分辨率越高打印质量越高。

目前使用的打印机主要有以下几种。

① 针式打印机。针式打印机是利用打印钢针按字符的点阵打印出文字和图形。针式打印机按打印头的针数可分为 9 针打印机、24 针打印机等。针式打印机工作时噪声较大，而且打印质量不好，但是具有价格便宜、能进行多层打印等特点，被银行、超市广泛使用。

② 喷墨打印机。喷墨打印机将墨水通过精制的喷头喷到纸面上形成文字与图像。喷墨打印机体积小，重量轻，噪声低，打印精度较高，特别是其彩色印刷能力很强，但打印成本较高，适于小批量打印。

图 2.4.14　激光打印机

③ 激光打印机。激光打印机（见图 2.4.14）利用激光扫描主机送来的信息，将要输出的信息在磁鼓上形成静电潜像，并转换成磁信号，使碳粉吸附在纸上，经加热定影后输出。激光打印机具有最高的打印质量和最快的打印速度，可以输出漂亮的文稿，也可以直接输出在用于印刷制版的透明胶片上。

④ 3D 打印。3D 打印是一种以计算机模型文件为基础，运用粉末状塑料或金属等可黏合材料，通过逐层打印的方式来构造物体的技术。它是一种新型的快速成型技术，传统的方法制造出一个模型通常需要数天，而用 3D 打印的技术则可以将时间缩短为数个小时。3D 打印被用于模型制造和单一材料产品的直接制造。3D 打印有广泛的应用领域和广阔的应用前景，如图 2.4.15 所示。

(a) 3D打印机正在打印模型　　　(b) 3D打印出的模型和产品

图 2.4.15　3D 打印机

习　题

1. 简述冯·诺依曼体系结构。

2. 简述计算机的五大组成部分。

3. 指令和程序有什么区别？试述计算机执行指令的过程？

4. 什么是流水线技术？作用是什么？

5. 什么是多核技术？它的作用是什么？

6. 简述机器语言、汇编语言、高级语言的各自特点。

7. 简述解释和编译的区别。

8. 简述将源程序编译成可执行程序的过程。

9. 简述常用各种高级语言的特点。

10. 什么是主板？它主要有哪些部件？各部件之间如何连接？

11. CPU 有哪些性能指标？

12. 什么是 CPU 的位数？常见的 CPU 是多少位的？

13. ROM 和 RAM 的作用和区别是什么？

14. 总线的概念是什么？简述总线类型。

15. 简述高速缓冲存储器的作用及原理。

16. 简述串行总线的优点。

17. 计算机常见的接口有哪些？

18. SATA 是什么？有哪些特点？

19. 输入输出设备有什么作用？

20. 常见的输入输出设备有哪些？

第 3 章
操作系统基础

　　操作系统是最重要的系统软件。无论计算机技术如何纷繁多变，为计算机系统提供基础支撑始终是操作系统永恒的主题。纵使计算机技术经历了几十年的沧海桑田，操作系统始终是其华美乐章中多彩的主旋律。

电子教案 3.1

3.1　操作系统概述

3.1.1　引言

计算机发展到今天，从微型计算机到智能手机、高性能计算机，无一例外都配置了操作系统。

分析一个在生活中经常会遇到的问题：出门坐公交车，在天气、道路等正常的情况下，公交车长时间不来，或者一来就是很多辆。造成这种情况的责任是谁呢？显然这是调度员的责任。调度员的职责应该是合理地调度车辆，并且确保

① 乘客等待时间最短；

② 车辆载客量最多。

从计算机技术的角度来说，造成这一问题的原因是调度员没有像操作系统那样去调度车辆资源。计算机配置操作系统的目的是由操作系统管理和调度资源。

早期的计算机没有操作系统，计算机的运行要在人工干预下才能进行，程序员兼职操作员，效率非常低下。为了使计算机系统中所有软硬件资源协调一致，有条不紊地工作，就必须有一个软件来进行统一管理和调度，这种软件就是操作系统。因此，操作系统是管理和控制计算机中所有软硬件资源的一组程序。现代计算机系统绝对不能缺少操作系统，正如人不能没有大脑一样，而且操作系统的性能很大程度上直接决定了整个计算机系统的性能。

操作系统直接运行在裸机之上，是对计算机硬件系统的第一次扩充。在操作系统的支持下，计算机才能运行其他的软件。从用户的角度看，操作系统加上计算机硬件系统形成一台虚拟机（通常广义上的计算机），它为用户构成了一个方便、有效、友好的使用环境。因此可以说，操作系统是计算机硬件与其他软件的接口，也是用户和计算机的接口，如图 3.1.1 所示。

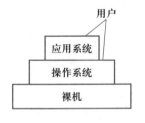

图 3.1.1　用户面对的计算机

一般而言，引入操作系统有以下两个目的。

① 操作系统将裸机改造成一台虚拟机，使用户能够无需了解许多有关硬件和软件的细节就能使用计算机，从而提高用户的工作效率。

② 为了合理地使用系统内包含的各种软硬件资源，提高整个系统的使用效率和经济效益。

操作系统的出现是计算机软件发展史上的一个重大转折，也是计算机系统的一个重大转折。

3.1.2 操作系统的分类

经过了许多年的迅速发展，操作系统种类繁多，功能也相差很大，已经能够适应各种不同的应用和各种不同的硬件配置。操作系统有以下不同的分类标准。

① 按与用户对话的界面分类。操作系统可分为命令行界面操作系统（如 MS DOS、Novell 等）和图形用户界面操作系统（如 Windows 等）。

② 按系统的功能分类。操作系统可分为 3 种基本类型，即批处理系统、分时系统、实时系统。随着计算机体系结构的发展，又出现了许多种操作系统，如个人计算机操作系统、网络操作系统和智能手机操作系统。

下面简要介绍批处理系统、分时操作系统、实时操作系统、个人计算机操作系统、网络操作系统和智能手机操作系统。

1. 批处理系统

在批处理系统中，用户可以把作业一批批地输入系统。它的主要特点是允许用户将由程序、数据以及说明如何运行该作业的操作说明书组成的作业一批批地提交系统，然后不再与作业发生交互作用，直到作业运行完毕后，才能根据输出结果分析作业运行情况，确定是否需要适当修改再次上机。批处理系统现在已经不多见了。

2. 分时操作系统

分时操作系统的主要特点是将 CPU 的时间划分成时间片，轮流接收和处理各个用户从终端输入的命令。如果用户的某个处理要求时间较长，分配的一个时间片还不够用，它只能暂停下来，等待下一次轮到时再继续运行。由于计算机运算的高速性能和并行工作的特点，使得每个用户感觉不到别人也在使用这台计算机，就好像他独占了这台计算机。典型的分时操作系统有 UNIX、Linux 等。

3. 实时操作系统

实时操作系统的主要特点是指对信号的输入、计算和输出都能在一定的时间范围内完成。也就是说，计算机对输入信息要以足够快的速度进行处理，并在确定的时间内做出反应或进行控制。超出时间范围就失去了控制的时机，控制也就失去了意义。响应时间的长短，根据具体应用领域及应用对象对计算机系统的实时性要求不同而不同。根据具体应用领域的不同，又可以将实时操作系统分成两类：实时控制系统（如导弹发射系统、飞机自动导航系统）和实时信息处理系统（如机票订购系统、联机检索系统）。常用的实时操作系统有 RDOS 等。

4. 个人计算机操作系统

个人计算机操作系统是一种运行在个人计算机上的单用户、多任务操作系统，主要特点是计算机在某个时间内为单个用户服务；采用图形用户界面，界面友好；使用方便，用户无需专门学习，也能熟练操作机器。目前常用的有 Windows、Linux 等。

5. 网络操作系统

网络操作系统是在单机操作系统的基础上发展起来的，能够管理网络通信和网络上的共享资源，协调各个主机上任务的运行，并向用户提供统一、高效、方便易用的网络接口的一种操作系统。目前常用的有 Windows Server。

6. 智能手机操作系统

智能手机操作系统运行在高端智能手机上。智能手机具有独立的操作系统以及良好的用户界面，以及很强的应用扩展性，能方便随意地安装和删除应用程序。目前常用的智能手机操作系统有 Android 和 iOS。

3.1.3　常用操作系统简介

操作系统种类很多，目前主要有 Windows、UNIX、Linux、Mac OS 和 Android。由于 DOS 曾在 20 世纪 80 年代的个人计算机上占有绝对主流地位，因此在这里也简要介绍。

1. DOS

DOS（Disk Operating System）是 Microsoft 研制的配置在个人计算机上的单用户命令行界面操作系统。它曾经广泛应用在 PC 机，对于计算机的应用普及可以说是功不可没。DOS 的特点是简单易学，硬件要求低，但存储能力有限。因为种种原因，现在已被 Windows 替代。

2. Windows

Windows 是基于图形用户界面的操作系统。因其生动、形象的用户界面，十分简便的操作方法，吸引着成千上万的用户，成为目前装机普及率最高的一种操作系统。

尽管 Windows 家族产品繁多，但是两个系列还是清晰可见：一是面向个人消费者和客户机开发的 Windows XP/Vista/7/8/10 系列；二是面向服务器开发的 Windows Server 2003/2008/2012/10。

3. UNIX

UNIX 是一种发展比较早的操作系统，一直占有操作系统市场较大的份额。UNIX 优点是具有较好的可移植性，可运行于许多不同类型的计算机上，具有较好的可靠性和安全性，支持多任务、多处理、多用户、网络管理和网络应用。缺点是缺乏统一的标准，应用程序不够丰富，并且不易学习，这些都限制了 UNIX 的普及应用。

4. Linux

Linux 是一种源代码开放的操作系统。用户可以通过 Internet 免费获取 Linux 及其生成工具的源代码，然后进行修改，建立一个自己的 Linux 开发平台，开发 Linux 软件。

Linux 实际上是从 UNIX 发展起来的，与 UNIX 兼容，能够运行大多数的 UNIX 工具软件、应用程序和网络协议。Linux 继承了 UNIX 以网络为核心的设计思想，是一个性能稳定的多用户网络操作系统。同时，它还支持多任务、多进程和多 CPU。

Linux 版本众多，厂商们利用 Linux 的核心程序，再加上外挂程序，就变成了现在的各种 Linux 版本。现在主要流行的版本有 Red Hat Linux、SUSE Linux 和 Ubuntu Linux。

5. Mac OS

Mac OS 是一套运行在苹果公司的 Macintosh 系列计算机上的操作系统。Mac OS 是首个在商用领域成功的图形用户界面。现行最新的系统版本是 Mac OS X Yosemite。

Mac OS 具有较强的图形处理能力，广泛用于桌面出版和多媒体应用等领域。Mac OS 的缺点是与 Windows 缺乏较好的兼容性，影响了它的普及。

6. Android

Android 是一种基于 Linux 的自由及开放源代码的操作系统，主要使用于移动设备，如智能手机和平板电脑。Android 操作系统最初由 Andy Rubin 开发，主要支持智能手机，后来逐渐扩展到平板电脑及其他领域。目前，Android 是智能手机上最重要的操作系统。

3.2　Windows 和云服务

电子教案3.2

目前，云计算技术已经成熟并且得到了广泛的应用。作为一个计算机用户，不仅要掌握通过 Windows 使用本地有限的资源，而且还要具备利用云端资源和服务的能力。本节介绍 Windows 和云服务的使用。

3.2.1　Windows

1. Windows 的发展历史

Windows 家族产品繁多，但是两个产品线还是清晰可见：一是面向台式机和笔记本电脑的 Windows XP/Vista/7/8/10 系列；二是面向服务器的 Windows Server 2003/2008/2012/10 系列。Windows 10 是新一代跨平台及设备应用的操作系统，不仅可以运行在台式机和笔记本电脑上，还可以运行在智能手机、物联网等设备上。以下介绍以

Windows 7 为例。

当前的 Windows 有 32 位和 64 位之分。因为目前 CPU 一般都是 64 位的，所以操作系统既可以安装 32 位的，也可以安装 64 位的。若安装了 32 位的 Windows，则只能支持 32 位的应用程序；若安装了 64 位的 Windows，则 32 位和 64 位的应用程序都可以支持。如图 3.2.1 所示。

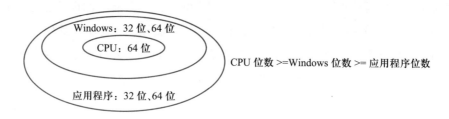

图 3.2.1　Windows 与 CPU 和应用程序的位数关系

2. 文件

文件是有名的一组相关信息的集合。在计算机系统中，所有的程序和数据都是以文件的形式存放在计算机的外存储器（如磁盘等）上。例如，C/C++ 或 VB 源程序、Word 文档、各种可执行程序等都是文件。

（1）文件名

任何一个文件都有文件名。文件名是存取文件的依据，即按名存取。一般来说，文件名分为文件主名和扩展名两个部分，如图 3.2.2 所示。

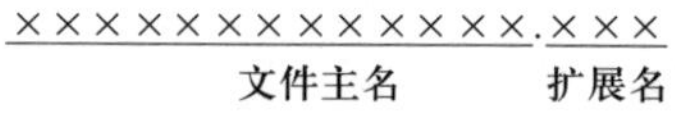

$$\underline{\times\times\times\times\times\times\times\times\times\times\times\times.\times\times\times}$$

文件主名　　　扩展名

图 3.2.2　文件名

不同的操作系统其文件名命名规则有所相同。有些操作系统是不区分大小写的，如 Windows，而有的操作系统是区分大小写的，如 UNIX。

（2）文件类型

在绝大多数的操作系统中，文件的扩展名表示文件的类型。例如，EXE 是可执行程序文件，CPP 是 C++ 源程序文件，JPG 是图像文件，WMV 是一种流媒体文件，HTM 是网页文件，RAR 是压缩文件。

（3）文件属性

文件除了文件名外，还有文件大小、占用空间、所有者信息等，这些信息称为文件属性。

文件的重要属性有以下两个。

① 只读。设置为只读属性的文件只能读，不能修改或删除，起保护文件作用。

② 隐藏。具有隐藏属性的文件在一般的情况下是不显示的。

（4）文件删除

一般情况下，文件删除后被送入回收站，回收站中的文件可以恢复。但是，文件删除时若按住 Shift 键，则没有被送到回收站中，不可以恢复。

（5）通配符

在搜索文件时，可以使用通配符"?"和"*"。"?"代表任意一个字符，"*"代表任意一个字符串。例如，"*.DOC"代表扩展名为 DOC 的所有文件，"?B*.EXE"代表第二个字符为 B 的所有程序文件。如果要指定多个文件名，则可以使用分号、逗号或空格作为分隔符，例如，"*.DOC；*.BMP；*.TXT"。

（6）快捷方式

在桌面上，左下角有一个弧形箭头的图标称为快捷方式，如图 3.2.3 所示。为了快速地启动某个应用程序或打开文件，通常在便捷的地方（如桌面或"开始"菜单）创建快捷方式。

图 3.2.3　Word 快捷方式

快捷方式是连接对象的图标，它不是这个对象本身，而是指向这个对象的指针，这如同一个人的照片。不仅可以为应用程序创建快捷方式，而且可以为 Windows 中的任何一个对象建立快捷方式。例如，可以为程序文件、文档、文件夹、控制面板、打印机或磁盘等创建快捷方式。

创建快捷方式有以下两个方法。

① 按住 Ctrl + Shift 键不放进行拖曳。例如，在桌面上为 Microsoft Word 建立快捷方式，只需按住 Ctrl + Shift 键不放将 Winword. exe 拖曳到桌面上，桌面上出现如图 3.2.3 所示的快捷方式图标。

② 在资源管理器窗口中使用"文件"｜"新建"｜"快捷方式"命令。

3. 控制面板

控制面板是用来进行系统设置和设备管理的一个工具集。在控制面板中，用户可以根据自己的喜好对桌面、用户等进行设置和管理，还可以进行添加或删除程序等操作，控制面板窗口如图 3.2.4 所示。

启动控制面板的方法很多，最简单的方法是单击"开始"｜"控制面板"命令。

在控制面板中，可以很方便地管理用户、卸载应用程序和管理设备。

（1）管理用户

Windows 允许多个用户共同使用同一台计算机，这就需要进行用户管理，包括创建新用户以及为用户分配权限等。在 Windows 中，每一个用户都有自己的工作环境，如桌面、我的文档等。

图 3.2.4   控制面板

Windows 中的用户有以下两种类型。

① 标准用户。可以使用大多数软件以及更改不影响其他用户或计算机的系统设置。

② 管理员。有计算机的完全访问权，可以做任何修改。

用户管理的途径是选择"控制面板"｜"用户账户和家庭安全"选项。

（2）卸载应用程序

在控制面板中，对程序的管理和设置集中在"程序"组中，如图 3.2.5 所示。在其中可以卸载程序、打开或关闭 Windows 功能等。

图 3.2.5   控制面板中的"程序"组

注意：安装应用程序通常是通过应用程序自带的安装程序进行安装的。

（3）管理设备

每台计算机都配置了很多硬件设备，它们的性能和操作方式都不一样。但是在操作系统的支持下，用户可以极其方便地添加和管理硬件设备。

① 添加设备。目前，绝大多数设备都是 USB 设备，即通过 USB 电缆连接到计算机的 USB 端口。USB 设备支持即插即用（Plug and Play，PnP）和热插拔。即插即用并不是说不需要安装设备驱动程序，而是意味着操作系统能自动检测到设备并自动安装驱动程序。第一次将某个设备插入 USB 端口进行连接时，Windows 会自动识别该设备并为其安装驱动程序。如果找不到驱动程序，Windows 将提示插入包含驱动程序的光盘。USB 连接符号如图 3.2.6 所示。

② 管理设备。各类外部设备千差万别，在速度、工作方式、操作类型等方面都是有很大差别的。面对这些差别，确实很难有一种统一的方法管理各种外部设备。但是，现在各种操作求同存异，尽可能集中管理设备，为用户设计了一个简洁、可靠、易于维护的设备管理系统。

在 Windows 中，对设备进行集中统一管理的是设备管理器，如图 3.2.7 所示。在设备管理器中，用户可以了解计算机上的硬件如何安装和配置的信息，以及硬件如何与计算机程序交互的信息，还可以检查硬件状态，并更新安装在计算机上的硬件的设备驱动程序。

图 3.2.6　USB 连接符号　　　　图 3.2.7　Windows 的设备管理器

打开设备管理器的方法是选择"控制面板"｜"硬件和声音"｜"设备管理器"选项。

4. 剪贴板

在 Windows 中，剪贴板是程序和文件之间用于传递信息的临时存储区。剪贴板不但可以存储正文，还可以存储图像、声音等其他信息。通过它可以把文字、图像、声音粘贴在一起形成一个图文并茂、有声有色的文档。

剪贴板的使用步骤是先将信息复制或剪切到剪贴板这个临时存储区中，然后在目标应用程序中将插入点定位在需要放置信息的位置，再使用应用程序的"编辑"｜"粘贴"命令将剪贴板中的信息传到目标应用程序中，如图 3.2.8 所示。

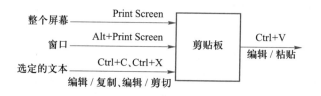

图 3.2.8 剪贴板的使用

5. 任务管理器的使用

在 Windows 中，同时按下 Ctrl + Alt + Delete 键，在弹出的菜单中选择"任务管理器"命令，打开如图 3.2.9 所示的"Windows 任务管理器"窗口。在任务管理器中，除了可查看系统当前的信息之外，还有下列用途。

图 3.2.9 "Windows 任务管理器"窗口

（1）终止未响应的应用程序

当系统出现像"死机"一样的症状时，往往存在未响应的应用程序。此时，可以通过任务管理器终止这些未响应的应用程序，系统就恢复正常了。

（2）终止进程的运行

当 CPU 的使用率长时间达到或接近100%，或系统提供的内存长时间处于几乎耗尽的状态时，通常是因为系统感染了蠕虫病毒的缘故。利用任务管理器，找到 CPU 或内存占用率高的进程，然后终止它。需要注意的是，系统进程无法终止。

6. 帮助系统

在使用计算机的过程中，经常会遇到各种各样的问题。解决问题的方法之一是使用 Windows 提供的帮助和支持。

如果计算机连接到 Internet，则可以获得如下帮助和支持。

① 在 Windows 帮助和支持设置为"联机帮助"的情况下，可以获得最新的帮助内容。

② 邀请某人使用"远程协助"提供帮助。

③ 使用 Web 上的资源。

3.2.2　云服务

有了云服务，可以利用云上强大的处理能力和庞大的资源。

云服务是指 Internet 上可以为人们服务的各种各样云计算产品。云服务无处不在、触手可及。例如，智能手机常把通讯录、微信记录、相册备份到云端，这是一种个人云服务。计算机用户把常用的数据备份到网盘，这是一种简单的云存储服务。计算机开发人员申请虚拟主机，将数据库、Web 网站部署在云端，甚至在云端上搭建一个开发平台，这属于企业云服务。

云服务种类繁多，彼此可能关联、相互依赖。常用的云服务有个人云、云存储、云主机（云服务器）等。

（1）个人云

个人云是指微型计算机、智能手机利用互联网实现无缝存储、同步、获取并分享数据的一组在线服务。图 3.2.10 是某智能手机服务商提供的个人云，具有备份通讯录、短信、相册、录音等功能，这些功能有两种使用模式：一是申请开通后在 WiFi 连接的情况下设备空闲时自动备份，不需要人工操作；二是在 PC 上通过 Web 浏览器访问。

个人云其实是云计算在个人领域的延伸，是以 Internet 为中心的个人信息处理。

图 3.2.10　某智能手机服务商提供的个人云

（2）云存储

　　网盘就是一种简单的云存储服务，提供的功能有文件的上传、下载、分享等，如图 3.2.11 是百度网盘。从用户的角度来说，云存储就是将数据存储在云端；从技术的角度来说，云存储就是将网络中大量各种不同类型的存储设备通过应用软件集合起来协同工作，共同对外提供数据存储和业务访问功能的一个系统。

图 3.2.11　百度网盘

（3）云主机

　　云主机是指在一组集群主机上虚拟出多个类似独立主机的部分，集群中每个主机上都有云主机的一个镜像，具有非常高的安全稳定性。每一台云主机实际上是一个虚拟的计算环境，包含了 CPU、内存、操作系统、磁盘、带宽等，如同物理主机一样管理。

　　云主机是一种最基本的云服务，就像使用水、电、煤气等资源一样便捷、高效。

云主机不仅不必采购计算机硬件设备，而且可以根据业务需要扩容磁盘、增加带宽等。

图 3.2.12 是某个云主机申请单，CPU 核心数量、内存容量、硬盘容量、操作系统等都是可选项，有弹性的，因此常被称为弹性云服务器。

图 3.2.12 申请云主机

云主机一般通过域名或 IP 地址访问，可以部署 Web 网站、数据库等，因此也被称为云服务器。

国内有名的云有阿里云、华为云、百度云。

云主机是目前流行的主机租用服务，它具有高性能服务器与优质网络带宽等优点，租用服务成本低，可靠性高。

3.3 操作系统的基本功能

电子教案 3.3

计算机硬件系统由 CPU、存储器、输入输出设备组成，软件和数据以文件的形式存储在外存储器上。因此，操作系统基本功能是处理机管理、存储管理、文件系统（信息管理）和设备管理。由于处理机管理实质是管理程序的运行以及磁盘的重要性，所以本节介绍程序管理、存储管理、文件系统、磁盘管理。

3.3.1　程序管理

在计算机系统中，程序的运行同样置于操作系统的管理下，主要目的是要把 CPU 的时间有效、合理地分配给各个正在运行的程序。

1. 程序

程序是以文件的形式存放在外储存器上，开始执行时就被操作系统从外存储器调入内存。

（1）单道程序系统

动画 3-1：
单道程序系统

在早期的计算机系统中，一旦某个程序开始运行，它就占用了整个系统的所有资源，直到该程序运行结束，这就是所谓的单道程序系统。单道程序系统中，在任一时刻只允许一个程序在系统中执行，正在执行的程序控制了整个系统的资源，一个程序执行结束后才能执行下一个程序。因此，系统的资源利用率不高，大量的资源在许多时间内处于闲置状态。例如，图 3.3.1 是单道程序系统中 3 个程序在 CPU 中依次运行的情况。首先程序 A 被加载到系统内执行，执行结束后再加载程序 B 执行，最后加载程序 C 执行，3 个程序不能交替运行。

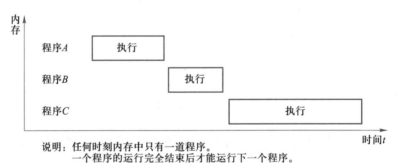

说明：任何时刻内存中只有一道程序。
　　　一个程序的运行完全结束后才能运行下一个程序。

图 3.3.1　单道程序系统中程序的执行

（2）多道程序系统

动画 3-2：
多道程序系统

为了提高系统资源的利用率，后来的操作系统都允许同时有多个程序被加载到内存中执行，这样的操作系统被称为多道程序系统。在多道程序系统中，从宏观上看，系统中多道程序是在并行执行；从微观上看，在任一时刻仅能执行一道程序，各程序是交替执行的。由于系统中同时有多道程序在运行，它们共享系统资源，提高了系统资源的利用率，因此操作系统必须承担资源管理的任务，要求能够对包括处理机在内的系统资源进行管理。例如，图 3.3.2 是多道程序系统中 3 个程序在 CPU 中交替运行的情况。程序 A 没有结束就放弃了 CPU，让程序 B 和程序 C 执行，程序 C 没有结束又让程序 A 抢占了 CPU，3 个程序交替运行。

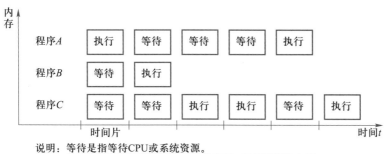

说明：等待是指等待CPU或系统资源。
处于等待状态的程序虽然不占用CPU，但仍然驻留内存。

图 3.3.2 多道程序系统中程序在交替执行

2. 进程

进程，简单地说，就是一个正在执行的程序。或者说，进程是一个程序与其数据一起在计算机上顺序执行时所发生的活动。一个程序被加载到内存，系统就创建了一个进程，程序执行结束后，该进程也就消亡了。当一个程序（如 Windows 的"记事本"程序）同时被执行多次时，系统就创建了多个进程，尽管是同一个程序。

在任务管理器的"进程"选项卡中，用户可以查看到当前正在执行的进程。图 3.3.3 中共有 71 个进程正在运行，程序 notepad. exe 被同时运行了 3 次，因而内存中有 3 个这样的进程。

进程在它的整个生命周期中有 3 个基本状态：就绪、运行和挂起。

① 就绪状态。进程已经获得了除 CPU 之外的所有资源，做好了运行的准备，一旦得到了 CPU 便立即执行，即转换到执行状态。

② 执行状态。进程已获得 CPU，其程序正在执行。在单 CPU 系统中，只能有一个进程处于执行状态，而在多 CPU 系统中，则可能有多个进程处于执行状态。

③ 挂起状态。进程因等待某个事件而暂停执行时的状态，也称为"等待"状态或"睡眠"状态。

在运行期间，进程不断地从一个状态转换到另一个状态，如图 3.3.4 所示。处于执行状态的进程，因时间片用完就转换为就绪状态；因为需要访问某个资源，而该资源被别的进程占用，则由执行状态转换为挂起状态；处于挂起状态的进程因发生了某个事件后（需要的资源满足了）就转换为就绪状态；处于就绪状态的进程被分配了 CPU 后就转换为执行状态。

程序和进程的主要差异在于以下几个方面。

① 程序是一个静态的概念，指的是存放在外存储器上的程序文件；进程是一个动态的概念，描述程序执行时的动态行为。进程由程序执行而产生，如图 3.3.5 所示，随执行过程结束而消亡，所以进程是有生命周期的。

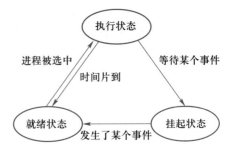

图 3.3.3   "进程"选项卡   图 3.3.4   进程的状态及其转换

② 程序可以脱离机器长期保存，即使不执行的程序也是存在的。而进程是执行着的程序，当程序执行完毕，进程也就不存在了，所以进程的生命是暂时的。

③ 一个程序可多次执行并产生多个不同的进程。

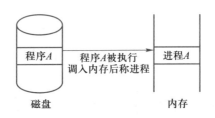

图 3.3.5   程序与进程的关系

3. 线程

随着硬件和软件技术的发展，为了更好地实现并发处理和共享资源，提高 CPU 的利用率，目前许多操作系统把进程再"细分"成线程（threads）。一个进程细分成多个线程后，可以更好地共享资源。

在任务管理器的"进程"选项卡中，可以看到每一个进程所包含的线程数（执行"选择"｜"查看列"命令设置"线程计数"）。图 3.3.3 中进程 explorer.exe 有 45 个线程，进程 WINWORD.EXE 有 4 个线程。

在 Windows 中，线程是 CPU 的分配单位。把线程作为 CPU 的分配单位的好处是：充分共享资源，减少内存开销，提高并发性，切换速度相对较快。目前，大部分的应用程序都是多线程的结构。

3.3.2 存储管理

存储器是计算机的关键资源之一。如何对存储器进行管理，不仅直接影响它们的利用率，而且还影响整个系统的性能。

存储管理的功能有很多，由于涉及内容非常专业，这里只介绍虚拟内存。

计算机的内存是 CPU 可以直接存取的存储器。一个进程要在 CPU 上运行，就一定要占用一定的内存，否则就无法运行。内存的特点是速度快，但是容量相对较小。尽管目前的微型计算机可以配置几个 GB 以上的内存，但是仍然不能满足实际的需要。为了解决这个问题，操作系统使用一部分硬盘空间模拟内存，即虚拟内存，为用户提供了一个比实际内存大得多的内存空间。用户面对的是一个内、外存组成的一个统一整体。在计算机的运行过程中，当前使用的程序和数据保留在内存中，其他暂时不用的存放在外存中，操作系统根据需要负责进行内、外存的交换。

虚拟内存的最大容量与 CPU 的寻址能力有关。如果 CPU 的地址线是 20 位的，则虚拟内存最多是 1 MB；若地址线是 32 位的，则虚拟内存可以达到 4 GB。

动画 3-3：
虚拟内存

虚拟内存在 Windows 中又称为页面文件。在 Windows 安装时就创建了虚拟内存页面文件（pagefile.sys），页面大小会根据实际情况自动调整的。图 3.3.6 是某台计算机 Windows 7 系统中虚拟内存的情况（在"控制面板"选择"系统"选项，然后选择"高级系统设置"选项，再在"高级"选项卡的"性能"区域中单击"设置"按钮），它把 D:盘的一部分硬盘空间模拟成内存。

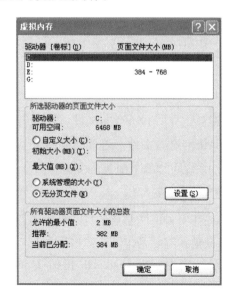

图 3.3.6　某台 Windows 7 系统中的虚拟内存

3.3.3   文件系统

在操作系统中，负责管理和存取文件信息的部分称为文件系统或信息管理系统。在文件系统的管理下，用户可以按照文件名访问文件，而不必考虑各种外存储器的差异，不必了解文件在外存储器上的具体物理位置以及如何存放的。文件系统为用户提供了一个简单、统一的访问文件的方法，因此它也被称为用户与外存储器的接口。

本节将从用户的角度介绍文件系统。

1. 目录结构

一个磁盘上的文件成千上万，为了有效地管理和使用文件，用户通常在磁盘上创建文件夹（目录），在文件夹下再创建子文件夹（子目录），也就是将磁盘上所有文件组织成树状结构，然后将文件分门别类地存放在不同的文件夹中，如图 3.3.7 所示。这种结构像一棵倒置的树，树根为根文件夹（根目录），树中每一个分枝为文件夹（子目录），树叶为文件。在树状结构中，用户可以将同一个项目有关的文件放在同一个文件夹中，也可以按文件类型或用途将文件分类存放；同名文件可以存放在不同的文件夹中；也可以将访问权限相同的文件放在同一个文件夹中，集中管理。

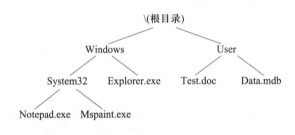

图 3.3.7   树形目录结构

2. 文件路径

当一个磁盘的目录结构被建立后，所有的文件可以分门别类地存放在所属的文件夹中，接下来的问题是如何访问这些文件。若要访问的文件不在同一个目录中，就必须加上文件路径，以便文件系统可以查找到所需要的文件。

文件路径分为如下两种。

① 绝对路径。从根目录开始，依序到该文件之前的名称。

② 相对路径。从当前目录开始到某个文件之前的名称。

在图 3.3.7 所示的目录结构中，Notepad. exe 和 Test. doc 文件的绝对路径分别为 C：\Windows\System32\Notepad. exe 和 C：\User\Test. doc。如果当前目录为 System32，则 Data. mdb 文件的相对路径为 .. \.. \User\Data. mdb（用 ".." 表示上一级目录）。

3. 文件系统

Windows 7 支持的常用文件系统有 3 种：FAT32、NTFS 和 exFAT。

① FAT32。可以支持容量达 8 TB 的卷，单个文件大小不能超过 4 GB。

② NTFS。Windows 7 的标准文件系统，单个文件大小可以超过 4 GB。NTFS 兼顾了磁盘空间的使用与访问效率，提供了高性能、安全性、可靠性等高级功能。例如，NTFS 提供了诸如文件和文件夹权限、加密、磁盘配额和压缩这样的高级功能。

③ exFAT。全称为扩展 FAT，是为解决 FAT32 不支持 4 GB 以上文件推出的文件系统。对于闪存，NTFS 文件系统不适合使用，exFAT 更为适用。因为 NTFS 是采用"日志式"的文件系统，需要不断读写，肯定会比较损伤闪盘芯片。

3.3.4　磁盘管理

磁盘是微型计算机必备的最重要的外存储器，另外现在可移动磁盘越来越普及，为了确保信息安全，掌握有关磁盘基本知识和管理磁盘的正确方法是非常必要的。

在 Windows 7 中，一个新的硬盘（假定出厂时没有进行过任何处理）需要进行如下处理。

① 创建磁盘主分区和逻辑驱动器。

② 格式化磁盘主分区和逻辑驱动器。

1. 磁盘分区

（1）磁盘分区与创建逻辑驱动器

硬盘（包括可移动硬盘）的容量很大，人们常把一个硬盘划分为几个分区，主要原因有以下两点。

① 硬盘容量很大，便于管理。

② 安装不同的系统，如 Windows、Linux 等。

在 Windows 7 中，一个硬盘最多可以创建 3 个主分区，只有创建 3 个主分区后才能创建后面的逻辑驱动器。主分区不能再细分，所有的逻辑驱动器组成一个扩展分区，如图 3.3.8 所示。删除分区时，主分区可以直接删除，扩展分区需要先删除逻辑驱动器后再删除。

（2）磁盘管理

在 Windows 7 中，除了在安装时可以进行简单的磁盘管理以外，磁盘管理一般是通过

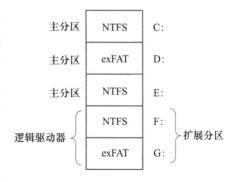

图 3.3.8　磁盘分区

控制面板中"管理工具"｜"创建并格式化硬盘分区"程序来实现的。

图3.3.9是启动"创建并格式化硬盘分区"程序后看到的某一台计算机的磁盘，从图中可看到，计算机只有一个磁盘0，它被分为3个主分区（C:盘、系统保留区和OEM厂商的备份分区）和由只有1个逻辑驱动器组成的扩展分区。

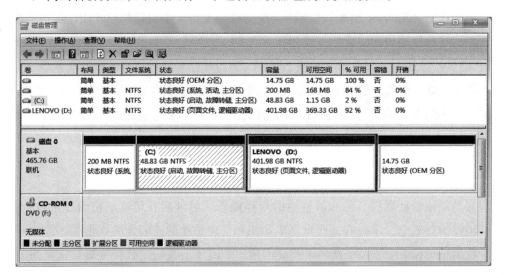

图3.3.9　"磁盘管理"窗口

创建磁盘分区与逻辑驱动器的方法是：在代表磁盘空间的区块上单击右键，在弹出的快捷菜单中选择"新建简单卷"命令即可。如图3.3.10所示创建了一个200 GB的主分区。

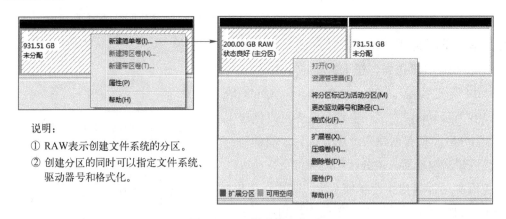

说明：
① RAW表示创建文件系统的分区。
② 创建分区的同时可以指定文件系统、驱动器号和格式化。

图3.3.10　创建磁盘分区

2. 磁盘格式化

磁盘分区并创建逻辑驱动器后还不能使用，还需要格式化。格式化的目的如下。
① 把磁道划分成一个个扇区，每个扇区512个字节。
② 安装文件系统，建立根目录。

旧磁盘也可以格式化。如果对旧磁盘进行格式化，将删除磁盘上原有的信息。因此，在对磁盘进行格式化时要特别慎重。

磁盘可以被格式化的条件是：磁盘不能处于写保护状态，磁盘上不能有打开的文件。

图3.3.11是格式化磁盘窗口，其中包含以下信息。

① 容量。只有格式化软盘时才能选择磁盘的容量。

② 文件系统。Windows 支持 FAT32、NTFS 和 ex-FAT 文件系统。

③ 分配单元大小。文件占用磁盘空间的基本单位。只有当文件系统采用 NTFS 时才可以选择，否则只能使用默认值。

④ 卷标。卷的名称，也称为磁盘名称。

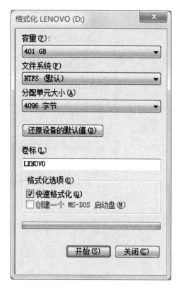

图3.3.11 格式化磁盘窗口

如果选定"快速格式化"复选框，则仅仅删除磁盘上的文件和文件夹，而不检查磁盘的损坏情况。快速格式化只适用于曾经格式化过的磁盘并且磁盘没有损坏的情况。

3. 磁盘碎片整理

磁盘碎片又称文件碎片，是指一个文件没有保存在一个连续的磁盘空间上，而是被分散存放在许多地方。计算机工作一段时间后，磁盘进行了大量的读写操作，如删除、复制文件等，就会产生磁盘碎片。磁盘碎片太多就会影响数据的读写速度，因此需要定期进行磁盘碎片整理，消除磁盘碎片，提高计算机系统的性能。图3.3.12反映了磁盘碎片整理后的情况。

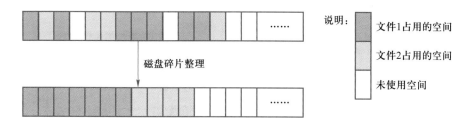

图3.3.12 磁盘碎片整理前后

启动"磁盘碎片整理程序"的方法是：单击"开始"|"所有程序"|"附件"|"系统工具"中的"磁盘碎片整理程序"命令。图3.3.13是磁盘碎片整理程序窗口。

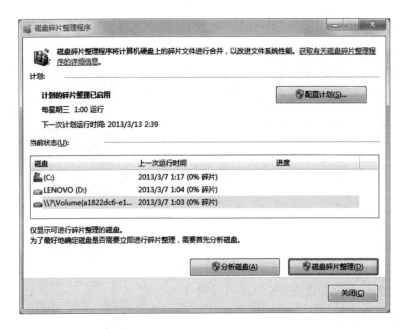

图 3.3.13   "磁盘碎片整理程序"窗口

4. 磁盘清理

计算机工作一段时间后，会产生很多的垃圾文件，如已经下载的程序文件、Internet 临时文件等。利用 Windows 提供的磁盘清理工具，可以轻松而又安全地实现磁盘清理，删除无用的文件，释放硬盘空间。

启动磁盘清理程序的方法是：单击"开始"|"所有程序"|"附件"|"系统工具"中的"磁盘清理"命令。图 3.3.14 是选择驱动器窗口，图 3.3.15 是磁盘清理窗口，显示了要清理的文件。

图 3.3.14   选择驱动器窗口   图 3.3.15   磁盘清理窗口

习 题

1. 操作系统的主要功能是什么？为什么说操作系统既是计算机硬件与其他软件的接口，又是用户和计算机的接口？

2. 简述 Windows 的文件命名规则。

3. 如何查找 C 盘上所有的文件名以 AUTO 开始的文件？

4. 回收站的功能是什么？什么样的文件删除后不能恢复？

5. 快捷方式和程序文件有什么区别？

6. 常用的云服务有哪些？

7. 什么是进程？进程与程序有什么区别？

8. 进程有哪几种基本状态？它们之间是在什么情况下切换的？

9. 什么是线程？线程与进程有什么区别？

10. 什么是虚拟内存？计算机已经配置了内存为什么还要有虚拟内存？

11. 绝对路径与相对路径有什么区别？

12. 请简述 Windows 支持的 3 种文件系统：FAT32、NTFS 和 exFAT。

13. 磁盘碎片整理与磁盘清理有什么不同？

14. 什么是即插即用设备？如何安装非即插即用设备？

第 4 章
数制和信息编码

在计算机中，任何信息，包括数字、文字、图形、图像、动画、视频等都是采用二进制形式进行表示、存储和处理的。数据进入计算机都必须进行 0 和 1 的二进制编码转换，也就是二进制编码，使数字、文字、图形、声音合为一体，使得数字化社会成为可能。

本章主要介绍常用的数制、数制间的转换、二进制数的运算，各类信息的表示和处理等。

电子教案 4.1 ～ 4.3

4.1　引言

当今,"信息社会""数字化社会"这两个词出现、使用的频率很高,人们不禁会问什么是"信息社会""数字化社会"? 两者相同吗? 由此也引出什么是信息和数据,区别又是什么?

1. 信息社会和数字化社会

半个多世纪以来,人类社会正由工业社会全面进入信息社会,其特征是社会信息化、设备数字化、通信网络化。其主要动力就是以计算机技术(Computer)、通信技术(Communication)和控制技术(Control)为核心的现代信息技术的飞速发展和广泛应用。在工业社会中,物质和能源是主要资源,所从事的是大规模的物质生产。而在信息社会中,信息成为比物质和能源更为重要的资源,以开发和利用信息资源为目的的信息经济活动成为国民经济活动的主要内容。

在信息社会,数字化是重要的技术基础。数字化是用二进制编码对多种信息,包括文字、数字、声音、图形、图像、影像等进行表达、存储、传输和处理,这是数字化的基本过程。其核心思想和技术是用计算机的数字逻辑世界来映射现实物理世界。数字化技术中的"bit"已经成为信息社会人们生存环境和生存基础的 DNA,并不断改变着人类的生活、工作、学习和娱乐方式。离开数字化,信息社会就是空中楼阁。因此,有时经常将数字化社会作为信息社会的代名词。

2. 信息和数据

数据是对客观事物的性质、状态以及相互关系等进行记载的物理符号或是这些物理符号的组合。它是可识别的、抽象的符号。这些符号不仅指数字,而且包括字符、文字、图形等。数值数据使得客观世界严谨有序;其他类型的数据使得客观世界丰富多彩。

数据经过处理后,其表现形式仍然是数据。处理数据是为了便于更好地解释,只有经过解释,数据才有意义,才成为信息。因此,信息是经过加工并对客观世界产生影响的数据。

信息与数据是不同的,信息有意义,而数据没有。例如,当测量一个病人的体温时,假定病人的体温是39℃,则写在病历上的39℃实际上是数据。39℃这个数据本身是没有意义的,39℃是什么意思? 什么物质是39℃? 但是,当数据以某种形式经过处理、描述或与其他数据比较时,一些意义就出现了。例如,这个病人的体温是39℃,这才是信息,信息是有意义的。

当然，在计算机中经常将信息和数据这两个词不加以严格区分，互换使用。

3. 什么是编码

在数字化社会，编码与人们密切相关，如身份证号、电话号码、邮政编码、条形码、学号、工号等都是编码。编码没有严格的定义，通俗地说，用数字、字母等按规定的方法和位数来代表特定的信息即为编码，主要是为了人与计算机之间进行信息交流和处理的。

例如，学号编码能唯一地表示某个学生。某校每年招生规模不超过 10 000 人，一般可采用 6 位编码，前两位为入学年份，后 4 位为本年新生的序列号，编码值的大小无意义，仅作为识别与使用这些编码的依据。

大家应该还记忆犹新，当初计算机中为了节约空间，存储日期中的年份用两位表示。但到了 2000 年，这种方法已无法唯一地识别年份，造成了"千年虫"问题，人们花费了昂贵的代价来解决这个问题。

在计算机中要将数值、文字、图形、图像、声音等各种数据进行二进制编码才能存放到计算机中进行处理，编码的合理性影响到占用的存储空间和使用效率。

4. 计算机采用二进制编码的原因

众所周知，计算机中存放的任何形式的数据都以"0"和"1"的二进制编码表示和存放。采用二进制编码有如下好处。

① 物理上容易实现，可靠性强。电子元器件大都具有两种稳定的状态，如电压的高和低、晶体管的导通和截止、电容的充电和放电等。这两种状态正好可用二进制数的两个数码 0 和 1 来表示。

两种状态分明，工作可靠，抗干扰能力强。

② 运算简单，通用性强。如二进制数乘法运算规则有 3 种：$1 \times 0 = 0 \times 1 = 0$，$0 \times 0 = 0$，$1 \times 1 = 1$。若用十进制的运算法则，则有 55 种。

③ 计算机中二进制数的 0、1 数码与逻辑量"假"和"真"的 0 与 1 吻合，便于表示和进行逻辑运算。

二进制形式适用于对各种类型数据的编码，图形、声音、文字、数字合为一体，使得数字化社会成为可能。

因此，进入计算机中的各种数据都要进行二进制编码的转换。同样，为从计算机输出数据而进行逆向的转换称为解码。各类数据在计算机中的转换过程如图 4.1.1 所示。

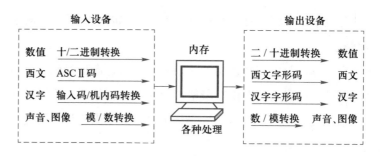

图 4.1.1　各类数据在计算机中的转换过程

4.2　数制与转换

人们习惯使用十进制数，而计算机使用的是二进制数，为了书写和表示方便，还引入了八进制数和十六进制数。下面介绍它们之间是如何表示和转换的。

4.2.1　数制的基本概念

1. 数制和进位计数制

数制是用一组固定的数字和一套统一的规则来表示数目的方法。数制有进位计数制和非进位计数制之分。例如，罗马计数法即为一种非进位计数制法，其包括 7 个基本符号：I(1)、V(5)、X(10)、L(50)、C(100)、D(500)、M(1000)，通过叠加方式进行计数。

按照进位方式计数的数制称为进位计数制。在日常生活中大多采用十进制计数，除此外，还有其他的进位计数制，例如，一周有七天；俗话说半斤八两指的是一斤有 16 两，即十六进制。计算机中存放的是二进制数，为了书写和表示方便，还引入了八进制数和十六进制数。

2. 基数和位权

无论使用何种进制，它们都包含两个要素：基数和权。

① 基数。基数（Radix）是指各种进位计数制中允许选用基本数码的个数。例如，十进制的数码有 0~9 共 10 个，因此，十进制的基数为 10；二进制的数码有 0 和 1，基数为 2。r 进制数就有 0，1，2，$\cdots$，$r-1$ 个数码，基数为 r。

② 权。每个数码所表示的数值等于该数码乘以一个与数码所在位置相关的常数，这个常数称为权或权值。权的大小以基数为底、数码所在位置的序号为指数的整数次幂。例如，在十进制数中，678.34 可表示为

$$678.34 = 6 \times 10^2 + 7 \times 10^1 + 8 \times 10^0 + 3 \times 10^{-1} + 4 \times 10^{-2}$$

表4.2.1是常用的几种进位计数制。

进位制	二进制	八进制	十进制	十六进制
规则	逢二进一	逢八进一	逢十进一	逢十六进一
基数	$r = 2$	$r = 8$	$r = 10$	$r = 16$
基本符号	0, 1	0, 1, 2, …, 7	0, 1, 2, …, 9	0, 1, …, 9, A, B, …, F
权	2^i	8^i	10^i	16^i
角标表示	B(Binary)	O(Octal)	D(Decimal)	H(Hexadecimal)

▶表 4.2.1 计算机中常用的几种进制数的表示

3. 数值的按权展开

可以看出，各种进位计数制中的权的值恰好是基数 r 的某次幂。因此，对任何一种进位计数制表示的数都可以写出按其权值展开的多项式之和。

任意一个 r 进制数 N 可表示为

$$(N)_r = a_{n-1}a_{n-2}\cdots a_1 a_0. a_{-1}\cdots a_{-m}$$

$$= a_{n-1} \times r^{n-1} + a_{n-2} \times r^{n-2} + \cdots + a_1 \times r^1 + a_0 \times r^0 + a_{-1} \times r^{-1} + \cdots + a_{-m} \times r^{-m}$$

$$= \sum_{i=-m}^{n-1} a_i \times r^i \tag{4-1}$$

其中 a_i 是数码，r 是基数，r^i 是权。不同的基数，表示不同的进制数。

例4.1 图4.2.1是二进制数的位权示意图，熟悉位权关系，对数制之间的转换很有帮助。

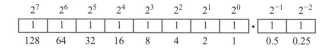

2^7	2^6	2^5	2^4	2^3	2^2	2^1	2^0		2^{-1}	2^{-2}
1	1	1	1	1	1	1	1	·	1	1
128	64	32	16	8	4	2	1		0.5	0.25

图4.2.1 二进制数的位权示意图

例如：$(1011.01)_B = 1 \times 2^3 + 0 \times 2^2 + 1 \times 2^1 + 1 \times 2^0 + 0 \times 2^{-1} + 1 \times 2^{-2} = 8 + 2 + 1 + 0.25 = (11.25)_D$

4.2.2 不同进位计数制间的转换

1. r 进制数转换成十进制数

把任意 r 进制数按照公式（4-1）写成按权展开式后，各位数码乘以各自的权值累加，就可得到该 r 进制数对应的十进制数。

例4.2 分别将二、八、十六进制数利用公式（4-1）转换为十进制数示例。

$(110111.01)_B = 1 \times 2^5 + 1 \times 2^4 + 1 \times 2^2 + 1 \times 2^1 + 1 \times 2^0 + 1 \times 2^{-2} = (55.25)_D$

$$(456.4)_O = 4 \times 8^2 + 5 \times 8^1 + 6 \times 8^0 + 4 \times 8^{-1} = (302.5)_D$$
$$(A12)_H = 10 \times 16^2 + 1 \times 16^1 + 2 \times 16^0 = (2578)_D$$

动画 4-1：
十进制数转换
成 r 进制数

2. 十进制数转换成 r 进制数

将十进制数转换为 r 进制数时，可将此数分成整数与小数两部分分别转换，然后再拼接起来即可。

整数部分：采用除以 r 取余法，即将十进制整数不断除以 r 取余数，直到商为 0，余数从右到左排列，首次取得的余数在最右。

小数部分：采用乘以 r 取整法，即将十进制小数不断乘以 r 取整数，直到小数部分为 0 或达到所求的精度为止（小数部分可能永远不会得到 0）；所得的整数从小数点自左往右排列，取有效精度，首次取得的整数在最左。

例 **4.3**　将 $(100.345)_D$ 转换成二进制数，转换过程如图 4.2.2 所示。

转换结果：$(100.345)_D \approx (1100100.01011)_B$

① 整数部分　　　　　　　　　　② 小数部分

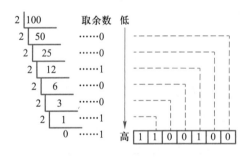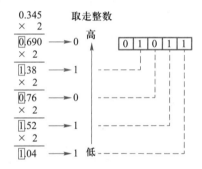

图 4.2.2　十进制数转换成二进制数过程举例

例 **4.4**　将十进制数 194.12 转换成八进制数，转换过程如图 4.2.3 所示。

图 4.2.3　十进制数转换成八进制数过程举例

转换结果：$(193.12)_D \approx (301.0754)_O$

① 小数部分转换时可能是不精确的，要保留多少位小数，这没有规定，主要取决

于用户对数据精度的要求。

② 十进制数保留最后位有效位采用四舍五入，八进制则采用三舍四入。

3. 二进制、八进制、十六进制数间的相互转换

人们通常使用十进制数，计算机内部采用二进制数。由例4.4看到，十进制数转换成二进制数转换过程书写比较长。同样，二进制表示的数比等值的十进制数占更多的位数，书写也长，容易错。为了方便起见，人们就借助八进制和十六进来进行转换或表示。由于二进制、八进制和十六进制之间存在特殊关系：$8^1 = 2^3$、$16^1 = 2^4$，即1位八进制数相当于3位二进制数；1位十六进制数相当于4位二进制数。因此转换方法就比较容易，如表4.2.2所示。

十进制	八进制	二进制	十进制	十六进制	二进制	十进制	十六进制	二进制
0	0	000	0	0	0000	9	9	1001
1	1	001	1	1	0001	10	A	1010
2	2	010	2	2	0010	11	B	1011
3	3	011	3	3	0011	12	C	1100
4	4	100	4	4	0100	13	D	1101
5	5	101	5	5	0101	14	E	1110
6	6	110	6	6	0110	15	F	1111
7	7	111	7	7	0111	16	10	00010000
8	10	001000	8	8	1000			

▶表4.2.2
八进制与二进制、十六进制与二进制之间的关系

根据这种对应关系，二进制数转换成八进制数时，以小数点为中心向左右两边分组，每3位为一组，两头不足3位补0即可。同样，二进制数转换成十六进制数时只要4位为一组进行分组。

例4.5 将二进制数$(1101101110.110101)_B$转换成十六进制数。

$(\underline{0011}\ \underline{0110}\ \underline{1110}.\ \underline{1101}\ \underline{0100})_B = (36E.D4)_H$ （整数高位和小数低位补零）
　　3　　6　　E　　D　　4

例4.6 将二进制数$(1101101110.110101)_B$转换成八进制数。

$(\underline{001}\ \underline{101}\ \underline{101}\ \underline{110}.\ \underline{110}\ \underline{101})_B = (1556.65)_O$
　　1　　5　　5　　6　　6　　5

同样，将八（十六）进制数转换成二进制数只要一位化三（四）位即可。

例4.7 将$(2C1D.A1)_H$和$(7123.14)_O$转换成二进制数。

动画4-2：
二进制数转换成十六进制数

动画4-3：
二进制数转换成八进制数

$$(2C1D. A1)_H = (\underline{0010}\ \underline{1100}\ \underline{0001}\ \underline{1101}.\ \underline{1010}\ \underline{0001})_B$$
$$2\quad\ C\quad\ 1\quad\ D\quad\ \ A\quad\ 1$$

$$(7123. 14)_O = (\underline{111}\ \underline{001}\ \underline{010}\ \underline{011}.\ \underline{001}\ \underline{100})_B$$
$$7\quad 1\quad 2\quad 3\quad\ \ 1\quad 4$$

注意： 整数前的高位 0 和小数后的低位 0 可取消。

4.3　数值编码与计算

计算机中的数值计算基本分为两类：整数和浮点数（实数）。数值在计算机中以 "0" 和 "1" 的二进制形式存放，每个数据占据内存的字节整数倍，例如整数占两个或者 4 个字节，浮点数占 4 个或者 8 个字节。

那么正负数和浮点数在计算机中如何表示？这就要对数值进行编码，还要涉及编码后的计算问题。这是本节要解决的问题。

4.3.1　数值在计算机中的表示

1. 整数在计算机中的表示

在计算机中，因为只有 "0" 和 "1" 两种形式，为了表示数的正（+）、负（-）号，就要将数的符号以 "0" 和 "1" 编码。通常把一个数的最高位定义为符号位，用 "0" 表示正，"1" 表示负，称为数符，其余位仍表示数值。

例 4.8 一个 8 位二进制数 -0101100，它在计算机中表示为 10101100，如图 4.3.1 所示。

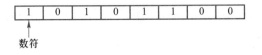

数符

图 4.3.1　机器数

这种把符号数值化了的数称为 "机器数"，而它代表的数值称为此机器数的 "真值"。在例 4.8 中，10101100 为机器数，-0101100 为此机器数的真值。

数值在计算机内采用符号数字化后，计算机就可识别和表示数符了。但若将符号位同时和数值参加运算，由于两操作数符号的问题，有时会产生错误的结果；否则要考虑计算结果的符号问题，将增加计算机实现的难度。

例 4.9 （-5）+4 的结果应为 -1。但在计算机中若按照上面讲的符号位同时和数值参加运算，则运算结果如下。

$$10000101 \quad \cdots\cdots -5 \text{ 的机器数}$$
$$+ \quad 00000100 \quad \cdots\cdots 4 \text{ 的机器数}$$
$$\overline{\qquad\qquad\qquad}$$
$$10001001 \quad \cdots\cdots \text{运算结果为} -9$$

若要考虑符号位的处理，则运算变得复杂。为了解决此类问题，引入了原码、反码和补码，其实质是对负数表示的不同编码。

为了简单起见，这里只以整数为例，而且假定字长为 8 位。

（1）原码

整数 X 的原码指其数符位 0 表示正，1 表示负；其数值部分就是 X 绝对值的二进制表示。通常用$[X]_原$表示 X 的原码。

例如：

$$[+1]_原 = 00000001 \qquad [+127]_原 = 01111111$$
$$[-1]_原 = 10000001 \qquad [-127]_原 = 11111111$$

由此可知，8 位原码表示的最大值为 $2^7 - 1$，即 127，最小值为 -127，表示数的范围为 $-127 \sim 127$。

当采用原码表示法时，编码简单，与真值转换方便。但原码也存在以下一些问题。

① 在原码表示中，0 有两种表示形式，即$[+0]_原 = 00000000$，$[-0]_原 = 10000000$。零的二义性给机器判断带来了麻烦。

② 用原码进行四则运算时，符号位需要单独处理，增加了运算规则的复杂性。如当两个数进行加法运算时，如果两数码符号相同，则数值相加，符号不变；如果两符号不同，数值部分实际上是相减，这时必须比较两个数哪个绝对值大，才能决定运算结果的符号位及值。所以不便于运算。

原码的这些不足之处，促使人们去寻找更好的编码方法。

（2）反码

整数 X 的反码指对于正数，与原码相同；对于负数，数符位为 1，其数值位 X 的绝对值取反。通常用$[X]_反$表示 X 的反码。

例如：

$$[+1]_反 = 00000001 \qquad [+127]_反 = 01111111$$
$$[-1]_反 = 11111110 \qquad [-127]_反 = 10000000$$

在反码表示中，0 也有两种表示形式，即

$$[+0]_反 = 00000000 \qquad [-0]_反 = 11111111$$

由此可知，8 位反码表示的最大值、最小值和表示数的范围与原码相同。

反码运算也不方便，很少使用，一般用作求补码的中间码。

（3）补码

整数 X 的补码指对于正数，与原码、反码相同；对于负数，数符位为 1，其数值位 X 的绝对值取反最右加 1，即为反码加 1。通常用 $[X]_补$ 表示 X 的补码。

例如：

$$[+1]_补 = 00000001 \qquad [+127]_补 = 01111111$$
$$[-1]_补 = 11111111 \qquad [-127]_补 = 10000001$$

在补码表示中，0 有唯一的编码，即

$$[+0]_补 = [-0]_补 = 00000000$$

因而可以用多出来的一个编码 10000000 来扩展补码所能表示的数值范围，即将负数最小 −127 扩大到 −128。这里的最高位"1"既可看作符号位负数，又可表示为数值位，其值为 −128。这就是补码与原码、反码最小值不同的原因。

利用补码可以方便地进行运算。

例 4.10　（−5）+4 的运算

拓展阅读：
补码总结

$$
\begin{array}{r}
11111011 \quad \cdots\cdots -5 \text{ 的补码}\\
+ \quad 00000100 \quad \cdots\cdots 4 \text{ 的补码}\\
\hline
11111111
\end{array}
$$

运算结果补码为 11111111，符号位为 1，即为负数。已知负数的补码，要求其真值，只要将数值位再求一次补就可得其原码 10000001，再转换为十进制数，即为 −1，运算结果正确。

2. 浮点数在计算机中的表示

解决了数的符号表示和计算问题，而后解决浮点数的表示和存放问题。在计算机中小数点是不占位置的，因此规定小数所在的位置来表示，分别为定点整数、定点小数和两者结合成的浮点数 3 种形式。

（1）定点整数

定点整数指小数点隐含固定在机器数的最右边，如图 4.3.2 所示，定点整数是纯整数。

（2）定点小数

定点小数约定小数点位置在符号位、有效数值部分之间，如图 4.3.3 所示。定点小数是纯小数，即所有数绝对值均小于 1。

图 4.3.2　定点整数的表示　　　　　　　　图 4.3.3　定点小数的表示

（3）浮点数

定点数表示的数值范围在实际应用中是不够用的，尤其在科学计算中。为了能表示特大或特小的数，采用"浮点数"或称"指数形式"表示。浮点数由阶码和尾数两部分组成：阶码用定点整数来表示，阶码所占的位数确定了数的范围；尾数用定点小数表示，尾数所占的位数确定了数的精度。由此可见，浮点数是定点整数和定点小数的结合。

为了唯一地表示浮点数在计算机中的存放，对尾数采用了规格化的处理，即规定尾数的最高位为1，通过阶码进行调整，这也是浮点数的来历。

在程序设计语言中，最常见的有如下两种类型的浮点数。

① 单精度浮点数（Float 或 Single）占 4 个字节，阶码部分占 7 位，尾数部分占 23 位，阶符和数符各占 1 位。

② 双精度浮点数（Double）占 64 位，阶码部分占 10 位，尾数部分占 52 位，阶符和数符各占 1 位。与单精度浮点数的区别在于占用的内存空间大了，这如同宾馆的单人房和双人房的区别。双精度浮点数类型使得表示数的精度、范围更大。

例 4.11 26.5 作为单精度浮点数在计算机中的表示。

格式化表示：$(26.5)_D = (11010.1)_B = +0.110101 \times 2^5$

因此，在计算机中的存储如图 4.3.4 所示。

1位	7位	1位	23位
0	0000101	0	11010100000000000000000
阶符	阶码	数符	尾数

图 4.3.4　26.5 作为单精度浮点数的存储

注意：为了统一浮点数的存储格式，IEEE 在 1985 年制定了 IEEE 754 标准，可参阅相关资料。

拓展阅读：
浮点数

4.3.2 二进制数的算术运算和逻辑运算

在第 2 章中已知计算机既能完成算术运算，又能进行逻辑运算，那么它们是如何实现的？有哪些运算规则呢？

1. 算术运算

二进制数的算术运算与十进制数的算术运算一样，也包括加、减、乘和除四则运算，但运算更简单。

从前面的补码介绍中知道，引入补码是为了解决减法的问题，即将减法化作"加一个负数"的加法来实现。这样可减少逻辑电路的种类，降低硬件的成本，提高了计算机的稳定性。

例4.12　已知 X = 23，Y = 16，计算 X – Y。

将 X – Y 的运算化作 X + (– Y)，计算机采用的是补码运算，先求两数的补码，然后求和，最后再转换成原码。假设字长为 8，则

$[X]_补 = 00010111$

$[Y]_补 = 11101110$

$$\begin{array}{r} 00010111 \\ + 11101110 \\ \hline 00000101 \end{array}$$

补码的符号位参与运算，其结果为 00000101，如图 4.3.5 所示。由于符号位为 0，表示是正数的补码形式，十进制数值为 5。

图 4.3.5　算术运算例

例4.13　已知 X = 23，Y = 46，计算 X – Y。

X – Y 即 X + (– Y)。

$[X]_补 = 00010111$

$[Y]_补 = 11010010$

补码的符号位参与运算，其结果为 11101001，如图 4.3.6 所示。由于符号位为 1，表示是负数的补码形式，再经过"取反加 1"即再进行一次求补，获得其原码为

$[11101001]_补 = [10010111]_原 = -10111 = (-23)_D$

则 23 – 46 的结果为 –23。

$$\begin{array}{r} 00010111 \\ + 11010010 \\ \hline 11101001 \end{array}$$

思考：乘法、除法的实现过程。

图 4.3.6　算术运算例

其实，在计算机内部，二进制的加法是基本运算；减法实质是加上一个负数，其主要是应用了补码运算；而乘法、除法可以通过加法、减法和移位来实现。这样就可使计算机的运算器结构更加简单，稳定性更好。

2. 逻辑运算

众所周知，计算机不但可以存储数值数据进行算术运算，也能够存储逻辑数据进行逻辑运算。这是因为，计算机中使用了实现各种逻辑功能的电路，并利用逻辑代数的规则进行各种逻辑判断。正由于此，计算机发展成为具有智能作用的"电脑"。

逻辑代数起源于 1847 年，英国数学家布尔提出用符号表达语言和思维逻辑的思想。20 世纪布尔的这种思想发展成为一种现代数学方法，称为逻辑代数或布尔代数。逻辑代数中只有两个值：真和假。在计算机学科中，逻辑代数常用于逻辑电路的设计、程序设计中条件的描述或从某个数中选取某几位等操作。

（1）逻辑数据的表示

二进制数的 1 与 0 在逻辑上可代表真与假、是与非、对与错、有与无等，这种具有逻辑性的量称为逻辑量。逻辑量之间的运算称为逻辑运算。由此可见，逻辑运算是以二进制数为基础的。

（2）逻辑运算

逻辑运算主要包括 3 种基本运算：逻辑非（反）、逻辑与（乘）和逻辑或（加），可通过熟悉的开关电路来实现和理解，如图 4.3.7 所示。

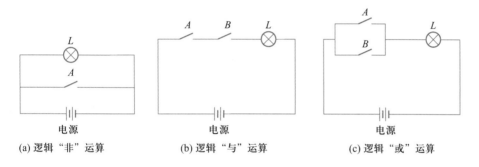

(a) 逻辑"非"运算   (b) 逻辑"与"运算   (c) 逻辑"或"运算

图 4.3.7　用开关电路实现基本逻辑运算示意

① 逻辑"非"。灯亮与否与开关合上与否相反，$L = \overline{A}$。

② 逻辑"与"。串联电路，当两个开关 A 和 B 全合上，灯才亮；只要有一个开关没有合上，灯就不亮；逻辑与运算表达式为 $L = A \times B$。

③ 逻辑"或"。并联电路，只要有一个开关 A 或 B 合上，灯就亮；当两个开关全没有合上，灯才不亮；逻辑或运算表达式为 $L = A + B$。

在逻辑运算中，把逻辑量的各种可能组合与对应的运算结果列成表格，这样的表格称为真值表，它是全面描述逻辑运算关系的工具之一。一般在真值表中可用 1 表示真，用 0 表示假。

① 逻辑"非"运算。它表示同原事件 A 含义相反，可用 $\overline{A}$ 表示，有如下运算规则

$$\overline{0} = 1 \qquad \overline{1} = 0$$

其真值表如表 4.3.1 所示。

A	$F = \overline{A}$
0	1
1	0

▶表 4.3.1
逻辑"非"的真值表

② 逻辑"与"运算。逻辑"与"表示两个简单事件 A 和 B 构成逻辑相乘的复杂事件，当 A、B 事件同时满足时结果才为真，只要有一个为假，结果即为假。逻辑与

也称逻辑乘，通常用"×""·"或"∧"符号表示两个逻辑变量间的与关系。

逻辑与有如下运算规则

$$0 \times 0 = 0 \quad 0 \times 1 = 0 \quad 1 \times 0 = 0 \quad 1 \times 1 = 1$$

其真值表如表 4.3.2 所示。

A	B	$F = A + B$
0	0	0
0	1	0
1	0	0
1	1	1

▶表 4.3.2
逻辑"与"的
真值表

③ 逻辑"或"运算。逻辑"或"表示当 A、B 两个事件只要有一个满足时结果就为真，只有两个均为假时结果才为假。通常用"＋"或"∨"符号表示两个逻辑变量间的或关系。

逻辑或有如下运算规则

$$0 + 0 = 0 \quad 0 + 1 = 1 \quad 1 + 0 = 1 \quad 1 + 1 = 1$$

其真值表如表 4.3.3 所示。

A	B	$F = A \times B$
0	0	0
0	1	1
1	0	1
1	1	1

▶表 4.3.3
逻辑"或"的
真值表

例 4.14　某单位要选拔干部，必要条件是年龄小于 35 岁、党员、高级工程师，书写逻辑表达式。

分析：3 个条件分别用 A、B、C 表示，则符合干部候选人的逻辑表达式为 $A \times B \times C$。

思考：若将 $A \times B \times C$ 改为 $A + B + C$，则选拔干部的条件变成了什么？

4.4　字符编码

电子教案 4.4 ~ 4.5

这里的字符包括西文字符（英文字母、数字、各种符号）和中文字符，即所有不可进行算术运算的数据。由于计算机中的数据都是以二进制的形式存储和处理的。因此，字符也必须按特定的规则进行二进制编码才能进入计算机。字符编码的方法很简单，首先确定需要编码的字符总数，然后将每一个字符按顺序确定编号，编号值的大小无意义，仅作为识别与使用这些字符的依据。字符形式的多少涉及编码的位数。

4.4.1　西文字符编码

对西文字符编码最常用的是 ASCII 字符编码（American Standard Code for Information Interchange，美国信息交换标准代码）。ASCII 是用 7 位二进制编码，它可以表示 2^7，即 128 个字符，如表 4.4.1 所示。每个字符用 7 位基 2 码表示，其排列次序为 $d_6d_5d_4d_3d_2d_1d_0$，d_6 为高位，d_0 为低位。

$d_6d_5d_4$ ＼ $d_3d_2d_1d_0$		000	001	010	011	100	101	110	111
		0	1	2	3	4	5	6	7
0000	0	NUL	DLE	SP	0	@	P	`	p
0001	1	SOH	DC1	!	1	A	Q	a	q
0010	2	STX	DC2	"	2	B	R	b	r
0011	3	ETX	DC3	#	3	C	S	c	s
0100	4	EOT	DC4	$	4	D	T	d	t
0101	5	ENQ	NAK	%	5	E	U	e	u
0110	6	ACK	SYN	&	6	F	V	f	v
0111	7	BEL	ETB	'	7	G	W	g	w
1000	8	BS	CAN	(	8	H	X	h	x
1001	9	HT	EM	)	9	I	Y	i	y
1010	A	LF	SUB	*	:	J	Z	j	z
1011	B	VT	ESC	+	;	K	[	k	{
1100	C	FF	FS	,	<	L	\	l		
1101	D	CR	GS	−	=	M	]	m	}
1110	F	SO	RS	.	>	N	↑	n	~
1111	F	SI	US	/	?	O	↓	o	DEL

►表 4.4.1
7 位 ASCII 代码表

在 ASCII 码表中可以看出，十进制码值 0～32 和 127（即 NUL～SP 和 DEL）共 34 个字符称为非图形字符（又称为控制字符）；其余 94 个字符称为图形字符（又称为普通字符）。在这些字符中，从 "0" ～ "9" "A" ～ "Z" "a" ～ "z" 都是顺序排列的，且小写比大写字母码值大 32，即位值 d_5 为 1（小写字母）、0（为大写字母），这有利于大、小写字母之间的编码转换。

例 **4.15**　下列一些特殊的字符编码，其相互关系请读者记住。

"a"字符的编码值为 1100001，对应的十进制、十六进制数分别是 97 和 61H。

"A"字母的编码为 1000001，对应的十进制、十六进制数分别是 65 和 41H。

"0"数字字符的编码为 0110000，对应的十进制、十六进制数分别是 48 和 30H。

""空格字符的编码为 0100000，对应的十进制、十六进制数分别是 32 和 20H。

注：H 表示十六进制。

计算机的内部存储与操作常以字节为单位，即 8 个二进制位为单位。因此一个字符在计算机内实际是用 8 位表示的。正常情况下，最高位 d_7 为 0。在需要奇偶校验时，这一位可用于存放奇偶校验的值，此时称这一位为校验位。

西文字符除了常用的 ASCII 编码外，还有另一种 EBCDIC 码（Extended Binary Coded Decimal Interchange Code，扩展的二—十进制交换码），这种字符编码主要用在大型机器中。EBCDIC 码采用 8 位基 2 码表示，有 256 个编码状态，但只选用其中一部分。

在了解了数值和西文字符编码在计算机内的表示后，读者可能会产生一个问题：两者在计算机内都是二进制数，如何区分数值和字符呢？例如，内存中有一个字节的内容是 65，它究竟表示数值 65，还是表示字母 A？面对一个孤立的字节，确实无法区分，但存储和使用这个数据的软件，会以其他方式保存有关类型的信息，指明这个数据是何种类型。

4.4.2　汉字字符编码

拓展阅读：
汉字编码

要在计算机中处理汉字，由于汉字集大，比西文字符编码复杂，需要解决汉字的输入输出以及汉字的处理等如下问题。

① 键盘上无汉字，不能直接利用键盘输入，需要输入码来对应。

② 不同的输入码输入后按统一的标准来编码。为了与 ASCII 码区分，在计算机内的存储需要机内码来表示，以便存储、处理和传输。

③ 汉字量大，字形变化复杂，需要用对应的字库来存储。

由于汉字具有特殊性，计算机在处理汉字时，汉字的输入、存储、处理和输出过程中所使用的汉字编码不同，之间要进行相互转换，过程如图 4.4.1 所示。

1. 汉字输入码

汉字的输入码就是利用键盘输入汉字时对汉字的编码。目前常用的输入码主要分为以下两类。

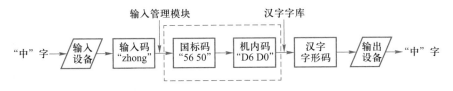

图 4.4.1　汉字信息处理系统的模型

① 音码类。主要是以汉语拼音为基础的编码方案，如全拼码、智能 ABC 等。

② 形码类。根据汉字的字形进行的编码，如五笔字型法、表形码等。

当然还有根据音形结合的编码，如自然码等。不论哪种输入法，都是操作者向计算机输入汉字的手段，而在计算机内部都是以汉字机内码表示的。

2. 国标码

国标码是我国 1980 年发布的《信息交换用汉字编码字符集——基本集》（代号为 GB 2312 – 80），是中文信息处理的国家标准，也称汉字交换码，简称 GB 码。考虑到与 ASCII 编码的关系，国标码使用了每个字节的低 7 位。这个方案最大可容纳 128 × 128 = 16 384 个汉字集字符。根据统计，把最常用的 6 763 个汉字和 682 个非汉字图形符号分成两级：一级汉字有 3 755 个；二级汉字有 3 008 个。

国标码中每个汉字用两个字节表示，每个字节的编码取值范围从 33 ~ 126（与 ASCII 编码中可打印字符的取值范围一致，共 94 个）。组成一个 94 × 94 的矩阵，每一行称为一个"区"，有 94 区；每一列称为一个"位"，有 94 位，可以表示的不同字符数为 94 × 94 = 8 836 个，故称为区位码。为了与 ASCII 编码对应，每个区、位分别加 32(20H)，构成了国标码。例如，"中"的区位码为 36 30H，国标码为 56 50H。

3. 汉字机内码

汉字机内码是指汉字被计算机系统内部处理和存储而使用的编码。一个国标码占两个字节，每个字节最高位仍为"0"；西文字符的机内代码是 7 位 ASCII 码，最高位也为"0"，这样就给计算机内部处理带来问题。为了区分两者是汉字编码还是 ASCII 码，引入了汉字机内码（机器内部编码）。汉字机内码在国标码的基础上每个字节的最高位由"0"变为"1"，即每个字节加 80H。例如，"中"的机内码为 D6 D0H，如图 4.4.2 所示。

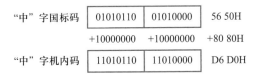

图 4.4.2　国标码和机内码关系

4. 汉字字形码

汉字字形码又称汉字字模，用于汉字在显示屏或打印机输出。汉字字形码通常有两种表示方式：点阵和矢量。

用点阵表示字形时，汉字字形码指的就是这个汉字字形点阵的代码。根据输出汉字的要求不同，点阵的多少也不同。简易型汉字为 16×16 点阵，提高型汉字为 24×24 点阵、32×32 点阵、48×48 点阵等。图 4.4.3 显示了"大"字的 16×16 字形点阵及代码。

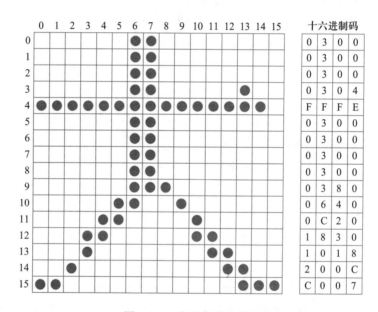

图 4.4.3   字形点阵及代码

点阵规模愈大，字形愈清晰美观，所占存储空间也愈大。以 16×16 点阵为例，每个汉字就要占用 32 个字节，两级汉字大约占用 256 KB。因此，字模点阵只能用来构成"字库"，而不能用于机内存储。字库中存储了每个汉字的点阵代码，当显示输出时才检索字库，输出字模点阵得到字形。

矢量表示方式存储的是描述汉字字形的轮廓特征，当要输出汉字时，通过计算机的计算，由汉字字形描述生成所需大小和形状的汉字。矢量化字形描述与最终文字显示的大小、分辨率无关，因此可产生高质量的汉字输出。

点阵和矢量方式的区别在于，前者编码、存储方式简单，无需转换直接输出，但字形放大后产生的效果差；矢量方式特点正好与前者相反。图 4.4.4 分别显示了矢量字和点阵字。

(a) 矢量   (b) 点阵

图 4.4.4   矢量字和点阵字

4.4.3　Unicode 字符集编码

随着国际互联网的发展，需要满足跨语言、跨平台进行文本转换和处理的要求，还要与 ASCII 兼容，为此，多语言软件制造商组成的统一码联盟研究多语言的统一编码——Unicode 诞生了。Unicode 编码系统分为编码方式和实现方式两个层次。

1. Unicode 编码方式

与 ISO 10646 的通用字字符集（Universal Character Set，UCS）概念相对应，目前实用的 Unicode 版本对应于 UCS - 2，使用 16 位的编码空间。也就是每个字符占用两个字节，最多可表示 2^{16}（65 536）个字符，基本可以满足各种语言的使用，而且每个字符都占用等长的两个字节，处理方便。

Unicode 的设计者还使用其向后兼容 ASCII 码。原来用 ASCII 能表示的字符，其 Unicode 码只是在原来的 ASCII 码前加上 8 个 0。比如"A"的 ASCII 码是 01000001，而它的 Unicode 码是 00000000 01000001。

2. Unicode 的实现方式

实现方式也称为 Unicode 转换格式（Unicode Translation Format，UTF）。一个字符的 Unicode 编码是确定的，但是在实际传输过程中，由于不同系统平台的设计不一定一致，以及出于节省空间的目的，对 Unicode 的转换格式分为 3 种格式：UTF - 8、UTF - 16 和 UTF - 32。

UTF - 8 是以字节为单位对 Unicode 编码，用一个或几个字节来表示一个字符，是一种变长编码，这种方式的最大好处保留了 ASCII 字符的编码作为它的一部分；UTF - 16 和 UTF - 32 分别是 Unicode 的 16 位和 32 位编码方式。

例 4.16　在"记事本"程序中，查看可选择的编码。

在"记事本"应用程序中打开"保存"对话框，单击下方的"编码"列表框，显示可使用的编码方案，如图 4.4.5 所示。

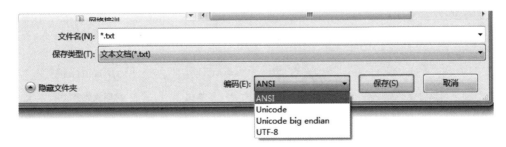

图 4.4.5　记事本中的编码

当收到的邮件或 IE 浏览器显示乱码时怎么办？主要原因是使用了与系统不同的汉字内码引起的。解决的方法有以下两种。

① 查看网上信息。单击"查看"|"编码"命令进行编码的选择。

② 编写网页。在 HTML 网页文件中指定 charset 字符集。

4.5 多媒体信息编码和数据压缩

除了常用的数值、字符信息外，图形、图像、声音等信息又是如何数字化？多媒体信息数字化后的数据量很大，如何压缩方便存储？本节将逐一介绍。

4.5.1 声音信息的数字化

1. 基本概念

声音是由空气中分子振动产生的波，这种波传到人们的耳朵，引起耳膜振动，这就是人们听到的声音。由物理学可知，复杂的声波由许多具有不同振幅和频率的正弦波组成。声波在时间上和幅度上都是连续变化的模拟信号，可用模拟波形来表示，如图 4.5.1 所示。

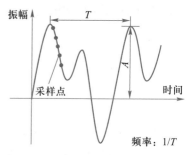

波形相对基线的最大位移称为振幅 A，反映音量；波形中两个相邻的波峰（或波谷）之间的距离称为振动周期 T，周期的倒数 $1/T$ 即为频率 f，以赫兹（Hz）为单位。周期和频率反映了声音的音调。正常人所能听到的声音频率范围为 20 Hz ~ 20 kHz。

图 4.5.1　声音的波形、采样表示

2. 声音信息的数字化过程

若要用计算机对声音处理，就要将模拟信号转换成数字信号，这一转换过程称为模拟音频的数字化。数字化过程涉及声音的采样、量化和编码，其过程如图 4.5.2 所示。

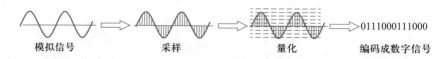

图 4.5.2　模拟音频的数字化过程

采样和量化的过程可由 A/D（模/数）转换器实现。A/D 转换器以固定的频率去采样，即每个周期测量和量化信号一次。经采样和量化的声音信号再经编码后就成为数字音频信号，以数字声波文件形式保存在计算机的存储介质中。若要将数字声音输出，必须通过 D/A（数/模）转换器将数字信号转换成原始的模拟信号。

（1）采样

采样是每隔一定时间间隔在声音波形上取一个幅度值，把时间上的连续信号变成时间上的离散信号。该时间间隔称为采样周期，其倒数为采样频率。

采样频率即每秒钟的采样次数，如 44.1 kHz 表示将 1 s 的声音用 44 100 个采样点数据表示，采样频率越高，数字化音频的质量越高，但数据量越大。市场上的非专业声卡的最高采样频率为 48 kHz，专业声卡可达 96 kHz 或更高。根据 Harry Nyquist 采样定律，采样频率高于输入的声音信号中最高频率的两倍就可从采样中恢复原始波形。这就是在实际采样中，采取 44.1 kHz 作为高质量声音的采样标准的原因。

（2）量化

量化是将每个采样点得到的幅度值以数字存储。量化位数（也即采样精度）表示存放采样点振幅值的二进制位数，它决定了模拟信号数字化以后的动态范围。通常量化位数有 8 位、16 位和 32 位等，分别表示 2^8、2^{16} 和 2^{32} 个等级。

在相同的采样频率下，量化位数越大，则采样精度越高，声音的质量也越好，当然信息的存储量也相应越大。

（3）编码

编码是将采样和量化后的数字数据以一定的格式记录下来。编码的方式很多，常用的编码方式是脉冲编码调制（Pulse Code Modulation，PCM），其主要优点是抗干扰能力强、失真小、传输特性稳定，但编码后的数据量比较大。CD – DA 采用的就是这种编码方式。

3. 数字音频的技术指标

数字音频的质量由 3 项指标组成：采样频率、量化位数（即采样精度）和声道数。前两项已描述过，这里主要介绍声道数。

声音是有方向的，而且通过反射产生特殊的效果。当声音到达左右两耳的相对时差和不同的方向感觉不同的强度，就产生立体声的效果。

声道数指声音通道的个数。单声道只记录和产生一个波形；双声道产生两个波形，即立体声，存储空间是单声道的两倍。

记录每秒钟存储声音容量的公式为

采样频率(Hz) × 采样精度(bit) ÷ 8 × 声道数 = 每秒数据量(字节数)

例 4.17　用 44.10 kHz 的采样频率，每个采样点用 16 位的精度存储，则录制 1 s 的立体声（双声道）节目，其 WAV 文件所需的存储量为

$$44\,100 \times 16 \div 8 \times 2 = 176.4\,\text{KBps}$$

在声音质量要求不高时，降低采样频率、降低采样精度的位数或利用单声道来录制声音，可减小声音文件的容量。

4. 数字音频的文件格式

数字音频信息在计算机中是以文件的形式保存的，相同的音频信息，可以有不同的存放格式。常见存储音频信息的文件格式主要有以下几类。

（1）WAV（wav）文件

WAV 是微软公司采用的波形声音文件存储格式，主要由外部音源（话筒、录音机）录制后，经声卡转换成数字化信息以扩展名 wav 存储；播放时还原成模拟信号由扬声器输出。WAV 文件直接记录了真实声音的二进制采样数据，通常文件较大，多用于存储简短的声音片断。

（2）MIDI（mid）文件

MIDI 是乐器数字接口（Musical Instrument Digital Interface）的英文缩写，是为了把电子乐器与计算机相连而制定的一个规范，是数字音乐的国际标准。

与 WAV 文件不同的是，MIDI 文件存放的不是声音采样信息，而是将乐器弹奏的每个音符记录为一连串的数字，然后由声卡上的合成器根据这些数字代表的含义进行合成后由扬声器播放声音。相对于保存真实采样数据的 WAV 文件，MIDI 文件显得更加紧凑，其文件尺寸通常比声音文件小得多。同样 10 min 的立体声音乐，MIDI 长度不到 70 KB，而 WAV 文件要 100 MB 左右。

在多媒体应用中，一般 WAV 文件存放的是解说词，MIDI 文件存放的是背景音乐。CD 存储格式是一个"数字音频编码压缩格式"。理论上讲，它有点像 MIDI 格式，它只是一些命令串。它以音质好、容量小而广泛应用。

（3）MP3 文件

MP3 格式是采用 MPEG 音频压缩标准进行压缩的文件。MPEG 是一种标准，全称为 Moving Pictures Expert Group，即移动图像专家组，是比较流行的一种音频、视频多媒体文件标准，MPEG1 支持的格式主要有 MP3（全称为 MPEG1 – Layer 3），它以高音质、低采样率、压缩比较高、音质接近 CD、制作简单、便于交换等优点，非常适合在网上传播，是目前使用最多的音频格式文件。

WAV 和 MIDI 格式文件均可以压缩成 MPEG 格式文件。

（4）RA（ra）文件

RA（Real Audio）是 Real Network 公司制定的音频压缩规范，有较高的压缩比，采用流媒体的方式在网上实时播放。

（5）WMA（wma）文件

WMA（Windows Media Audio）是微软公司新一代的 Windows 平台音频标准，压缩比高，音质强于 MP3 和 RA 格式，适合网络实时播放。

4.5.2 图形和图像编码

1. 基本概念

在计算机中，图形（Graphics）与图像（Image）是一对既有联系又有区别的概念。它们都是一幅图，但图的产生、处理、存储方式不同。

图形一般是指通过绘图软件绘制的由直线、圆、圆弧、任意曲线等图元组成的画面，以矢量图形文件形式存储。矢量图文件中存储的是一组描述各个图元的大小、位置、形状、颜色、维数等属性的指令集合，通过相应的绘图软件读取这些指令可将其转换为输出设备上显示的图形。因此，矢量图文件的最大优点是对图形中的各个图元进行缩放、移动、旋转而不失真，而且它占用的存储空间小。

图像是由扫描仪、数字照相机、摄像机等输入设备捕捉的真实场景画面产生的映像，数字化后以位图形式存储。位图文件中存储的是构成图像的每个像素点的亮度、颜色，位图文件的大小与分辨率和色彩的颜色种类有关，放大、缩小要失真，占用的空间比矢量文件大。

图 4.5.3 显示了原始矢量图与位图分别放大后的差别。矢量图形与位图图像可以转换，要将矢量图形转换成位图图像，只要在保存图形时，将其保存格式设置为位图图像格式即可；但反之则较困难，要借助其他软件来实现。

(a) 矢量图　　　　　　　　　　(b) 位图

图 4.5.3　矢量图与位图的差别

2. 图像的数字化过程

图形是用计算机绘图软件生成的矢量图形，矢量图形文件存储的是描述生成图形的指令，因此不必对图形中每一点进行数字化处理。现实中的图像是一种模拟信号。图像的数字化是指将一幅真实的图像转变成为计算机能够接受的数字形式，这涉及对图像的采样、量化以及编码等。

拓展阅读：
图像数字化

（1）采样

采样就是将二维空间上连续的图像转换成离散点的过程，采样的实质就是用多少个像素（Pixels）点来描述这一幅图像，称为图像的分辨率，用"列数×行数"表示，分辨率越高，图像越清晰，存储量也越大。图 4.5.4（b）是将图 4.5.4（a）中的图像以 48×48 个像素点表示。

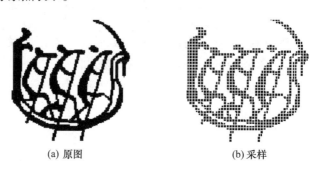

(a) 原图　　　　　　　　　　　(b) 采样

图 4.5.4　图像采样和分辨率示意图

扫描仪和数码相机都是采样设备，也就是将图像资料输入计算机的输入设备。扫描仪一个很重要的指标是分辨率，其单位是 dpi（dots per lnch），表示在每英寸范围内能够通过扫描得到多少真实的像素数量。如一般家庭或办公用户使用 600×1 200 dpi。像素是衡量数码相机的最重要指标。要想得到分辨率高（也就是细腻的照片），就必须保证有一定的像素数。例如照片的长和宽为 1 600×1 200，两者的乘积就是点数，每一个点分别有红、绿、蓝 3 个像素，则总像素为 1 600×1 200×3 = 5 760 000 ≈ 6 000 000，就是 600 万像素。

（2）量化

量化则是在图像离散化后，将表示图像色彩浓淡的连续变化值离散化为整数值的过程。把量化时所确定的整数值取值个数称为量化级数，表示量化的色彩值（或亮度）所需的二进制位数称为量化字长。一般可用 8 位、16 位、24 位、32 位等来表示图像的颜色，24 位可以表示 2^{24} = 16 777 216 种颜色，称为真彩色。

在多媒体计算机中，图像的色彩值称为图像的颜色深度，有以下多种表示色彩的方式。

① 黑白图。图像的颜色深度为 1，则用一个二进制位 1 和 0 表示纯白、纯黑两种情况。

② 灰度图。图像的颜色深度为 8，占一个字节，灰度级别为 256 级。通过调整黑白两色的程度（称颜色灰度）来有效地显示单色图像。

③ RGB。24 位真彩色彩色图像显示时，由红、绿、蓝三基色通过不同的强度混

合而成，当强度分成 256 级（值为 0~255），占 24 位，就构成了 $2^{24} = 16\,777\,216$ 种颜色的真彩色图像。

例 4.18 利用"画图"程序，验证不同色彩（单色、256 色和 24 位位图）下保存同样一幅图像的容量。这通过将一幅图像在"画图"程序中选择"另存为"命令，打开"保存类型"列表框，如图 4.5.5 所示，选择保存的颜色位图，查看保存后对应文件类型大小。

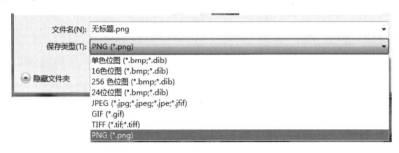

图 4.5.5 "文件类型"列表框

（3）编码

将采样和量化后的数字数据转换成用二进制数码 0 和 1 表示的形式。

图像的分辨率和像素位的颜色深度决定了图像文件的大小，计算公式为

$$列数 \times 行数 \times 颜色深度 \div 8 = 图像字节数$$

例如，当要表示一个分辨率为 $1\,280 \times 1\,024$ 的"24 位真彩色"图像，则图像大小为

$$1\,280 \times 1\,024 \times 24 \div 8 \approx 4\ \text{MB}$$

由此可见，数字化后的图像数据量十分巨大，必须采用编码技术来压缩信息。它是图像传输与存储的关键。

3. 图形图像文件格式

在图形图像处理中，可用于图形图像文件存储的格式非常多，现分类列出常用的文件格式。

（1）BMP（bmp）文件

BMP（Bitmap 位图）是一种与设备无关的图像文件格式，是 Windows 环境中经常使用的一种位图格式。这种格式的特点是包含的图像信息较丰富，几乎不进行压缩，但由此导致了它占用磁盘空间过大的缺点。目前 BMP 在单机上比较流行。

（2）GIF（gif）文件

GIF（Graphics Interchange Format，图形交换格式）是美国联机服务商 CompuServe 针对当时网络传输带宽的限制，开发出的图像格式。GIF 格式的特点是压缩比高、磁盘空间占用较少，但不能存储超过 256 色的图像，是 Internet 上 WWW 中的重要文件

格式之一。

最初的 GIF 只是简单地用来存储单幅静止图像（称为 GIF87a），后来随着技术发展，可以同时存储若干幅静止图像进而形成连续的动画（称为 GIF89a），而在 GIF89a 图像中可指定透明区域。考虑到网络传输中的实际情况，GIF 图像格式还增加了渐显方式，也就是说，在图像传输过程中，用户可以先看到图像的大致轮廓，然后随着传输过程的继续而逐步看清图像中的细节部分，从而适应了用户的"从朦胧到清楚"的观赏心理。目前，Internet 上大量采用的彩色动画文件多为这种格式的文件。

（3）JPEG（jpg）文件

JPEG（Joint Photographic Experts Group，联合照片专家组）是利用 JPEG 方法压缩的图像格式，压缩比高，但压缩/解压缩算法复杂、存储和显示速度慢。同一幅图像的 BMP 格式的大小是 JPEG 格式的 5~10 倍。而 GIF 格式最多只能是 256 色，因此载入 256 色以上图像、适用于处理大幅面图像的 JPEG 格式成了 Internet 中最受欢迎的图像格式。

JPEG 2000 格式是 JPEG 的升级版，其压缩率比 JPEG 高约 30%。与 JPEG 不同的是，JPEG 2000 同时支持有损和无损压缩，而 JPEG 只能支持有损压缩。无损压缩对保存一些重要图片是十分有用的。

（4）WMF（wmf）文件

WMF（Windows Metafile Format）是 Windows 中常见的一种图元文件格式，它具有文件短小、图案造型化的特点，整个图形常由各个独立的组成部分拼接而成，但其图形往往较粗糙。Windows 中许多剪贴画图像是以该格式存储的，广泛应用于桌面出版印刷领域。

（5）PNG（png）文件

PNG（Portable Network Graphics，移植的网络图像）是流式图像文件。主要优点为压缩比率高，并且是无损压缩，适合在网络中传播。支持 Alpha 通道透明图像制作，可以使图像与网页背景融为一体。缺点主要是不支持动画功能。

4.5.3 多媒体数据的压缩

1. 数据压缩的重要性和可能性

从前面多媒体数据的表示中可以看到，数据量大是多媒体的一个基本特性。例如，一幅具有中等分辨率（640×480）的 24 位真彩色数字视频图像的数据量大约在 1 MB/帧，如果每秒播放 25 帧图像，将需要 25 MB 的硬盘空间。对于音频信号，若取样频率采用 44.1 kHz，每个采样点量化为 16 位二进制数，1 分钟的录音产生的文件将占用 10 MB 的硬盘空间。由此可见，若不进行压缩处理，计算机系统几乎无法对它们进行存储和交换处理。

另一方面，图像、声音的压缩潜力很大。例如在一幅图像中，相邻区间各像素点的相关性会引起空间冗余；在视频图像中，各帧图像之间有着相同的部分，因此数据的冗余度很大，压缩时原则上可以只存储相邻帧之间的差异部分。

数据压缩是通过编码的技术来降低数据存储时所需的空间，等到人们需要使用时，再进行解压缩。根据对压缩后的数据经解压缩后是否能准确地恢复压缩前的数据来分类，可将其分成无损压缩和有损压缩两类。

衡量数据压缩技术的好坏有以下 4 个重要指标。

① 压缩比。压缩前后所需的信息存储之比要大。

② 恢复效果。要尽可能恢复到原始数据。

③ 速度。压缩、解压缩的速度，尤其解压缩速度更为重要，因为解压缩是实时的。

④ 压缩开销。实现压缩的软硬件开销要小。

2. 无损压缩

无损压缩方法是统计被压缩数据中重复数据的出现次数来进行编码。无损压缩由于能确保解压后的数据不失真，一般用于文本数据、程序以及重要图片和图像的压缩。无损压缩比一般为 2:1 到 5:1，因此不适合实时处理图像、视频和音频数据。典型的无损压缩软件是 WinZip、WinRAR 等。

3. 有损压缩

有损压缩方法是以牺牲某些信息（这部分信息基本不影响对原始数据的理解）为代价，换取了较高的压缩比。有损压缩具有不可恢复性，也就是还原后的数据与原始数据存在差异。一般用于图像、视频和音频数据的压缩，压缩比高达几十到几百。

例如，在位图图像存储形式的数据中，像素与像素之间无论是列方向或行方向都具有很大的相关性，因此数据的冗余度很大，在允许一定限度的失真下，能够对图像进行大量的压缩。这里所说的失真，是指在人的视觉、听觉允许的误差范围内。

由于多媒体信息的广泛应用，为了便于信息的交流、共享，对于视频和音频数据的压缩有专门的组织制定压缩编码的国际标准和规范，主要有 JPEG 静态和 MPEG 动态图像压缩的工业标准两种类型。

例 4.19　利用"画图"程序，将获取的屏幕界面以不压缩的位图（bmp）文件保存，再以 JPEG 方式压缩成扩展名为 jpg 的文件，比较它们的压缩比。

在 Windows 的"画图"程序中保存了 Windows 屏幕界面，以扩展名为 bmp（没有压缩）保存的文件大小为 2 305 KB，若以 JPEG 方式压缩成以扩展名为 jpg 的文件保存，则文件大小为 108 KB，压缩比约为 21:1，如图 4.5.6 所示。

图 4.5.6　图像压缩效果对比

实践证明，图像色彩越少，图像画面越简单，压缩比越高。

习　题

1. 简述信息社会的特征。
2. 简述数据和信息的区别。
3. 简述计算机二进制编码的优点。
4. 进行下列数的数制转换。

（1）$(213)_D = ($　　　　$)_B = ($　　　　$)_H = ($　　　　$)_O$

（2）$(69.625)_D = ($　　　　　$)_B = ($　　　　$)_H = ($　　　　　$)_O$

（3）$(127)_D = ($　　　　$)_B = ($　　　$)_H = ($　　　　$)_O$

（4）$(3E1)_H = ($　　　　$)_B = ($　　　$)_D$

（5）$(10A)_H = ($　　　　$)_O = ($　　　$)_D$

（6）$(670)_O = ($　　　　$)_B = ($　　　$)_D$

（7）$(10110101101011)_B = ($　　　　$)_H = ($　　　　$)_O = ($　　　　$)_D$

（8）$(11111111000011)_B = ($　　　　$)_H = ($　　　　$)_O = ($　　　　$)_D$

5. 给定一个二进制数，怎样能够快速判断出其十进制等值数是奇数还是偶数？
6. 浮点数在计算机中是如何表示的？
7. 假定某台计算机的机器数占 8 位，试写出十进制数 −67 的原码、反码和补码。
8. 如果 n 位能够表示 2^n 个不同的数，为什么最大的无符号数是 2^n-1，而不是 2^n？
9. 如果一个有符号数占有 n 位，那么它的最大值是多少？
10. 什么是 ASCII 码？查找 "D" "d" "3" 和空格的 ASCII 码值。
11. 简述汉字处理的过程。

12. 简述汉字区位码、国标码和内码之间的关系。

13. 什么是 Unicode 码？与国标码之间有关系吗？

14. 简述声音数字化的过程。

15. 数字音频的技术指标主要是哪 3 项？

16. WAVE 文件与 MIDI 文件的区别是什么？

17. 简述矢量图文件与位图图像的区别。

18. 简述图像数字化的过程。

19. 利用"画图"程序，观察 bmp 与 jpg 文件的大小区别。

20. 数据压缩技术分为哪两类？

21. 衡量压缩技术好坏的标准有哪 4 种？

第 5 章
数据处理

本章主要介绍数据处理的相关概念，目前数据处理中广泛使用的电子文档、电子表格相关软件的功能以及电子文档格式之间的转换。

5.1　引言

随着社会的发展和科学的进步，计算机已经成为人们生活必不可少的工具。例如，走进地铁、高铁车厢后，看到年轻人手捧着各类电子产品——手机、平板计算机、电子书，都在聚精会神地欣赏音乐、浏览新闻、阅读经典小说，成为车厢内的一道亮丽风景线。一片薄薄的芯片可以存储成千上万本书，当要查询某关键人物在书中出现的频率、章节，输入相关信息后可快速地定位、查阅；网上购物网站商品的排行榜显示，顾客评价让人们购物既省时又省钱。"无论何事、无论何时、无论何地"人们都可以及时获得各类信息。网络、各种应用软件以及保存的大量电子文档，改变着人们的生活、工作和学习习惯。

计算机诞生时主要用于解决科学计算问题，随着计算机的普及和软硬件技术的快速发展，数据处理成为计算机主要的应用。

1. 什么是数据处理

通俗地讲数据处理是对数据的采集、存储、检索、加工、变换和传输。它通过各种数据处理软件将不同形式的数据输入和编辑，经过加工处理成易于被人们所接受的信息形式，并将处理后的信息进行存储，随时通过外部设备输出给信息使用者。

加工处理是数据处理的主要任务，根据数据类型的不同，处理的方法也不同。对于数值型的数据主要是算术和逻辑计算、分类排序、统计分析等；对于文字处理主要是编辑、图文排版、展示等。

2. 数据处理的目的

数据处理的基本目的是从大量的、可能是杂乱无章的、难以理解的数据中抽取并推导出对于某些特定的人们来说是有价值、有意义的信息。数据处理贯穿于社会生产和社会生活的各个领域。数据处理技术的发展及其应用的广度和深度，极大地影响着人类社会发展的进程。

3. 数据处理软件

数据处理离不开应用软件的支持，应用软件主要有以下两类。

① 通用应用软件。解决面广、量大的通用数据处理，如办公软件包是为办公自动化服务。现代办公涉及对文字、数字、表格、图表、图形、图像、语音等多种媒体信息的处理，就需要用到不同类型的办公软件。办公软件一般包括字处理、桌面排版、演示软件、电子表格等。为了方便用户维护大量的数据，为了与网络时代同步，现在推出的办公软件包还提供了小型的数据库管理系统、网页制作软件、电子邮件等。目

前，常用的办公软件包有微软公司的 Microsoft Office 和我国金山公司的 WPS Office 等。

② 专用数据处理软件。专用数据处理软件是指根据不同用途、不同单位需要，利用程序设计语言、数据库系统等开发的软件，如工资管理、财务管理、金融分析、施工管理、交通运输管理、技术情报管理等。

本章主要介绍通用应用软件中的字处理、演示文稿、电子表格，以及不同格式文件之间的相互转换等内容。第 6 章介绍专用数据处理软件的相关概念和基本使用。

5.2　电子文档

电子文档是指人们在社会活动中形成的，以计算机的磁盘、光盘等化学磁性材料为载体的文字材料，依赖计算机系统存取并可在通信网络上传输。电子文档作为一种计算机文件，具有固定版式，可图文混排，其中文字可被查找和利用，且正广泛应用于电子公文、电子表单等涉及电子文件管理的领域中。本节主要介绍常用的 Word 电子文档和 PowerPoint 演示文稿。

5.2.1　创建和编辑文档

电子教案：文字处理

要将纸质的文档变成计算机能处理的电子文档，首先要通过应用程序创建文档，然后输入内容和编辑，最后保存成为电子文档。

1. 创建和保存文档

打开 Word 2010 应用程序，自动进入一个空白文档编辑状态，窗口界面各项说明如图 5.2.1 所示。

Word 2010 与 Word 2003 最大的差别是界面和操作发生了很大的变化，用选项卡、功能区取代了以前的菜单栏和工具栏；功能区按任务分为不同的组，通过右下方的组对话框启动器打开该组对应的对话框或任务窗格。

在输入内容的过程中为安全起见，随时可保存文档。Word 2010 文档的默认扩展名为 docx，为便于在 Word 2003 等低版本下通用，可选择保存类型为 doc。

2. 文档的输入

在 Word 中，输入的途径有多种，最常用的是通过键盘输入；也可以通过"插入"选项卡的"文本"组中的"对象"下拉列表插入已存在的文件；还可通过 Windows 提供的语音输入、联机手写输入等辅助输入以及扫描仪输入等。

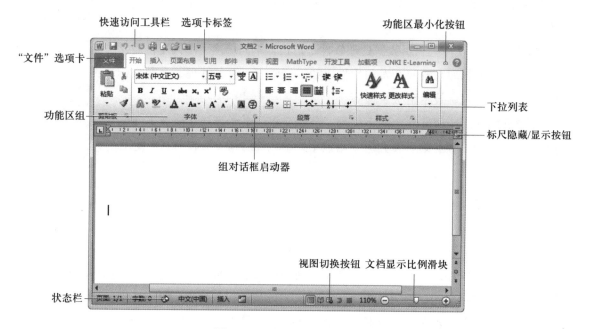

图 5.2.1　Word 2010 窗口界面

3. 文档的编辑

文档的编辑是对输入的内容进行删除、插入和修改等，以确保输入的内容正确。这通过字处理软件提供的编辑功能来快速实现。方法是先选定要编辑的内容，然后通过复制、剪切与粘贴来实现。对于操作的失误，可通过左上方快速访问工具栏中的按钮"　　"来撤销该次操作。

4. 文档的快速批量编辑

通过"查找""替换"功能来实现对大量数据的重复编辑工作，不但可以作用于具体的文字，也可以作用于格式、特殊字符、通配符等。

例5.1　将文档中所有的英文字母改为带有红色双下画线的红色字。

实现的方法如下。

单击"开始"选项卡的"编辑"组中的"替换"按钮，打开"查找和替换"对话框，将插入点定位于"查找内容"文本框中，单击"更多"按钮后展开对话框，单击"特殊字符"按钮后选择"任意字母"选项，"查找内容"文本框以"^$"显示。插入点定位在"替换为"文本框中，通过"格式"按钮在对应的"字体"对话框中进行格式设置，界面如图 5.2.2 所示，最后单击"全部替换"按钮进行批量替换。

利用替换功能，还可以简化输入，提高效率。例如，在一篇文档中，经常要出现

"Microsoft Office Word 2010"字符串,在输入时用一个不常用的字符表示,然后利用替换功能用这一字符串代替一个字符,当然替换时要防止出现二义性。

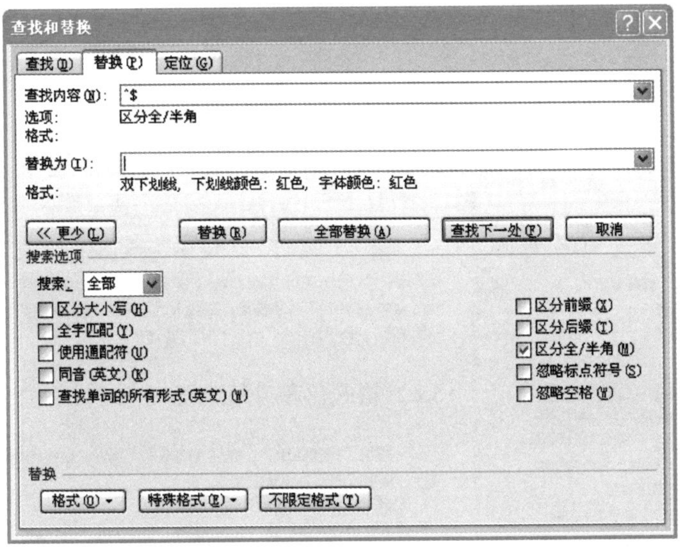

图 5.2.2 "查找和替换"对话框

5.2.2 格式化和排版文档

Word 提供了操作简单、功能强大的格式化手段,格式化按照字符、段落和页面 3 个层次进行,有相应的工具和排版命令。

1. 格式刷、样式和模板

为提高格式效率和质量,Word 提供了 3 种工具来实现格式化。

① 格式刷 。可以方便地将选定源文本的格式复制给目标文本,从而实现文本或段落格式的快速格式化。要复制格式多次,可定位在源文本处并双击"格式刷"工具,复制多次后再单击"格式刷"工具取消格式复制状态。

② 样式。已经命名的字符和段落格式供直接引用,通过"开始"选项卡的"样式"组来实现。利用样式可以提高文档排版的一致性,尤其在多人合作编写文档、长文档的目录生成时必不可少。通过更改样式可建立个性化的样式。

例如,编辑排版书的章、节、小节可利用"标题 1""标题 2""标题 3"三级样式来统一格式化。然后在 Word 2010 提供的"视图"选项卡的"显示"组的"导航窗格"中,可直观地显示文档的各层结构,如图 5.2.3 所示。

③ 模板。系统已经设计好的、扩展名为 dotx 的文档,模板为文档提供基本框架和一整套样式组合,在创建新文档时套用,例如信封模板、证书和奖状模板、名片模

板等。

默认空白文档模板名为 Normal. dotm。

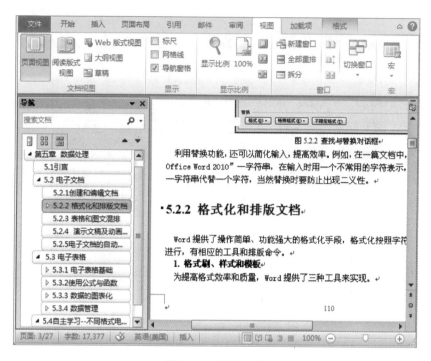

图 5.2.3　导航窗格

2. 字符排版

字符排版是以若干文字为对象进行格式化。常见的格式化有字体、字号、字形、文字的修饰、字间距和字符宽度等，还有中文版式等。

可通过"开始"选项卡的"字体"组中的相应按钮来实现。

3. 段落排版

段落是文本、图形、对象或其他项目等的集合，后面跟有一个段落标记符 ↵，一般为一个硬回车符（按 Enter 键）。段落的排版是指整个段落的外观。可通过"开始"选项卡的"段落"组中的相应按钮来实现。常用的段落格式如下。

（1）对齐方式

在文档中对齐文本可以使得文本的层次关系更清晰、阅读更容易。"对齐方式"一般有 5 种形式：左对齐、居中、右对齐、两端对齐和分散对齐。

（2）文本的缩进

对于普通的文档段落，一般都规定首行缩进两个汉字；有时为了强调某些段落，也会适当进行缩进。缩进方式有以下 4 种。

①"首行缩进"。控制段落中第一行第一个字的起始位置。

②"悬挂缩进"。控制段落中首行以外的其他行的起始位置。

③"缩进左侧"。控制段落左边界缩进（包括首行和悬挂缩进）的位置。

④"缩进右侧"。控制段落右边界缩进的位置。

（3）行距与段间距

"行距"用于控制每行之间的间距。在 Word 中，"行距"设置有最小值、固定值、X 倍行距（X 为单倍、1.5 倍、2 倍、多倍等）等选项。用得较多的是"最小值"选项，其默认值为 15.6 磅。当文本高度超出该值时，Word 会自动调整高度以容纳较大字体。"固定值"选项可指定一个行距值，当文本高度超出该值时，则该行的文本不能完全显示出来。

"段间距"用于段落之间的间距，有"段前"和"段后"两种设置。

（4）项目符号和编号

对于提纲性质的文档称为列表，列表中的每一项称为项目。可通过项目符号和编号方式对列表进行格式化，使得这些文档突出、层次鲜明。当然，在增加或删除项目时，系统会自动对编号进行相应调整。

"编号"一般为连续的数字、字母，根据层次的不同，会有相应的编号。

"项目符号"是指列表中的每一项设置相同的符号，可以是字符，也可以是图片。

（5）边框和底纹

添加边框和底纹的目的是为使内容更加醒目。选择"段落"组的"边框"下拉按钮 ，打开"边框和底纹"对话框进行相应的设置。

微视频 5-5：项目符号和编号

4. 页面排版

页面排版反映了文档的整体外观和输出效果，包括页眉和页脚、页码、打印文档的纸张大小、页边距、分栏等设置。这主要通过"插入"选项卡的"页眉和页脚"组和"页面布局"选项卡的"页面设置"组来实现。

（1）页眉和页脚

页眉和页脚是指在每一页顶部和底部加入的信息。这些信息可以是文字或图形形式，内容可以是文件名、标题名、日期、页码、文章的标题或书籍的章节标题、单位名、单位徽标等。页眉和页脚的内容还可以是用来生成各种文本的"域代码"（如页码、日期等）。域代码与普通文本不同的是，它在打印时将被当前的最新内容所代替。

微视频 5-6：页眉和页脚

例如，生成日期的域代码是根据打印机内的时钟生成当前的日期，这可通过"页眉和页脚"组的"页眉"按钮，进入编辑页眉状态。单击"日期和时间"按钮，选中其对话框中的 自动更新(U) 复选框即可。同样，页码也是根据文档的实际页数打印的。

（2）分栏和分节符

① 分栏。分栏是指对文档进行分栏的排版操作，使得版面更生动、更具可读性。

首先选中要分栏的文档，单击"页面布局"选项卡"页面设置"组的"分栏"按钮，在下拉列表中选择"更多分栏"选项，打开其对话框，进行相应的分栏设置。若要取消分栏，只要选择已分栏的段落，进行一栏的操作即可。

② 分节符。"节"是文档格式化的最大单位（或指一种排版格式的范围），分节符是一个"节"的结束符号。默认方式下，Word 将整个文档视为一个"节"。在需要改变分栏数、页眉页脚、页边距、纸张方向等特性时，就要插入分节符将文档分成若干"节"。分节符中存储了"节"的格式设置信息。

插入点定位在文档中待分节处，单击"页面布局"选项卡"页面设置"组的"分隔符"按钮，弹出以下分节符类型。

- "下一页"：新节从下一页开始。
- "连续"：新节从同一页开始。
- "奇数页""偶数页"：新节从奇数页或偶数页开始。

（3）页面设置

在新建一个文档时，Word 提供了预定义的 Normal 模板，其页面设置适用于大部分文档。当然，用户也可根据需要进行所需的设置，这通过选择"页面布局"选项卡的"页面设置"组打开其对话框，如图 5.2.4 所示，对话框有如下 4 个标签。

① "页边距"。打印文本与纸张边缘的距离。Word 通常在页边距以内打印正文，包括脚注和尾注，而页码、页眉和页脚等都打印在页边距上。在设置页边距的同时，还可以添加装订边，便于装订；选择打印方向；等等。

② "纸张"。选择打印纸大小，用户也可以自定义纸张大小。

③ "版式"。设置页眉、页脚离页边界的距离，奇、偶页，首页的页眉、页脚内容。还可为每行加行号。

④ "文档网格"。设置每行、每页打印的字数、行数，文字打印的方向，行、列网格线是否要打印等。

注意：不要把页边距与段落的缩排混起来。段落的缩进是指从文本区开始算起缩进的距离，图 5.2.5 表示了左右缩进、页边距、页眉和页脚之间的位置关系。

"脚注"和"尾注"等的插入是通过"引用"选项卡的"脚注"组中的按钮实现的。

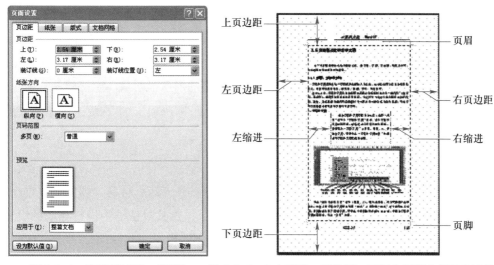

图 5.2.4 "页面设置"对话框　　图 5.2.5 左右缩进、页边距、页眉和页脚之间的位置关系

5.2.3 表格和图文混排

表格和图在电子文档中是必不可少的，表格可以简明、直观地表达一份文件或报告的意思，插入图片使得文档图文并茂。

1. 表格

微视频 5-9：表格建立

表格由若干行和若干列组成，行列的交叉称为单元格。单元格内可以输入字符、图形，甚至还可以插入另一个表格。

（1）建立表格

表格的建立通过"插入"选项卡的"表格"下拉列表框进行，如图 5.2.6 所示，单击相应的按钮建立表格。在表格建立好后，可向单元格输入文字、图形等内容。

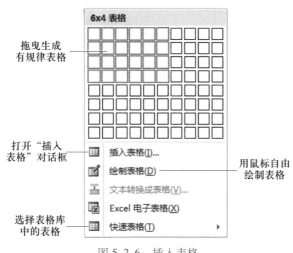

图 5.2.6 插入表格

微视频 5-10：
编辑表格

（2）编辑表格

建立好表格后，若要对表格编辑，如增加/删除行、列或单元格时，只要右击，在弹出的快捷菜单（如图 5.2.7 所示）中选择所需的操作就可。也可直接选择图 5.2.6 所示的"绘制表格"选项，鼠标以一支笔的形状显示后，直接绘制表格。表格绘制后显示动态"表格工具"标签，单击"设计"选项卡的 按钮可绘制表格，单击 按钮可删除线。

（3）格式化表格

微视频 5-11：
表格格式化

对表格整体格式化，包括相对页面水平方向的对齐方式、行高、列宽等，可在如图 5.2.7 所示的快捷菜单中执行"表格属性"命令，在其对话框中进行相应的设置。利用"边框和底纹"命令可对表格进行对应格式的设置。

对表格内容的格式化，包括字体、对齐方式（水平与垂直）、缩进、设置制表位等，这与文本的格式化操作相同。

Word 2010 为用户提供了数十种预先定义好的表格样式，在动态"表格工具"标签的"设计"选项卡下直接选用"表格样式"中的格式即可。

2. 图片和图形

图片的插入和图形的建立主要通过"插入"选项卡的"插图"组中对应的按钮来实现，如图 5.2.8 所示。

图 5.2.7　表格编辑快捷菜单　　　图 5.2.8　"插图"组

微视频 5-12：
插入和格式化图片

（1）插入图片和格式化

插入图片一般通过"图片"按钮选择各种保存的图片文件，"剪贴画"按钮选择系统提供的剪辑库中的剪贴画。

插入的图片是个整体，对其也只能进行整体的编辑，包括用"调整"组进行图片色调改变、"图片样式"组改变图片的外形、"大小"组裁剪和缩放图片等，也可以通过快捷菜单的"设置图片格式"命令来实现。

Word 2010 增加的形状裁剪功能依托"形状"组可裁剪出各种形状图形。对插入的图片进行格式化的效果如图 5.2.9 所示。

(a) 插入原始图　　　(b)"调整"组的删除背景　　　(c)"图片样式"组的菱台透视　　　(d) 裁剪为六角星

图 5.2.9　格式化效果

（2）绘制图形和格式化

通过"形状"下拉列表选择各种简单图形组合形成所需的图形，如流程图等；SmartArt 按钮用于插入各类信息和观点的视觉表示形式图形，在演示文稿中常使用。

对图形的格式化主要是设置边框线、填充颜色以及添加文字等。对图形编辑很重要的一个工作是将绘制的图形组合成一个整体，便于缩放、复制和移动等操作。这可通过选中图形中的每个简单图形对象，右击后在快捷菜单中选择"组合"选项使之成为一个整体。

3. 文字图形效果的实现

文字图形效果就是输入的是文字，以图形方式编辑、格式化等处理。在 Word 2010 中，主要有如下几种。

（1）首字下沉

在报刊文章中，经常看到文章的第一个段落的第一个字比较大，其目的就是希望引起读者的注意，并由该字开始阅读。这可通过在"插入"选项卡的"文本"组的"首字下沉"下拉列表中选择首字下沉，这时将插入点所在段落的首字变成图形效果，还可进行字体、位置布局等格式设置。

（2）艺术字

在文章中，为达到美化效果可将一些文字以艺术化形式展示，这可通过单击"插入"选项卡的"文本"组的"艺术字"按钮来实现，在艺术字库中选择所需艺术字类型，随后显示"绘图工具/格式"动态选项卡，进行字的"形状样式"和"艺术字样式"等的设置。图 5.2.10 所示

图 5.2.10　"文本效果"
下拉列表

微视频 5-13：
艺术字

的是"艺术字样式"组的"文本效果"下拉列表，执行"转换"命令可设置艺术
字整体形状。

（3）公式

在科学计算中，有大量的数学公式、数学符号要表示，利用公式编辑器（Equation Editor）可方便地实现，并能自动调整公式中各元素的大小、间距和格式编排等。产生的数学公式也可以用前面介绍的图形处理方法进行各种图形编辑操作。

在 Word 2010 中通过单击"插入"选项卡的"符号"组的"公式"按钮，可以在下拉列表中选择内置公式，从 Office. com 下载公式模板，还可以通过"插入新公式"命令输入自定义公式。

公式插入后，显示"公式工具/设计"动态选项卡，如图 5.2.11 所示，可对公式进行编辑。

图 5.2.11　"公式"工具栏和公式输入框

其中"符号"组用于插入各种数学字符；"结构"组用于插入一些积分、矩阵等公式符号。利用这两个组中的各种符号可以建立如下数学公式：

$$S = \sum_{i=1}^{10} \left(\sqrt[3]{x_i - a} + \frac{a^3}{x_i^3 - y_i^3} - \int_3^7 x_i \mathrm{d}x \right)$$

注意：在公式输入时，插入点光标的位置很重要，它决定了当前输入内容在公式中所处的位置，通过在所需的位置单击来改变光标位置。

4. 图文混排

图文混排就是将文字与图片混合排列，主要有嵌入式、浮动式和叠放次序等几种形式。插入的图片默认为嵌入式，图片占据了文本的位置，不能随便移动图片；绘制的图形默认为浮动式，可随意移动；当在同处绘制多个图形时，最先绘制的图形在最底层。

对图片利用快捷菜单的"大小和位置"命令，对图形利用快捷菜单的"其他布局选项"命令打开"文字环绕"对话框，如图 5.2.12 所示，选择环绕的方式，进行环绕方式的改变，实现图文混排，效果如图 5.2.13 所示。

当需要将文字和图片作为一个整体排版时，插入文本框，在其中输入文字，将图片设置为非嵌入方式。然后选中图片和文本框，右击在快捷菜单中选择"组合"选

项，将图片和文字组合成一个整体。

图 5.2.12 "文字环绕"选项卡

图 5.2.13 文字环绕的 4 种效果

5.2.4 演示文稿、动画和超链接

在计算机日益普及的今天，教师上课、学生论文答辩、公司产品介绍、各种会议报告等演讲者都可利用计算机直接展示演讲内容，这得益于这几年来应用广泛的演示文稿软件的支持。

微软公司的 PowerPoint、金山 WPS 都是集文字、图形、动画、声音于一体的专门制作演示文稿的多媒体软件，本节以 PowerPoint 2010 为蓝本进行简要介绍。

电子教案：演示
文稿

1. 建立和保存演示文稿

进入 PowerPoint，系统默认建立一个空演示文稿，版式为"标题"即相当于封面。通过"文件"选项卡的"新建"命令在"可用模板和主题"列表框中选择"主题"，建立具有每张幻灯片风格统一的演示文稿；也可通过"样本模板"预安装的模板或从 Office.com 网站上下载更多模板来更快速地创建演示文稿。

空演示文稿和主题方式建立的演示文稿只有一张幻灯片，通过单击"开始"选项卡的"幻灯片"组的"新建幻灯片"按钮增加幻灯片，也可通过下拉列表选择幻灯片版式。

保存演示文稿默认扩展名为 pptx，也可通过选择保存扩展名为 ppt，以便在 PowerPoint 2003 中可打开。

2. 演示文稿的视图方式

要查看建立的演示文稿，PowerPoint 提供的常用视图有普通视图、幻灯片浏览、阅读视图和幻灯片放映，这可以通过 PowerPoint 界面右下方的视图按钮来切换。

一般在"普通视图"方式下编辑每张幻灯片的内容和格式化；"幻灯片浏览"视图可以同时浏览多张幻灯片，可方便地删除、复制和移动幻灯片；"幻灯片放映"视图可全屏放映幻灯片，观看动画、超链接等效果，但不能修改幻灯片，按 Esc 键可退出放映视图；"阅读视图"是非全屏幕方式观看放映效果。

3. 在幻灯片上添加对象

用户在建立幻灯片时通过选择"幻灯片版式"为插入的对象提供了占位符，除可插入所需的文本、图片、表格等对象外，还可插入 SmartArt 图形、超链接、视频和音频文件等，使得演示文稿更加丰富多彩。

（1）插入 SmartArt 图形

SmartArt 图形为演示文稿中插入具有设计师专业水准的插图提供了极大的方便，使得演示文稿更有助于人们去记忆或理解相关的内容。单击"SmartArt 图形"按钮，打开该库的窗口，如图 5.2.14 所示。窗口左边显示图形类型，右边显示该类的图形供选择。

（2）插入音频和视频文件

为使放映幻灯片时能同时播放背景音乐，可通过"插入"选项卡的"媒体"组的"音频"下拉列表来选择所需的音频文件。成功插入音频文件后，在幻灯片中央位置以一个插入标记 🔊 图标显示。

插入影片文件的方法与插入声音的方法相同，通过"视频"下拉列表来选择所需的视频文件。

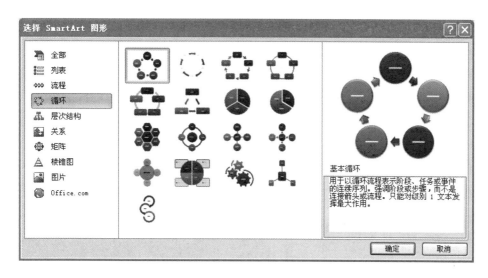

图 5.2.14　SmartArt 图形库

（3）插入超级链接

用户可以在幻灯片中添加超链接，然后利用它转跳到同一文档的某张幻灯片上，或者转跳到其他的文档，如另一个演示文稿、Word 文档、网站和邮件地址等。"插入"选项卡的"链接"组提供的"超链接"和"动作"选项提供了两种形式的超级链接。

微视频 5-17：
插入超链接

① 以下画线表示的超级链接。单击"超级链接"按钮打开"编辑超链接"对话框，如图 5.2.15 所示。

图 5.2.15　"编辑超链接"对话框

② 以动作按钮表示的超级链接。在"插入"选项卡的"插图"组中，选择"形状"下拉列表中的"动作按钮"选项，选择所需的按钮 ，在幻灯片上绘制按钮的大小，系统自动打开"动作设置"对话框，如图 5.2.16 所示。其中

最主要的设置是"超链接到:"列表框,选择链接到本文档的另一张幻灯片、网站地址、其他文档等。

　　注意:若要使整个演示文稿的每张幻灯片均可通过 ◄、►、◄ 按钮切换到上一张幻灯片、下一张幻灯片、第一张幻灯片,不必对每张幻灯片逐一进行设置,只要通过"视图"选项卡的"母版视图"组的"幻灯片母版"来实现即可。

　　(4)页眉和页脚

　　每张幻灯片若希望有日期、作者、幻灯片编号等,可通过"插入"选项卡的"文本"组的"页眉和页脚"按钮,打开其对话框,如图 5.2.17 所示。

图 5.2.16 "动作设置"对话框　　　　图 5.2.17 "页眉和页脚"对话框

4. 美化演示文稿

　　演示文稿最大的优点之一就是可以快速地设计格局统一、又有特色的外观,而这依赖于演示软件提供的设置幻灯片外观功能。设置幻灯片外观的方法主要有 3 种:母版、主题和背景等。

　　(1)母版

　　一份演示文稿由若干张幻灯片组成,为了保持风格和布局一致,同时也为了提高编辑效率,可以通过"视图"选项卡"母版视图"组的"幻灯片母版"功能设计。通常需要对幻灯片母版进行以下操作。

　　① 分别设置标题、每一级文本的字体格式、项目符号设置等。

　　② 插入要重复显示在多个幻灯片上的图标。

　　③ 插入以动作按钮表示的统一超链接按钮。

　　④ 单击"插入"选项卡"文本"组的"页眉和页脚"按钮,在打开的对话框中设置幻灯片的日期、页脚、编号等。

（2）主题

主题是一套包含插入各种对象、颜色和背景、字体样式和占位符等的设计方案。利用预先设计的主题，可以快速更改演示文稿的整体外观。

PowerPoint 2010 内置了许多主题，在"设计"选项卡"主题"组下可以查看或选用主题。

（3）背景

对于演示文稿的每个主题，PowerPoint 2010 都提供了许多种背景颜色、纹理效果和填充效果的选择。用户可以根据需要任意更改幻灯片的背景颜色和背景设计，如删除幻灯片中的设计对象、添加底纹、图案、纹理或图片等，使得演示文稿的设计同时具备高效和个性化。

背景颜色设置可通过"设计"选项卡"主题"组的"背景样式"按钮，打开其列表，选择所需颜色。对于不同的主题幻灯片，"背景样式"显示所对应的颜色方案；更多的格式设置可通过"设置背景格式"命令进行相应的设置。

5. 为幻灯片上的对象设置动画效果

用户可以为幻灯片上插入的各个对象，如文本、图片、表格、图表等设置动画效果，这样就可以突出重点、控制信息的流程、提高演示的趣味性。有两种动画设计方法，即预设动画方案、自定义动画。

微视频 5-19：
动画效果

（1）添加预设动画

预设动画是系统提供的一组基本的动画设计效果，使得用户可快速地设置在幻灯片内对象的动画效果。

先选中要添加动画的对象，然后选择"动画"选项卡的"动画"组的 ▼ 快翻按钮，按"进入""强调""退出""动作路径"状态和对应子类选择动画，其中"动作路径"选项可以指定动画对象运动的轨迹。

（2）添加自定义动画

预设动画是由系统设计的动画效果，主要针对标题和正文等，当幻灯片中插入了图片、表格、艺术字等多种类型的对象时，或者要设计个性化的动画效果时，则可使用自定义动画。

① 设置动画。这可利用"动画"选项卡的"高级动画"组的"添加动画"下拉列表，选择添加动画的效果。

② 编辑动画。选择"动画窗格"选项打开该窗格，在该任务窗格可看到已经设置的动画效果列表。拖动某个动画效果在列表框中的先后次序，就可改变在放映时显示的先后顺序；通过"计时"命令，可设置计时、触发其他对象的动画，如图 5.2.18 所示。

图 5.2.18　自定义动画设置和触发器设置

例 5.2　模拟神七发射过程。

① 界面设计。在有标题幻灯片上插入图片并置于底层作为发射场，上面添加火箭图片和两个图形：椭圆（文字"开始发射"），开始无动画，作为"触发器"使用，开始就显示；圆角矩形（文字"恭喜发射成功！"）。

② 动画设计。椭圆自定义动画"消失"；火箭图片自定义动画"动作路径"并选择直线；圆角矩形自定义动画"进入"。自定义动画"动画窗格"的设置如图 5.2.19 所示。

图 5.2.19　"动画窗格"的设置

③ 动画效果。当单击"开始发射"椭圆时，触发火箭图片按直线轨迹向上发射，同时椭圆消失；火箭冲出屏幕，显示"恭喜发射成功！"。

5.2.5　电子文档的自动化功能

为了提高排版的效率，字处理软件提供了一系列高效的自动化功能，这里介绍常用的长文档目录生成和邮件合并等，以提高工作效率。

1. 长文档目录生成

微视频 5-21：
目录生成

当编写书籍、论文时，一般都应有目录，以便全面反映文档的内容和层次结构，便于阅读。同时，在生成目录时目录页码和正文的页码应采用不同的页码形式以便区分。

例5.3 将正文生成目录，并将目录和正文以两种页码格式排版。

为实现上述要求，事先要做两项准备工作。

（1）准备工作

① 文档设置不同级的标题样式。自动生成目录默认只能提取"标题 1－3"级别的目录，因此必须对文档的各级标题进行格式化。通常利用"开始"选项卡的"样式"组中的"标题"选项统一格式化，便于长文档、多人协作编辑的文档的统一。一般目录分为 3 级，使用相应的 3 级"标题 1""标题 2""标题 3"样式来格式化，也可以使用其他几级标题样式，甚至还可以是自己创建的样式。

② 文档分节设置不同页码格式。通常书稿目录的页码和正文的页码是不同格式的页码分别标注的，这就要通过分节来设置不同的页码和格式，方法如下。

插入点定位在正文前，选择"页面布局"选项卡的"页面设置"组的"分隔符"下拉列表中的"下一页"选项，如图 5.2.20 所示，将文档分为两个节：前一节为空白页放目录，后一节为正文。对两个节插入不同格式的页码，起始页码都为第 1 页，页码显示的格式不同。如目录的页码格式为罗马字母表示的数字Ⅰ、Ⅱ、Ⅲ等。这样有了两个节，两个起始页码都为 1 开始编码。

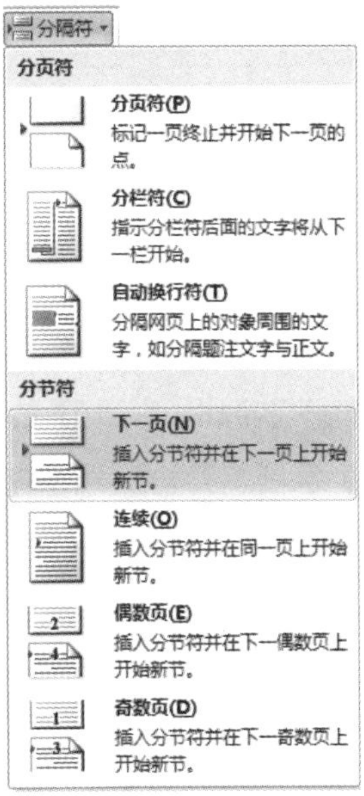

（2）生成目录

选择"引用"选项卡的"目录"下拉列表中的"插入目录"选项，打开"目录"对话框，如图 5.2.21 所示。单击"选项"按钮可选择目录标题级别，在其对话框中选择显示级别等级后单击"确定"按钮就可以生成所需目录，如图 5.2.22 所示。

图 5.2.20　"分隔符"
下拉列表

2. 邮件合并

微视频 5-22：
邮件合并

在实际工作中，经常会遇到同时给多人发送会议通知、成绩单等工作，这些工作中内容、格式等基本相同，只是有些数据如姓名、成绩等不同，为提高工作效率，可利用 Word 提供的邮件合并功能。

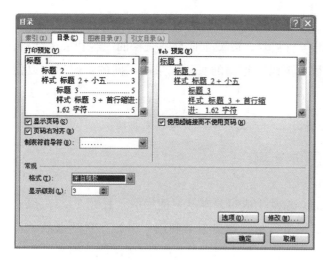

图 5.2.21 "目录"对话框

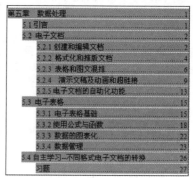

图 5.2.22 生成目录

邮件合并的过程包括 3 个步骤：创建数据源（每人的数据不同）、建立主文档（公共不变的固定内容）、数据源与主文档合并（主文档中插入可变的合并域）。

例 5.4 学校招生结束后要给每位新生发录取通知书，通知书的格式是基本相同的，由于学生人数多，可以通过邮件合并功能快速完成。

（1）准备工作

① 建立数据源。可以通过 Word、Excel 或 Access 等创建二维表的数据源，保存文件。本例用 Word 建立了表格，有 7 个字段，分别为编号、姓名、学院、专业、年级、学制、身份证号，输入若干个新生的数据。

② 建立存放公共内容的主文档。主文档是指对合并文档的每个版面都具有相同的固定不变的内容，类似于 Word 中大量建立好的模板，如简历、介绍信等。本例中为了保证录取通知的严肃性，增加了学校校徽的水印和学校公章，效果如图 5.2.23 所示。

水印通过"页面布局"选项卡的"页面背景"组的"水印"下拉列表选择"自定义水印"选项来设置。学校公章可通过"艺术字"和"形状"来实现。

（2）邮件合并

① 在"邮件"选项卡的"开始邮件合并"组选择"选择收件人"下拉列表，选择"使用现有列表"选项，打开由之前建立的数据源文件。

② 光标定位到要插入数据源的位置，选择"编写和插入域"组的"插入合并域"下拉列表中的所需字段名（如图 5.2.24 所示）插入到主文档，效果如图 5.2.25 所示。

图 5.2.23　建立的主文档

图 5.2.24　"插入合并域"

③ 单击"预览结果"组的"预览结果"按钮依次查看合并效果。

④ 选择"完成合并文档"下拉列表的选项形成合并文档，如图 5.2.26 所示。

图 5.2.25　主文档中加入各合并域

图 5.2.26　将数据合并到主文档产生结果文档

5.3　电子表格

电子教案：电子
表格基本操作

　　众所周知，表格就是由若干行、若干列组成的一张二维表，行列的交叉为单元格。而电子表格最大的特点是当在单元格内输入数据、公式后，电子表格就会自动计算；当修改某些数据后，计算结果也会对应改变而无需人工干预；也可方便快速地对数据进行排序、汇总、分析等操作，并以各类图表形式展示。总之，电子表格的功能帮助用户解脱乏味、重复的计算,专心于计算结果的分析。

最常用的电子表格软件有微软的 Excel 和金山 WPS 中的电子表格等,本书以微软 Excel 2010 为蓝本,介绍电子表格的主要功能。

5.3.1 电子表格基础

下面通过简单的例子来认识电子表格以及掌握其基本使用的方法。

例 5.5 输入学生的基本信息和 3 门课程成绩,计算总分和做出评价,如图 5.3.1 所示。

在这张表实施的基本操作有输入原始数据,如学号、姓名为文本型数据,各课程成绩为数值型数据;进行各种统计,如求每个学生的总分、各课程的平均分等算术运算;对总分进行评价的逻辑运算;表格格式化,如加边框线、对不及格的成绩加底纹等。

微视频 5-23: 认识电子表格

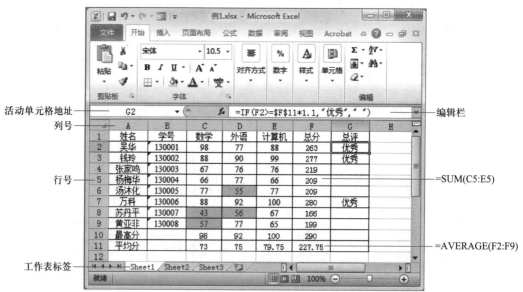

图 5.3.1 电子表格

1. 基本概念

① 工作簿(Book)。在 Excel 中用来存储并处理工作数据的文件,以 xlsx 扩展名保存。它由若干张工作表组成,默认为 3 张,以 Sheet1~Sheet3 来表示。鼠标指向工作表标签处可重命名、增加或删除工作表。

② 工作表(Sheet)。Excel 窗口的主体,由若干行(行号 1~1 048 576)、若干列(列号 A、B、…、Y、Z、AA、AB、…、XFD,16 384 列)组成。

③ 单元格。行和列的交叉为单元格，输入的数据保存在单元格中。每个单元格由唯一的地址标识，即列号行号，例"G2"表示第 G 列第 2 行的单元格，为了区分不同工作表的单元格，可在地址前加工作表名称，例 Sheet2! G2 表示"Sheet2"工作表的"G2"单元格。

④ 活动单元格。当前正在使用的单元格，由黑框框住，本例中"G2"为活动单元格。

⑤ 编辑栏。对单元格内容进行输入、查看和修改使用。

2. 数据类型和输入数据

在 Excel 中，单元格中存放的数据主要有 3 种类型，其表示形式和数据输入方式如下。

微视频 5-24：数据类型和数据输入

① 数值型。进行算术运算。当输入的数据太长时，在单元格中自动以科学计数法显示，如输入"123 451 234 512"，则以"1.23E + 11"显示。在编辑栏中可以看到原始输入的数据。

② 文本型。任何字符，不能进行算术运算。对于数字形式的文本型数据，如学号、身份证号等，在输入的数字前加单引号，如在单元格中输入'0130001，则以 ⌷0130001⌷显示。当输入的文字长度超出单元格宽度时，如右边单元格无内容，则扩展到右边列；否则将截断显示。

③ 日期型。Excel 内置了一些日期时间的格式，其常见日期时间格式为 mm/dd/yy、dd − mm − yy、hh:mm（AM/PM）。

3. "自动填充"产生规律的数据

有规律的数据是指等差、等比、系统预定义的数据填充序列以及用户自定义的新序列。自动填充是根据初始值决定以后的填充项。例如，在图 5.3.2（a）中，选中两个单元格，按住右下方的 + 填充柄往下拖曳，系统根据默认的两个单元格的等差关系（差值为4），在拖曳到的单元格内依次填充有规律的数据，效果如图 5.3.2（b）所示。

(a) 选取单元格

(b) 拖曳到下两个单元格

图 5.3.2 等差数列填充例

4. 格式化表格

在工作表中输入数据后，就需要对工作表进行修饰，主要有对表格设置边框线、底纹、数据显示方式、对齐等，使得工作表的整体更美观、简洁，有好的视觉效果。一般使用如下 3 种方式来格式化表格。

（1）设置单元格格式

选定要格式化的区域，右击并在其快捷菜单中选择"设置单元格格式"选项，打开其对话框，如图 5.3.3 所示。也可以直接在"开始"选项卡的"字体""对齐方式""数字""单元格样式"等组中单击相应的按钮实现。格式设置效果如图 5.3.4 所示。

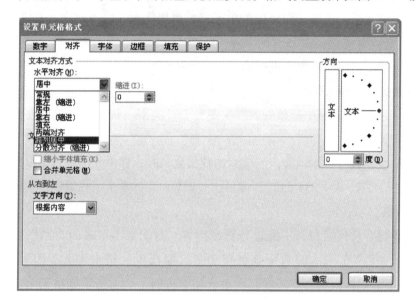

图 5.3.3 "设置单元格格式"对话框

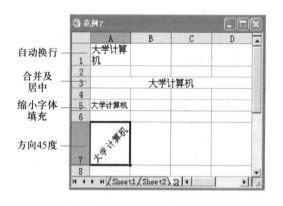

图 5.3.4 格式设置效果

（2）设置条件格式

设置条件格式是指根据设置的条件，动态地显示有关的格式，该功能非常实用。

实现的方法是在"开始"选项卡的"样式"组中选择"条件格式"按钮，如图 5.3.5 所示。选择"突出显示单元格规则"子菜单和条件命令，在打开的对话框中设置数值就可。在例 5.5 中要对不及格的成绩用底纹醒目地显示，效果如图 5.3.1 所示。

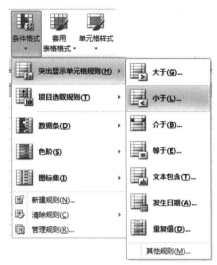

图 5.3.5　"条件格式"设置

（3）自动套用表格格式

Excel 提供许多预定义的表格格式，可以快速地格式化整个表格。这可通过"开始"选项卡的"样式"组中的"套用表格格式"按钮来实现。

微视频 5-27：
套用表格格式

5.3.2　使用公式与函数

如果电子表格中只是输入一些数值和文本，文字处理软件完全可以取代它。在大型数据报表中，计算统计工作是不可避免的，Excel 的强大功能正是体现在计算上。通过在单元格中输入公式和函数，可以对表中数据进行总计、平均、汇总以及其他更为复杂的运算，从而避免用户手工计算的繁杂和易错，数据修改后公式的计算结果也自动更新，这更是手工计算无法企及的。

1. 使用公式

Excel 中的公式最常用的是数学运算公式，此外也可以进行一些比较运算、文字连接运算。它的特征是以"＝"开头，由常量、单元格引用、函数和运算符组成，一般在编辑栏中输入。表 5.3.1 表示使用的运算符。

微视频 5-28：
公式

运算符名称	符号表示形式及意义
算术运算符	＋（加）、－（减）、＊（乘）、／（除）、%（百分号）、^（乘方）
文字连接符	&（字符串连接）
关系运算符	＝、＞、＜、＞＝、＜＝、＜＞
逻辑运算符	NOT（逻辑非）、AND（逻辑与）、OR（逻辑或）

▶表 5.3.1
运算符

当多个运算符同时出现在公式中时，Excel 对运算符的优先级做了严格规定。

① 数学运算符中从高到低分 3 个级别：百分号和乘方、乘和除、加和减。

② 关系运算符优先级相同。

③ 逻辑运算符最高为逻辑非，其次为逻辑与，最低为逻辑或。

四类运算符又以算术运算符最高，文字运算符次之，随后为关系运算符，最低为逻辑运算符。可增加圆括号改变运算的优先次序。

例5.6　用图 5.3.6 的部分职工数据计算奖金，奖金由两部分组成：每一年工龄加 10 元和工资的 18%。

插入函数　插入公式

	A	B	C	D	E	F	G
	姓名	性别	年龄	职称	工龄	工资	奖金
1							
2	黄亚非	男	52	工人	35	6,580	1,534.40
3	吴华	女	33	助工	5	5,720	
4	汤沐化	男	34	工程师	8	8,480	
5	马小辉	男	17	工人	1	2,190	
6	钱玲	女	40	助工	18	6,950	
7	张家鸣	男	35	助工	11	6,450	
8	王晓菁	男	34	工程师	9	9,200	
9	张华莹	女	32	工人	10	4,530	
10							

G2　=E2*10+F2*0.18

图 5.3.6　公式输入

在编辑栏对第一个职工的"奖金"单元格输入计算奖金的公式，如"黄亚非"职工的奖金计算公式见编辑栏，其余人的奖金只要利用自动填充的方式快速完成即可。

2. 使用函数

微视频 5-29：
函数

一些复杂的运算如果由用户自己来设计公式计算将会很麻烦，有些甚至无法做到（如开平方根）。Excel 提供了许多内置函数，为用户对数据进行运算和分析带来极大方便。这些函数涵盖范围包括财务、日期与时间、数学与三角函数、统计、查找与引用、数据库、文本、逻辑、信息等。

函数的语法形式为

　　　　函数名称(参数 1,参数 2……)

其中参数可以是常量、单元格、区域、区域名、公式或其他函数。

函数输入有两种方法：通过编辑栏的"插入函数"按钮，在其对话框的提示下选择函数类型、函数名和参数；也可以直接输入函数。

表 5.3.2 列出了常用的函数，函数返回值均为数值型，图 5.3.7 表示的是原始数据和举例的结果（有底纹的为结果）。

▶表 5.3.2 常用函数例

函数形式	函数功能	举　　例
AVERAGE（参数列表）	求参数列表的平均值	=AVERAGE(B2:B9)
COUNT（参数列表）	统计参数列表中数值的个数	=COUNT(B2:B9)
COUNTIF（参数列表，条件）	统计参数列表中满足条件的数值个数	=COUNTIF(B2:B9,">"&B12)
MAX（参数列表）	求参数列表中最大的数值	=MAX(B2:B9)
MIN（参数列表）	求参数列表中最小的数值	=MIN(B2:B9)
RANK（数值，参数列表）	数值在参数列表中的排序名次	=RANK(B2,$B$2:$B$9)
SUM（参数列表）	求参数列表数值和	=SUM(B2:B9)
SUMIF（参数列表，条件）	求参数列表中满足条件的数值和	=SUMIF(B2:B9,">80")

说明：

① 参数列表一般为单元格区域。

② COUNTIF 和 SUMIF 中的条件是一对英文双引号引起的，常数值见 SUMIF 举例，若要表示单元格值，则要加 & 字符串连接符号，见 COUNTIF 举例。

对于简单、常用的函数不难使用，在此仅介绍有特殊作用或复杂一些的函数。

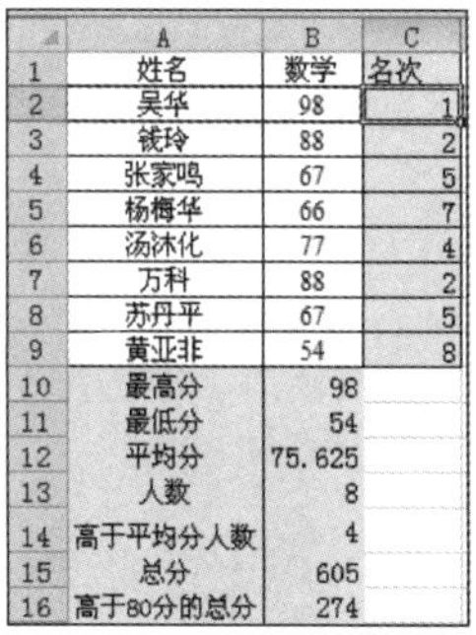

	A	B	C
1	姓名	数学	名次
2	吴华	98	1
3	钱玲	88	2
4	张家鸣	67	5
5	杨梅华	66	7
6	汤沐化	77	4
7	万科	88	2
8	苏丹平	67	5
9	黄亚非	54	8
10	最高分	98	
11	最低分	54	
12	平均分	75.625	
13	人数	8	
14	高于平均分人数	4	
15	总分	605	
16	高于80分的总分	274	

图 5.3.7 表 5.3.2 函数效果

（1）逻辑函数

Excel 中逻辑函数有很多，最常用的是 IF、AND 和 OR。

① IF 函数

IF(logical_test,value_if_true,value_if_ false)

作用是根据 logical_test 逻辑计算的真、假值，返回不同结果。IF 可以嵌套 7 层，用 value_if_false 及 value_if_true 参数可以构造复杂的检测条件。

例 5.7 利用 IF 函数，对学生的百分制成绩以 60 分为分界，进行“通过”与“不通过”的两级评定。

选中存放结果的单元格，单击编辑栏中的 *fx* 按钮，在其对话框的对应栏中输入有关的值，如图 5.3.8 所示，在编辑栏显示的表达式为

=IF(B2>=60,"通过","不通过")

当要对多个条件判断时，称为 IF 函数的嵌套使用，一般直接在编辑栏输入函数表达式。

例 5.8 将百分制成绩进行五级评定，分别为优、良、中、及格和不及格。

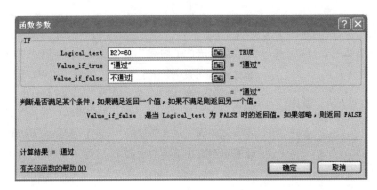

图 5.3.8　"函数参数"对话框

实现的方法是首先定位存放结果的单元格，利用 IF 函数的嵌套，在编辑栏输入公式为

$$= IF(B2 > = 90 ," 优 " , IF(B2 > = 80 ," 良 " , IF(B2 > = 70 ," 中 " , IF(B2 > = 60 ," 及格 " ," 不及格 ")))))$$

对其他学生的成绩转换，利用自动填充功能即可。

② AND 函数

$$AND(logical1 , logical2 \cdots\cdots)$$

所有参数都为 TRUE 时，函数返回值为 TRUE；否则函数返回值为 FALSE。

例 5.9　对职工进行在职状态的设置，假定规定年龄在 18 ~ 50 之间的为在职；否则为下岗。

利用 AND 函数实现，函数调用如图 5.3.9 所示的编辑栏。

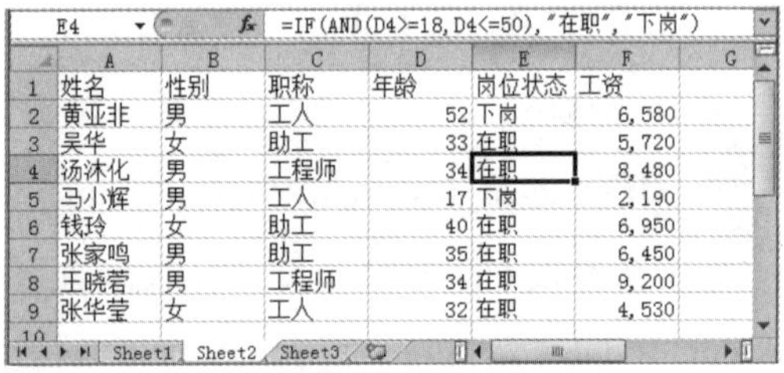

③ OR 函数

图 5.3.9　AND 函数

$$OR(logical1 , logical2 \cdots\cdots)$$

当任何一个参数为 TRUE，函数返回值为 TRUE；否则函数返回值为 FALSE。对例 5.9 用 OR 函数实现如下，效果相同。

$$= IF(OR(D4 < 18 , D4 > 50) ," 下岗 " ," 在职 ")$$

（2）财务函数

Excel 提供了丰富的财务分析函数，最典型的如用 PMT 计算贷款本息偿还函数。

PMT 函数形式：PMT(rate , nper , pv , [fv] , [type])

函数作用：基于固定月利率 rate，贷款偿还的月份数 nper，贷款本金 pv，按等额分期付款方式，返回贷款的每期付款额。fv、type 一般省略为零，fv 为未来值，或在最后一次付款后的现金余额；type 为数字 0 或 1，用以指定各期的付款时间是在期初还是期末。

例 5.10 利用商业贷款来买房，已知贷款利率和贷款年份，计算每月的还款额。假定贷款 100 万元，年利息 6.85%，贷款 20 年，按月等额还款。

函数调用和效果如图 5.3.10 所示。

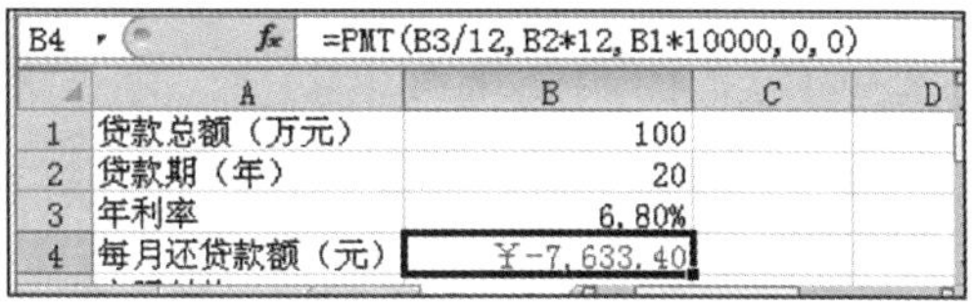

注意：使用该函数时单位要统一，计算每月还款，则贷款期、年利率都要统一到月。

图 5.3.10 PMT 函数

3. 单元格引用的 3 种方式

当在公式或函数的使用中，经常用"填充柄"复制公式或函数时，就涉及被复制的单元格引用是否会改变，有 3 种单元格引用的方式。

（1）相对引用或称相对地址

默认为相对引用，如 A1、C2、B2：F4 等。相对引用是当公式在复制、移动时会根据移动的位置自动调节公式中引用单元格的地址。

（2）绝对引用或称绝对地址

在行号和列号前均加上"$"符号，如$A$1、$C$2 则代表绝对引用。当公式在复制、移动时，绝对引用单元格将不随公式位置变化而改变。

（3）混合引用或称混合地址

混合引用是指单元格地址的行号或列号前加上"$"符号，如$A1 或 A$1。当公式在复制、移动时，混合引用是上述两者的结合。

当在编辑栏中选中单元格后，按 F4 功能键，可进行 3 种方式的转换。

例 5.11 对图 5.3.11 所示的职工表，首先求平均工资，然后对高于平均工资的人员在"评价"栏显示高工资；否则不显示任何信息。

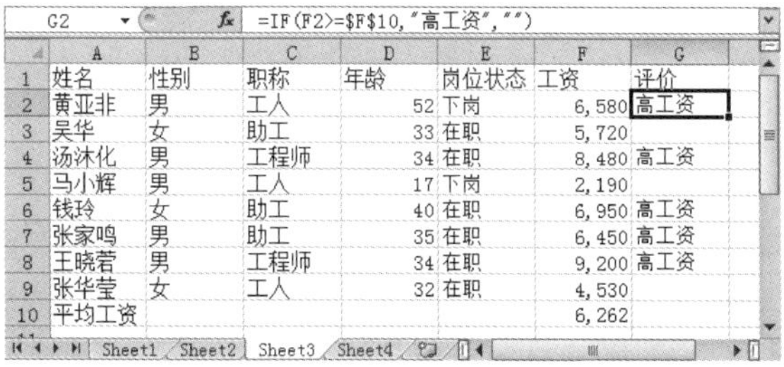

图 5.3.11 绝对引用和相对引用

分析：对评价的条件即平均工资，必须利用绝对引用，而每个人的工资必须利用相对引用；否则难以通过填充方式求每个职工的评价。

微视频 5-30：
建立图表

5.3.3　数据的图表化

电子表格除了强大的计算功能外，也可以将数据或统计结果以各种统计图表的形式显示，使数据更加形象、直观地反映数据的变化规律和发展趋势，作为决策分析使用。当工作表中的数据源发生变化时，图表中对应项的数据也自动更新。

Excel 中的图表类型有十多种，有二维图表和三维图表，每一类又有若干种子类型。

1. 创建图表

创建图表时首先选定数据源，然后选择"插入"选项卡的"图表"组，如图 5.3.12 所示，选择图表类型和子类型即可。也可以在选定数据源后，直接在"图表"组中选择所需图表类型，在下拉列表中选择子类型。

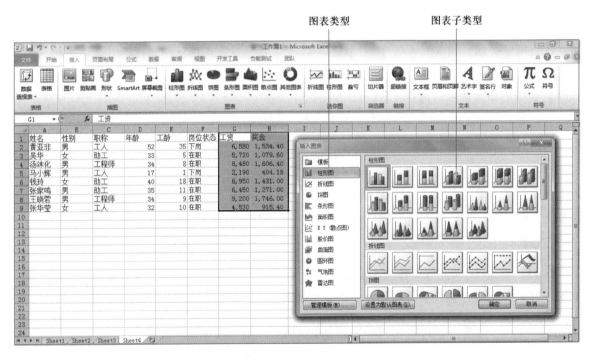

图 5.3.12　图表类型和子类型

2. 图表的编辑

图表编辑是指对更改图表类型及对图表中各个对象的编辑，包括数据的增加、删除等。一般通过指向图表各对象的快捷菜单进行相应的编辑。

（1）认识图表对象

一个图表中有许多图表选项即图表对象，如果不能正确地认识它，就难以对其进行编辑。图5.3.13 建立的图表已标注了图表中的各种对象。

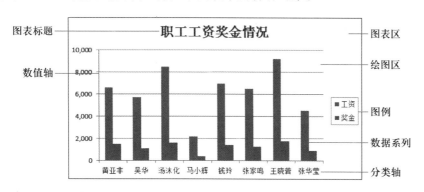

图5.3.13　图表中各个图表对象

（2）图表整体设计

主要对图表类型、数据行列、数据源、图表布局等整体设计，还可以添加数据或改变数据等，这通过"图表工具"｜"设计"选项卡中的"类型""数据""图表布局""图表样式"等组中的按钮来实现。

（3）图表中各对象的编辑

主要是指对图表增加说明性文字，包括标题、坐标轴、网格线、图例、数据标志、数据表等，以便更好地说明图表中的有关内容。这通过"图表工具"｜"布局"选项卡中的"插入""标签""背景"等组中的按钮来实现。

3. 图表的格式化

图表的格式化是指对图表的各个对象的格式设置，包括文字和数值的格式、颜色、外观等。这通过"图表工具"｜"格式"选项卡中的"形状样式""艺术字样式""排列""大小"等组中的按钮来实现。

5.3.4　数据管理

电子表格不仅具有简单数据计算处理的能力，还具有数据库管理的一些功能，它可对数据进行排序、筛选、分类汇总等操作。更可贵的是，其操作方便、直观、高效，比一般数据库更胜一筹，淋漓尽致地发挥了在表处理方面的优势，也是电子表格得到广泛使用的原因之一。电子表格有如下数据管理功能。

1. 数据排序

电子表格可以根据一列或多列的数据按升序或降序对数据清单进行排序。对英文字母按字母次序（默认大小写不区分）、汉字可按笔画或拼音排序。

（1）单个字段排序

简单排序是指对单个字段按升序或降序排列，一般直接利用"数据"选项卡的"排序和筛选"组中的 ₂↓、ₐ↓ 按钮来快速实现。

（2）多个字段排序

当排序的字段值相同时，可使用多个字段进行排序，这可通过"数据"选项卡的"排序和筛选"组中的"排序"按钮打开其对话框，进行所需排序字段的设置。

例 5.12   对职工档案按"岗位状态"为第一关键字排序，在职职工在前。对岗位相同的按"年龄"降序排列，若再有相同按"工资"升序排列。进行所要求排序的对话框设置如图 5.3.14 所示，效果如图 5.3.15 所示。

图 5.3.14   "排序"对话框

图 5.3.15   排序结果

注意：对于岗位状态是文字型的，通过"排序"对话框的"选项"按钮，设置按笔画排序，默认为按拼音字母次序排列。

2. 数据筛选

筛选就是从数据列表中显示满足条件的数据，不符合条件的其他数据暂时隐藏起来（但没有被删除）。

当单击"数据"选项卡的"排序和筛选"组中的"筛选"按钮后，数据列表处于筛选状态：每个字段旁有个下拉列表箭头，在所需筛选的字段名下拉列表中选择所要筛选的确切值，或通过"自定义筛选"输入筛选的条件。

若要取消筛选，再单击"筛选"按钮取消筛选状态即可。

例5.13　在职工档案表中筛选出年龄在30~40岁间的女职工。

分析：这里通过对两个字段筛选，对年龄字段筛选一定年龄范围，必须在下拉列表中的"自定义筛选"来设置，如图5.3.16所示。女职工直接在"性别"字段栏中选择"女"即可。筛选条件设置如图5.3.17所示，筛选效果如图5.3.18所示。

图5.3.16　自定义筛选

图5.3.17　自定义设置筛选条件

筛选字段标记

	A	B	C	D	E	F	G	H	I
1	姓名	性别	职称	年龄	工龄	岗位状	工资	奖金	评价
2	钱玲	女	助工	40	18	在职	6,950	1,431.00	高工资
6	吴华	女	助工	33	5	在职	5,720	1,079.60	
7	张华莹	女	工人	32	10	在职	4,530	915.40	
10									

图5.3.18　筛选结果

3. 分类汇总

分类汇总就是对数据列表按某字段进行分类，将字段值相同的连续记录作为一类，进行求和、平均、计数等汇总运算。针对同一个分类字段，可进行多种汇总。

要注意的是在分类汇总前，必须对要分类的字段进行排序；否则分类无意义。其次，在分类汇总时要区分清楚：对哪个字段分类、对哪些字段汇总、汇总的方式，这在"分类汇总"对话框中要逐一设置。

（1）简单分类汇总

例 5.14　对职工档案统计各类职称的平均年龄和工资。

分析：这实际是对"职称"分类，对年龄、工资字段进行汇总，汇总的方式是求平均值。

根据分类汇总操作的要求，首先对"职称"字段进行排序，然后选择"数据"选项卡的"分组显示"组中的"分类汇总"按钮，在对话框中进行相应的选择，如图 5.3.19 所示，分类汇总后的结果如图 5.3.20 所示。

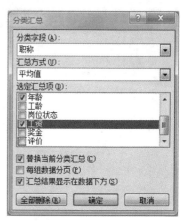

图 5.3.19　"分类汇总"对话框

			姓名	性别	职称	年龄	工龄	岗位状态	工资	奖金	评价
		5			助工 平均值	36			6,373		
		6	张华莹	女	工人	32	10	在职	4,530	915.40	
		7	黄亚非	男	工人	52	35	下岗	6,580	1,534.40	高工资
		8	马小辉	男	工人	17	1	下岗	2,190	404.18	
		9			工人 平均值	33.67			4,433		
		10	汤沐化	男	工程师	34	8	在职	8,480	1,606.40	高工资
		11	王晓苕	男	工程师	34	9	在职	9,200	1,746.00	高工资
		12			工程师 平均	34			8,840		
		13			总计平均值	34.63			6,262		

已折叠明细 ——
可折叠明细 ——

图 5.3.20　分类汇总的结果和分级显示明细

若要取消分类汇总，可在"分类汇总"对话框中单击"全部删除"按钮。

（2）嵌套汇总

对同一字段进行多种方式的汇总，称为嵌套汇总。

例 5.15　在例 5.14 基础上还要统计各类职称的人数，因为汇总的方式不同，例 5.14 是求平均值，现在是计数，则要分两次进行分类汇总。

本例先求平均数，然后再统计人数，这时在"分类汇总"对话框（如图 5.3.19 所示）内对"替换当前分类汇总"复选框不选中即可。

4. 数据透视表

前面介绍的分类汇总适合于按一个字段进行分类，对一个或多个字段进行汇总。

如果用户要求按多个字段进行分类，则用分类汇总就有困难了。Excel 为此提供了一个有力的工具——数据透视表来解决问题。

微视频 5-33：透视表

例5.16 要统计各类职称男、女职工的人数，此时既要按"职称"分类，又要按"性别"分类，则利用数据透视表来解决。

数据透视表通过单击"插入"选项卡的"数据透视表"按钮来建立，打开"创建数据透视表"对话框，选择数据列表范围和透视表放置的位置；显示"数据透视表字段列表"任务窗格，将分类的"职称""性别"字段分别拖曳到数据透视表的"行标签""列标签"处，如图5.3.21 所示。将作为计数的字段（任何字段）拖曳到"将值字段拖至此处"，完成了透视表建立的过程。

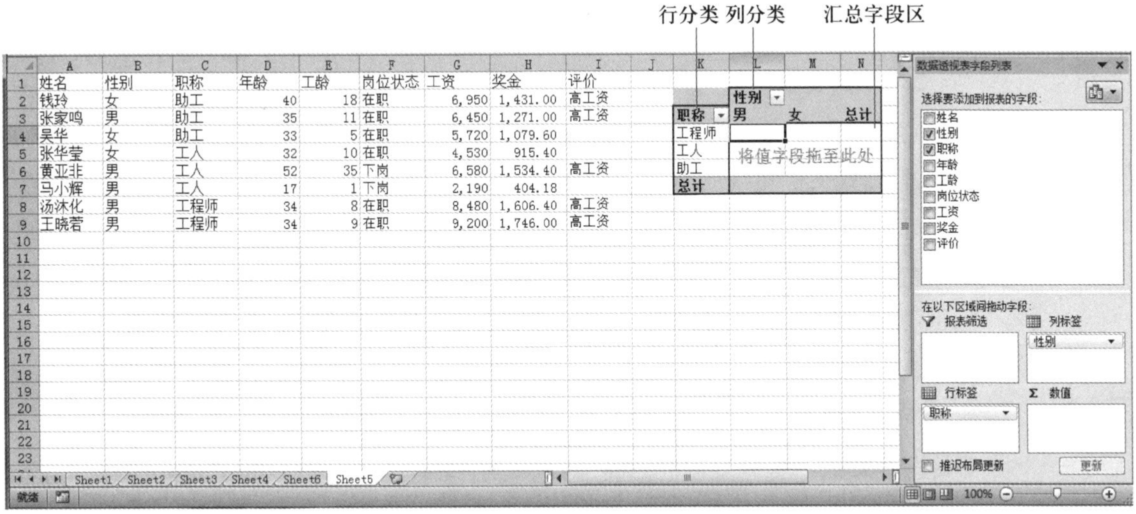

图 5.3.21 创建数据透视表

注意：对于透视表的行、列标题，默认显示的是"行标签""列标签"，为了显示"职称""性别"，在快捷菜单选择"数据透视表"选项，在其对话框的"显示"选项卡将"经典透视表布局"复选框选中即可。

当要对建立的透视表进行修改时，指向透视表并右击，在弹出的快捷菜单中选择相应的选项即可。

5.4 不同格式电子文档的转换

电子文档处理中经常遇到不同格式、版本的问题困扰着使用者，正如使用不同语言的人不能直接交流，需要将一方的语言转换为另一方语言。在电子文档处理中，最常用的是 Word、PDF 和 CAJ 文档，本节简要介绍利用 Office 组件实现不同格式的电子文档间的转换。

5.4.1   PDF 文档和 Word 文档的相互转换

PDF 是 Portable Document Format（便携文档格式）的缩写，是最常见的一种电子文档格式，它与操作系统平台无关，由 Adobe 公司开发而成。PDF 文档能够在 Internet 上传输，使用 Adobe Reader 免费软件阅读，但不能编辑。PDF 文档是以 PostScript 语言图像模型为基础的，无论在哪种打印机上都可保证精确的颜色和准确的打印效果。

1. Word 文档转换为 PDF 格式文档

Word 转换为 PDF 格式的方法很多，有很多专用软件提供了 Word 文档转换为 PDF 格式文档的功能，但最为方便的方法是 Word 2010 直接提供的将 Word 文档以 PDF 格式保存功能，解决了以往利用专门的转换软件进行转换的不便。

2. PDF 文档转换为 Word 文档

同样最为方便的方法是利用 Office 中的 Microsoft Office Document Imaging 组件来实现 PDF 格式文件转换成 Word 文档，操作方法如下。

首先用 Adobe Reader 打开想转换的 PDF 文件，然后执行"文件"│"打印"命令，在打开的对话框中将"打印机"栏中的名称选择为"Microsoft Office Document Image Writer"，单击"确定"按钮后将该 PDF 文件输出为 MDI 格式的虚拟打印文件。

然后运行 Microsoft Office Document Imaging，并利用它来打开刚才保存的 MDI 文件，执行"工具"│"将文本发送到 Word"命令，在弹出的对话框中选中"在输出时保持图片版式不变"复选框，确认后系统会提示"Microsoft Office Document Imaging 必须在您执行此操作前识别该文档中的文本（OCR）。这可能需要一些时间"，单击"确定"按钮即可。

说明：

① 如果没有找到 Microsoft Office Document Image Writer 选项，使用 Office 2003 或 Office 2007 版本的安装光盘中的"添加/删除组件"更新安装该组件，选中"Office 工具 Microsoft DRAW 转换器"复选框。

② 通过 Word 将文档保存为 PDF 文件后，若再转换成 Word 文档，正确率很高。若是其他格式或是图片的转换，质量就差一些。

③ 若不要全文转换，则利用 Adobe Reader 浏览文档时选定所需的内容，通过常规的复制和粘贴来实现。

5.4.2   CAJ 格式和 Word 文档的相互转换

CAJ 格式文件是"中国知网"开发的一种文件格式，网络上的许多电子图书文献均使用这种格式以让广大用户浏览。CAJ 通用的浏览器为 CAJViewer，目前最新版本的 CAJViewer 7.2，与之前 CAJViewer 6.0 系列相比，增加了屏幕取词软件的支持、图像工具，可以快速保存文件中的原始图片，也可以进行打印、E-mail、文字识别等多种操作。

1. CAJ 文档转换为 PDF 文档

最为方便的是利用 Office 2010 的 Microsoft OneNote 组件来实现将 CAJ 文档转换为 PDF 文档，操作方法如下。

在 CAJViewer 阅读器内打开 CAJ 文档，然后执行"文件"｜"打印"命令，在"打印"对话框中将"打印机"栏中的名称选择为"发送到 OneNote 2010"，转换成 OneNote 文档形式。然后在 OneNote 2010 里面将转换好的文件另存为 PDF 格式即可。

2. CAJ 文档转换为 Word 文档

CAJ 文档转换为 Word 文档方法有以下 3 种。

① 注册购买专门开发的转换软件。

② 先将 CAJ 文档转换为 PDF 文档，然后利用将 PDF 文档转换为 Word 文档的方式，这种方式同为 Office 的组件，正确率高。

③ 利用 CAJViewer 提供的"文字识别"功能，将选中的文字直接识别出并剪贴到所需要的文档中，如图 5.4.1 所示，实现部分文字转换。

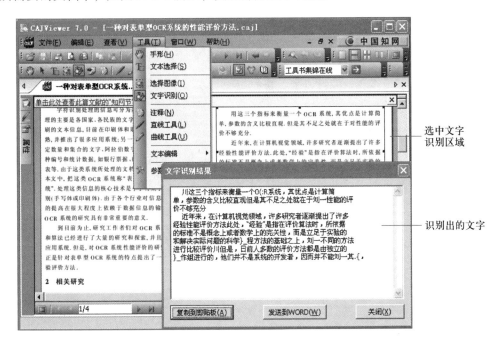

图 5.4.1　CAJViewer 窗口和"文字识别"命令

习　题

1. 简述数据处理的过程和数据处理的目的。

2. 除了 Word 和 Excel 软件外，分别列举出处理文字、电子表格的软件。

3. 简述 Word 中的表格与 Excel 中的表格最大的区别。

4. 浮动图片与嵌入图片的区别是什么？要实现图文混排应设置图片为浮动还是嵌入？

5. 格式刷、样式和模板分别用于什么格式的设置？

6. 在 Word 中如何生成一个目录？关键要先对文档做什么格式设置？

7. 在演示文稿中如何实现像 Flash 制作运动轨迹的动画效果？

8. 演示文稿中超链接可以链接到 URL 地址吗？

9. 如果想撤销原定义的自定义动画该如何进行？撤销原定义的幻灯片切换动画又该如何进行？

10. 怎样进行超级链接？代表超级链接的对象是否只能是文本？跳转的对象应该是什么类型的文件？

11. 简述动作按钮与超级链接的异同。

12. 简述 Excel 中文件、工作簿、工作表、单元格之间的关系。

13. 在一个单元格内输入一个公式时，应先输入什么符号？

14. Excel 在对单元格的引用时默认采用的是相对引用还是绝对引用？两者有何差别？

15. 若有学生成绩工作表，要按专业、性别进行分类统计人数，是用"分类汇总"功能还是"数据透视表"功能？

16. PDF 和 CAJ 典型的阅读器是什么？

17. 要将 Word、Excel 文档转换成 PDF 格式文档，最方便的方法是什么？

18. 要将 PDF 或 CAJ 文档分别转换成 Word 文档，仅用 Office 提供的组件能实现吗？

第 6 章
数据库技术基础

　　数据库技术是数据管理的技术。数据库技术自 20 世纪 60 年代中期诞生以来,已有 50 多年的历史,因其发展速度快、应用范围广而成为计算机科学与技术的重要分支。目前,各种各样的计算机应用系统和信息系统绝大多数都是以数据库为基础和核心的。

　　本章首先对数据库系统进行概述,然后在 Microsoft Access 2010 环境中,介绍数据库的建立和维护以及查询、窗体和报表的创建。

6.1 引言

早期的计算机主要用于科学计算。当应用于信息管理后，计算机所面对的是数量惊人的各种类型数据。为了有效地管理和利用这些数据，就产生了计算机的数据管理技术。随着数据管理规模的扩大，管理技术经历了人工管理、文件系统管理和数据库系统 3 个阶段。目前，数据库系统成了各种信息系统不可或缺的基础和核心。

下面先通过校园一卡通系统说明数据库技术的重要性和要使用数据库的原因。

例 6.1 校园一卡通系统。

图 6.1.1 是典型的校园一卡通系统。使用一卡通可以借阅图书、购物消费、食堂就餐等。一卡通的便利性每一个大学生和教师都有切身的感受，使用了一卡通在校园中学习、生活才是"一卡通"。支持一卡通系统的关键技术有两个：一是计算机网络技术，实现了联通；二是数据库技术，学生和教师的信息都存储在数据库中。因此，没有数据库就没有一卡通。

下面再通过一个例子说明要使用数据库技术的原因。

图 6.1.1   校园一卡通系统

例 6.2 编写两个程序，分别求一批数据之和及最大值。

（1）人工管理阶段

图 6.1.2 是人工管理阶段求 10 个数据之和及最大值的两个 C 语言程序。它们把程序和数据放在一起，虽然是处理同一批数据，但是程序之间没有共享数据，这是人工管理阶段处理数据的方式。

```
/* 程序1：求10个数之和 */
#include <iostream.h>
main(){
 int i,s=0;
 int a[10]={66,55,75,42,86,77,96, 89,78,56};
 for(i=0;i<10;i++)
    s=s+a[i];
 cout<<s;
}
```

```
/* 程序2：求10个数中的最大值 */
#include < iostream.h>
main() {
 int i,s;
 int a[10]={66,55,75,42,86,77,96, 89,78,56};
 s=a[0];
 for(i=1;i<10;i++)
    if (s<a[i]) s=a[i];
 cout<<s;
}
```

图 6.1.2   人工管理阶段应用程序处理数据示例

　　人工管理阶段在 20 世纪 50 年代中期以前，当时硬件方面只有卡片、纸带、磁带等，软件方面还没有操作系统，没有进行数据管理的软件，计算机主要用于数值计算。在那个阶段，程序员将程序和数据编写在一起，每个程序都有属于自己的一组数据，程序之间数据不能共享，即便是几个程序处理同一批数据，运行时也必须重复输入，数据冗余很大，如图 6.1.3 所示。另外，数据的存储格式、存取方式、输入输出方式等，都要由程序员自行设计。

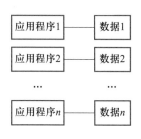

图 6.1.3　人工管理阶段应用
程序与数据的关系

　　（2）文件系统阶段

　　图 6.1.4 是文件系统阶段求 10 个数据之和及最大值的两个 C 语言程序。虽然是两个程序，但是数据来自同一个文件 C:\Data.dat，实现了数据共享，这是文件系统阶段处理数据的方式。

```
/* 程序3：
   求文件中10个数之和*/
#include <iostream.h>
#include <stdio.h>
main(){
 int i,x,s=0;
 FILE * fp;
 /*打开文件*/
 fp=fopen("c:\\data.dat","r");
 for(i=0;i<10;i++){
    /* 文件中读数据 */
    fscanf(fp,"%d",&x);
    s=s+x;
 }
 cout<<s;
 fclose(fp);/*关闭文件*/
}
```

```
/* 程序4：
   求文件中10个数的最大值*/
#include <iostream.h>
#include <stdio.h>
main(){
 int i,x,s;
 FILE * fp;
 /*打开文件*/
 fp=fopen("c:\\data.dat","r");
 fscanf(fp,"%d",&x);
 s=x;
 for(i=1;i<10;i++){
    /*文件中读数据*/
    fscanf(fp,"%d",&x);
    if(s<x) s=x;
 }
 cout<<s;
 fclose(fp);/*关闭文件*/
}
```

图 6.1.4　文件系统阶段应用程序处理数据示例

　　文件系统阶段是在 20 世纪 60 年代中期以前，当时有了磁带、磁盘等大容量存储设备，有了操作系统。数据以文件的形式存储在外存储器上，由操作系统统一管理，操作系统为用户提供了按名存取的存取方式，用户不必知道数据存放在什么地方以及如何存储。在这一阶段，由于操作系统的文件管理功能，使得文件的逻辑结构与物理结构脱钩，程序与数据分离，这样，数据与程序之间就有了一定的独立性。用户的应用程序与数据文件可分别存放在外存储器不同的位置上，不同应用程序可以共享一组数据，实现了数据以文件为单位的共享，如图 6.1.5 所示。

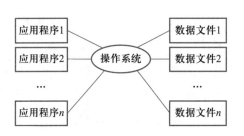

图 6.1.5　文件系统中应用程序与数据的关系

（3）数据库系统阶段

有了数据库技术，可以将 10 个数据组织成如图 6.1.6 所示的数据库的一个表，不必关心数据是如何存储的以及存储在什么地方，只需执行标准化的语句即可，具体的工作由数据库管理系统完成。求和及最大值的语句为

求和：SELECT Sum(Num)FROM Data

求最大值：SELECT Max(Num)FROM Data

数据库技术出现在 20 世纪 60 年代后期以后，当时硬件上出现了大容量且价格低廉的磁盘，软件上操作系统已成熟，数据处理的规模越来越大。为了解决数据的独立性问题，实现数据的统一管理，达到数据共享的目的，数据库技术应运而生。

数据库系统中应用程序与数据的关系如图 6.1.7 所示。

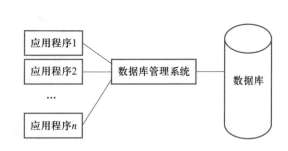

图 6.1.6　数据库中的数据　　　图 6.1.7　数据库系统中应用程序与数据的关系

数据库技术满足了集中存储大量数据以方便众多用户使用的需求。数据库系统的特点如下。

① 采用一定的数据模型。在数据库中，数据按一定的方式存储，即按一定的数据模型组织数据，最大限度地减少数据的冗余。关于数据模型将在 6.2.2 节中介绍。

② 最低的冗余度。数据冗余是指在数据库中数据的重复存放。数据冗余不仅浪费了大量的存储空间，而且还会影响数据的正确性。数据冗余是不可避免的，但是数据库可以最大限度地减少数据的冗余，确保最低的冗余度。

③ 有较高的数据独立性。处理数据时用户所面对的是简单的逻辑结构，而不涉及具体的物理存储结构，数据的存储和使用数据的程序彼此独立，数据存储结构的变化尽量不影响用户程序的使用，使得应用程序保持不变。

④ 安全性。并不是每一个用户都应该访问全部数据，通过设置用户的使用权限以防止数据的非法使用，能防止数据的丢失，在数据库被破坏时，系统有能力把数据库恢复到可用状态。

⑤ 完整性。系统采用一些完整性检验以确保数据符合某些规则，保证数据库中数据始终是正确的。

总之，数据库是各种信息系统的基础和核心，使用数据库比使用其他技术具有优越性。

6.2 数据库系统概述

电子教案6.2

6.2.1 常用术语

1. 数据库

数据库（DataBase，DB）是长期存储在计算机外存上有结构、可共享的数据集合。数据库中的数据按照一定的数据模型描述、组织和存储，具有较小的冗余度、较高的数据独立性和可扩展性，并可以为不同的用户共享。

2. 数据库管理系统

数据库管理系统（DataBase Management System，DBMS）是指数据库系统中对数据库进行管理的软件系统，是数据库系统的核心组成部分，数据库的一切操作，如查询、更新、插入、删除以及各种控制，都是通过 DBMS 进行的。

DBMS 是位于用户（或应用程序）和操作系统之间的系统软件。DBMS 是在操作系统支持下运行的，借助于操作系统实现对数据的存储和管理，使数据能被各种不同的用户所共享，保证用户得到的数据是完整的、可靠的。它与用户之间的接口称为用户接口，DBMS 提供给用户可使用的数据库语言。

数据库管理系统是数据库系统的核心，其主要工作就是管理数据库，为用户或应用程序提供访问数据库的方法。

目前常用的 DBMS 有 Access、SQL Server、MySQL、Oracle 等。

3. 应用程序

应用程序是指利用各种开发工具开发的、满足特定应用环境的数据库应用程序。

根据应用程序的运行模式，应用程序开发工具可以分成两类：一是用于开发客户机/服务器模式中的客户端程序，如 Visual Basic、Visual C++、Powerbuilder 等；二是用于开发浏览器/服务器模式中的服务端程序，如 ASP. NET 等。

4. 数据库系统相关人员

数据库系统相关人员是数据库系统的重要组成部分，有三类人员：数据库管理员、应用程序开发人员和最终用户。

① 数据库管理员。负责数据库的建立、使用和维护的专门人员。

② 应用程序开发人员。开发数据库应用程序的人员，可以使用数据库管理系统的所有功能。

③ 最终用户。一般来说，最终用户是通过应用程序使用数据库的人员。最终用户无需自己编写应用程序。

5. 数据库系统

数据库系统（DataBase System，DBS）是由硬件系统、数据库管理系统、数据库、数据库应用程序、数据库系统相关人员等构成的人－机系统。数据库系统并不单指数据库或数据库管理系统，而是指带有数据库的整个计算机系统，如图 6.2.1 所示。

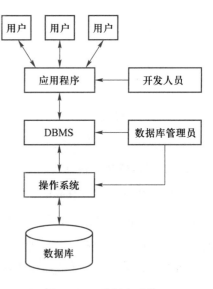

过去，数据库公司提供的产品仅仅是 DBMS。随着数据库公司向面向应用的系统集成转型，产品往往是一整套网络数据库应用解决方案，包括 DBMS、数据库应用服务器、开发工具套件等。

从严格意义上来说，数据库、数据管理系统、数据库系统三者的含义是有区别的，但是在许多场合往往不作严格区分，可能出现混用的情况，希望读者不要误解。例如，下面介绍

图 6.2.1　数据库系统

的桌面型数据库和网络数据库中的数据库其实是指数据库管理系统，但是习惯上还是称数据库。

目前数据库产品很多，大致可以分成两类：桌面型数据库和网络数据库。

（1）桌面型数据库

运行在个人计算机上、没有或只提供有限的网络功能的数据库，如 Access 等，主要满足日常小型办公需要以及应用于小型的数据库系统，目前有些小型的 Web 站点背后的数据库就是 Access。

（2）网络数据库

运行在网络操作系统之上，具有强大的网络功能和分布式功能的数据，如 SQL Server、MySQL、Oracle 等。稍具规模的企业的数据库系统都应用网络数据库。

6. 云数据库

云数据库是指被优化或部署到"云端"的数据库。云数据库比本地数据库具有许多如下优势。

① 管理便捷。无需关心 DBMS（如 SQL Server）的安装、部署等，不必管理运行数据库的物理计算机，这类工作均由云端自动完成。

② 稳定可靠。云数据都有多个镜像，发生故障立即切换；可以自动备份。

③ 性能卓越。提供很强的 IO 吞吐能力，支撑更高的并发请求，性能优于自建。

④ 性价比高。按需扩展，租用付费，价格低廉。

将数据库部署在云上是未来的趋势。

6.2.2 数据模型

数据模型是数据库中数据的存储方式，是数据库系统的核心和基础。在几十年的数据库发展史中，出现了如下 3 种重要的数据模型。

① 层次模型。它用树形结构来表示实体及实体间的联系，如 1968 年 IBM 公司推出的 IMS（Information Management System）。

② 网状模型。它用网状结构来表示实体及实体间的联系，如 DBTG 系统（1969 年美国 CODASYL 组织提出了一份"DBTG 报告"，以后根据 DBTG 报告实现的系统一般称为 DBTG 系统）。

③ 关系模型。它用一组二维表表示实体及实体间的关系，如 Microsoft Access，其理论基础是 1970 年 IBM 公司研究人员 E. F. Codd 发表的大量论文。

在这 3 种数据模型中，前两种现在已经很少见到了，目前应用最广泛的是关系数据模型。自 20 世纪 80 年代以来，软件开发商提供的数据库管理系统几乎都是支持关系模型的。

每一种数据库管理系统都是基于某种数据模型的，例如，Microsoft Access、SQL Server 和 Oracle 是基于关系模型的数据库管理系统。在建立数据库之前，必须首先确定选用何种类型的数据模型，即确定采用什么类型的数据库管理系统。

下面介绍关系模型以及基本知识。

关系模型将数据组织成二维表格的形式，这种二维表在数学上称为关系。图 6.2.2 的关系模型由两个关系组成，分别为关系 Students（学生基本信息表）和关系 Scores（学生成绩表）。

学号	姓名	性别	党员	专业	出生年月	助学金	照片
160001	王涛	男	No	物理	1992－01－21	￥160.00	
160002	庄前	女	Yes	物理	1992－09－21	￥200.00	
160101	丁保华	男	No	数学	1991－04－18	￥180.00	
160102	姜沛棋	女	No	数学	1991－12－02	￥280.00	
160103	张智忠	男	No	数学	1990－08－06	￥240.00	
160201	程玲	女	Yes	计算机	1992－11－14	￥200.00	
160202	黎敏艳	女	Yes	计算机	1993－02－21	￥160.00	
160203	邓倩梅	女	Yes	计算机	1992－04－28	￥220.00	
160204	杨梦逸	女	No	计算机	1991－12－15	￥260.00	

学号	课程	成绩
160001	大学计算机基础	82
160001	高等数学	76
160002	大学计算机基础	90
160101	高等数学	77
160102	大学计算机基础	68
160102	C/C＋＋程序设计	85
160102	大学英语	56
160201	计算机导论	87
160201	高等数学	67
160202	计算机导论	53
160203	英语	71
160204	计算机导论	66
160204	高等数学	75
160204	英语	82

(a) 关系Students(学生基本信息表)　　　　　(b) 关系Scores(学生成绩表)

图 6.2.2　关系模型

下面介绍有关关系模型的基本术语。

① 关系。一个关系对应一张二维表。例如，图 6.2.2 中的两张表对应两个关系。

② 关系模式。关系模式是对关系的描述，一般形式为

关系名(属性 1,属性 2,…,属性 n)

例如，关系 Students 和关系 Scores 的关系模式分别为

Students(学号,姓名,性别,党员,专业,出生年月,助学金,照片)

Scores(学号,课程,成绩)

③ 记录。表中的一行称为一条记录，记录也被称为元组。例如，表 Scores 有 14 行，因此它有 14 条记录，其中的一行（160001，大学计算机基础，82）为一条记录。

④ 属性。表中的一列为一个属性，属性也被称为字段。每一个属性都有一个名称，被称为属性名。例如，表 Scores 有 3 个属性，它们的名称分别为学号、课程和成绩。

⑤ 关键字。表中的某个属性集，它可以唯一确定一条记录。例如，表 Students 中的学号可以唯一确定一个学生，也就是说，表 Students 中不可能出现两条学号相同的记录，因此学号是一个关键字。但是，在表 Scores 中，学号不能成为关键字，因为一

个学生可以选修两门以上课程，所以就可能出现两条学号相同但是课程不同的记录。

⑥ 主键。一个表中可能有多个关键字，但在实际的应用中只能选择一个，被选用的关键字称为主键。表 Students 中若增加一个字段：身份证号码，则就有了身份证号码和学号两个关键字。但是实际应用时，只能选择一个关键字起作用，选中的关键字成为主键。

⑦ 值域。属性的取值范围。例如，性别的值域是 ｛男，女｝，成绩的值域为 0 ~ 100，专业的值域为学校所有专业的集合。

关系模型要求关系必须是规范化的，即要求关系必须满足一定的规范条件，这些条件中最基本的一条就是，关系的每个分量必须是一个不可再分的数据项，也就是说，不允许表中还有表。例如，表 6.2.1 中工资是可以再分的数据项，可以分为应发工资和实发工资两项。因此，表 6.2.1 不符合关系模型的要求，而表 6.2.2 满足关系模型的要求。

工　号	姓　名	工　资	
		应 发 工 资	实 发 工 资
91026	王建春	1 656	1 488
97045	杨建兵	1 832	1 764

▶表 6.2.1
工资表（不满足关系模型要求）

工　号	姓　名	应 发 工 资	实 发 工 资
91026	王建春	1 656	1 488
97045	杨建兵	1 832	1 764

▶表 6.2.2
工资表（满足关系模型要求）

关系模型最大的优点是简单。一个关系就是一个数据表格，用户容易掌握，只需要用简单的查询语句就能对数据库进行操作。用关系模型设计的数据库系统是用查表方法查找数据的，而用层次模型和网状模型设计的数据库系统是通过指针链查找数据的，这是关系模型和其他两类模型的一个很大的区别。

6.2.3　常见数据库应用系统及其开发工具

图 6.2.3 是常见的一种数据库应用系统。从图中可以看到，数据库系统由两部分组成。

① 应用程序。由开发工具开发。

② 数据库。由数据库管理系统建立、维护和管理。

应用程序通过 SQL 命令对数据库进行查询、插入、删除、更新等操作。因此，数据库系统开发人员不仅要掌握数据库管理系统和 SQL 命令，还需要熟悉一种系统开发工具。

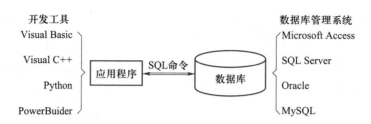

图 6.2.3 常见的数据库应用系统及开发工具

数据库管理系统有很多，常用的有下列 4 种。

① Microsoft Access。本章已经介绍，适用于中、小型数据库应用系统。

② SQL Server。Microsoft 公司的面向高端的数据库管理系统，适用于中、大型数据库应用系统。

③ Oracle。目前功能最强大的数据库管理系统，适用于大型数据库应用系统。

④ MySQL。开放源代码软件，最流行的关系型数据库管理系统之一，主要应用在 Web 领域。Linux 作为操作系统，Apache 或 Nginx 作为 Web 服务器，MySQL 作为数据库，PHP/Perl/Python 作为服务器端脚本解释器，这些开源软件组合在一起，是目前流行的搭建 Web 应用平台的方式。

常用的数据库开发工具有 Visual Basic、Visual C ++ 、Python 和 PowerBuider 等。

图 6.2.4 是目前常见的一种支持数据库查询的 Web 服务器。Web 服务器上的网页由 HTM 和 ASP 文件组成，用户通过浏览器访问网页，ASP 文件通过 SQL 命令对数据库进行查询。在这种数据库系统中，开发技术主要有 ASP、PHP、JSP、ASP. NET 等。

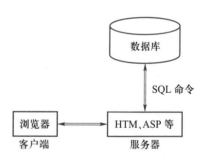

图 6.2.4 Web 服务器上的数据库

电子教案6.3

6.3 数据库的建立和维护

Access 是一种关系型数据库管理系统。它提供了一套完整的工具和向导，即使是初学者，也可以通过可视化的操作来完成大部分的数据库管理和开发工作。对高级数据库系统开发人员来说，可以通过 VBA（Visual Basic for Application）开发高质量的数据库系统。

目前，Access 应用非常广泛，不仅可用于中、小型的数据库管理，供单机使用，而且还可以作为"客户机/服务器"或"浏览器/服务器"体系中数据库服务器上的数据库管理系统。

6.3.1 数据库的建立

在 Access 中，一个数据库包含的对象有表、查询、窗体、报表、宏、模块等，都存放在同一个数据库文件（accdb）中，而不像有些数据库（如 Visual FoxPro 等）那样分别存放于不同的文件中，这样就方便了数据库文件的管理。

在 Access 数据库中，表是数据库中最基本的对象，存放着数据库中的全部数据信息。从本质上来说，查询是对表中数据的查询，窗体和报表也是对表中数据的维护。所以，设计一个数据库的关键就集中体现在建立基本表上。

要建立基本表，首先必须确定表的结构，即确定表中各字段的名称、类型、属性等。

1. 字段数据类型

在 Access 中，常用的数据类型有 8 种，如表 6.3.1 所示。

数 据 类 型	字 段 长 度	说　　明
文本型（Text）	1～255 个字符	存储文本
备注型（Memo）	不定长，最多可存储 6.4 万个字符	存储较长的文本
数字型（Number）	字符：1 个字节　整型：2 个字节 单精度：4 个字节　双精度：8 个字节	存储数值
日期/时间（Date/Time）	8 个字节（系统固定的）	存储日期和时间
货币型（Currency）	8 个字节（系统固定的）	存储货币值
自动编号型（AutoNumber）	4 个字节（系统固定的）	自动编号
是/否型（Yes/No）	1 位（bit）（系统固定的）	存储逻辑型数据
OLE 对象（OLE Object）	不定长，最多可存储 1 GB	存储图像、声音等

▶表 6.3.1

常用数据类型

说明：

① 在实际应用中，不需要计算的数值数据都应设置为文本型，例如学生学号、身份证号码、电话号码等。另外需要特别注意的是，在 Access 中，文本型数据的单位是字符，不是字节。一个英文字符算一个字符，一个汉字也算一个字符。例如，字符串"中华人民共和国于 1949 年成立！"长度为 16。

② 自动编号型（AutoNumber）用于对表中的记录进行自动编号。在当添加一条新记录时，自动编号型字段的值自动产生，或者依次自动加 1，或者随机编号。

③ OLE 对象（OLE Object）用于存储如 Microsoft Word 文档、Microsoft Excel 表格、图像、声音或其他二进制数据，最多可达 1 GB。OLE 对象只能在窗体或报表中使用对象框显示。

2. 字段属性

确定了数据类型之后，还应设定字段属性，才能更准确地确定数据的存储。不同的数据类型有着不同的属性，但是常见的属性有如下 4 种。

① 字段大小。文本型字段和数字型字段的长度。文本型字段长度为 1～255 个字节，数字型字段的长度由数据类型决定。

② 格式。字段的数据显示格式。例如，可以选择以"月/日/年"格式或其他格式来设置日期。不仅可以从预定义字段格式的列表中选择"自动编号""数字""货币""日期/时间"和"是/否"数据类型的格式，而且可以为"OLE 对象"以外的任何字段数据类型创建自定义的格式。

③ 小数位数。小数的位数（只用于数字和货币型数据）。

④ 默认值。添加新记录时，自动加入到字段中的值。

例如，图 6.3.1 是性别字段的属性，图 6.3.2 是助学金字段的属性。

图 6.3.1　性别字段的属性

图 6.3.2　助学金字段的属性

3. 表的建立

下面用一个实例说明建立表的方法和过程。

例 6.3　创建表 Students。

① 确定表的结构，如表 6.3.2 所示。

▶表 6.3.2
Students 的结构

字 段 名 称	字 段 类 型	字 段 宽 度	字 段 名 称	字 段 类 型	字 段 宽 度
学号	Text	6 个字符	专业	Text	20 个字符
姓名	Text	4 个字符	出生年月	Date/Time	8 个字节
性别	Text	1 个字符	助学金	Currency	8 个字节
党员	Yes/No	1 个二进制位	照片	OLE Object	不确定

② 创建名称为学生.accdb 的"空数据库"，打开如图 6.3.3 所示的窗口。默认有表 1 及其字段 ID。

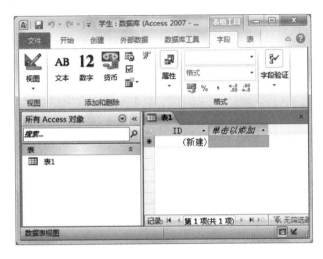

图 6.3.3　数据库设计窗口

③ 在表 1 的属性窗口中选择"设计视图"，输入表的名称"Students"，进入如图 6.3.4 所示的设计视图，删除 ID 字段，按表 6.3.2 输入各个字段的信息。字段大小以外的字段属性由读者自己确定，可以不要。

图 6.3.4　数据表设计视图

④ 定义"学号"为主键。主键不是必需的，但是应尽量定义主键。

至此，表 Students 建立完成，可以向表中输入数据了。

6.3.2　数据库的管理与维护

数据库的管理与维护主要就是表的管理与维护。

1. 向表中输入数据

选定基本表，然后进入数据表视图，如图 6.3.5 所示，输入编辑的数据。

学号	姓名	性别	党员	专业	出生年月	助学金	照片	单击以添加
160001	王涛	男		物理	1998/1/21	￥800.00	Bitmap Image	
160002	庄前	女	✓	物理	1998/9/21	￥660.00	Package	
160101	丁保华	男		数学	1998/4/18	￥580.00	Package	
160102	姜沛棋	女		数学	1997/12/2	￥680.00	Bitmap Image	
160103	张智忠	男		数学	1996/8/6	￥540.00	Bitmap Image	
160201	程玲	女	✓	计算机	1998/11/14	￥600.00	Bitmap Image	
160202	黎敏艳	女	✓	计算机	1999/2/21	￥460.00	Bitmap Image	
160203	邓倩梅	女	✓	计算机	1998/4/28	￥620.00	Bitmap Image	
160204	杨梦逸	女		计算机	1997/12/15	￥720.00	Package	
*			▪			￥0.00		

图 6.3.5　数据表视图

2. 表结构的修改

选定基本表，进入设计视图，修改表结构。可以修改字段名称、字段类型和字段属性，可以对字段进行插入、删除、移动等操作，还可以重新设置主键。

① 在修改表的结构之前，应该进行仔细考虑。因为表是数据库的核心，它的修改将会影响到整个数据库。尤其是在已设定了关系的数据库中进行修改，必须将相互关联的表同时进行修改，如果出现遗漏，那么将导致出错。因此，用户在设计数据库时，有必要详细记录数据库的设计结构，以备日后恢复数据库的结构时使用。

② 打开的表或正在使用的表是不能修改的，要修改必须先将此表关闭。如果是在网络中使用，必须要保证所有使用该表的用户都已退出才能进行修改。

③ 修改字段名称不会影响到字段中所存放的数据，但是会影响到一些相关的部分。如果查询、报表、窗体等对象使用了这个更换名称的字段，那么在这些对象中也要进行相应的修改。

④ 关系表中互相关联的字段是无法修改的，如果需要修改，必须先将关联去掉。修改时，原来互相关联的字段都要同时修改，修改之后，再重新设置关联。

⑤ 为了确保安全，修改之前最好做好数据库备份，以备修改出错之后恢复时使用。

3. 数据的导出和导入

使用表的快捷菜单中的"导出"命令可以将表中数据以另一种文件格式（如文本文件、Excel 格式等）保存在磁盘上。导入操作是导出操作的逆操作，使用的命令是表的快捷菜单中的"导入"命令。

例6.4 导出表 Students 中数据，以文本文件的形式保存在 C:\中。

① 单击表 Students 的快捷菜单中的"导出"|"文本文件"命令，进入导出文本文件向导。

② 首先确定导出文件名（Students），再确定导出文件格式，如图 6.3.6 所示。从图中可以看到，对文本文件来说，有两种形式：带分隔符的和固定宽度的，根据需要选择。

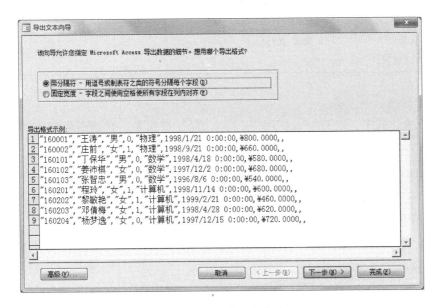

图 6.3.6 设定导出格式

③ 如选择带分隔符的导出格式，则还要选择字段分隔符。

导出结束后可以用记事本打开文件。下面是选择带分隔符的导出格式后导出的前两行数据的格式：

"160001","王涛","男",0,"物理",1998/1/21 0:00:00,￥800.00,,

"160002","庄前","女",1,"物理",1998/9/21 0:00:00,￥660.00,,

4. 表的复制、删除、恢复和更名

这些操作类似于 Windows 中对文件或文件夹的操作，在这里不再详细介绍。需要注意是，在进行这些操作之前，必须关闭有关的表；否则不能进行操作。

6.3.3 表达式

与其他的数据库管理系统（如 SQL Server、Visual FoxPro 等）一样，Access 也提供了丰富的运算符和内部函数，因此用户能非常方便地构造各种类型的表达式，用来实现许多特定操作。需要注意的是，应用场合不同，用法会有所差异。

1. 常用运算符

运算符是表示实现某种运算的符号。Access 的运算符分为 4 类：算术运算符、字符串运算符、关系运算符和逻辑运算符。表 6.3.3 列出了最常用的运算符。

▶表 6.3.3
最常用的运算符

类　　型	运　算　符
算术运算符	+　－　*　/　^（乘方）　\（整除）　　MOD（取余数）
关系运算符	<　<=　<>　>　>=　Between　Like
逻辑运算符	Not　And　Or
字符串运算符	&

说明：

① 在表达式中，字符型数据用 """ 或 "'" 括起来，日期型数据用 "#" 括起来，如"abcde123"、#10/12/2000#。

② MOD 是取余数运算符。例如，5 MOD 3 的结果为 2。

③ Like 通常与?、*、#等通配符结合使用，主要用于模糊查询。其中 "?" 表示任何单一字符；" * " 表示零个或多个字符；"#" 表示任何一个数字（0~9）。

例如，查找姓 "张" 的学生，则表达式为姓名 Like "张 * "；查找不是姓 "张" 的学生，表达式为姓名 Not Like "张 * "。

④ & 用于连接两个字符串。例如，"ABC" & "1234" 的结果是 "ABC1234"。

2. 常用内部函数和合计函数

Access 提供大量的函数供使用。表 6.3.4 列出了在第 6.4 节中所使用的函数，供读者参考，其他函数的用法请参阅有关帮助信息。

▶表 6.3.4
常用内部函数和合计函数

函数类型	函　数　名	说　　明	实　　例	结　　果
内部函数	Date( )	返回系统日期	Date( )	#5/4/2003#
	Year(D)	返回年份	Year(#12/1/1982#)	1982
合计函数	AVG（列名）	计算某一列的平均值		
	COUNT(*)	统计记录的个数		
	COUNT（列名）	统计某一列值的个数		
	SUM（列名）	计算某一列的总和		
	MAX（列名）	计算某一列的最大值		
	MIN（列名）	计算某一列的最小值		
	FIRST（列名）	分组查询时，选择同一组中第一条（或最后一条）记录在指定列上的值作为查询结果中相应记录在该列上的值		
	LAST（列名）			

3. 表达式

在 Access 中, 表达式由变量 (包括字段名称)、常量、运算符、函数和圆括号按一定的规则组成。表达式通过运算后有一个结果, 运算结果的类型由数据和运算符共同决定。

表达式主要应用在以下 3 个方面。

① 查询的 SQL 视图。在这里, 必须输入完整的表达式。这是表达式最主要的使用场合。

② 查询的设计视图。这也是表达式使用较多的地方。在使用时, 表达式最左边的字段名可以缺省。

③ 字段的有效性规则。在设计表时, 可以为字段输入一个表达式 (有效性规则), 用来指定该字段可接受的数据范围。例如, 如果为 "成绩" 字段输入一个表达式 "[成绩]Between 0 And 100", 则 "成绩" 字段只能接受 0 ~ 100 之间的分数。需要注意的是, 字段名两边会加 "[ ]", Between 左边的[成绩]可以缺省。

Access 提供了表达式生成器, 用于输入表达式。工具条上有表达式生成器按钮 。

6.3.4　SQL 的数据更新命令

结构化查询语言 (SQL) 是操作关系数据库的工业标准语言。在 SQL 中, 常用的语句有两类: 一是数据查询语句 SELECT, 只有一条; 二是数据更新命令, 如 IN-SERT、UPDATE、DELETE 等。这些语句是非常重要的, 特别是在用如 Visual Basic、PowerBuilder 等工具开发数据库应用程序时, 这些命令是操作数据库的重要途径。

这里先介绍数据更新命令, SELECT 语句在节 6.4 中介绍。

1. INSERT 命令

在 SQL 中, INSERT 语句用于数据插入。其语法格式为

  INSERT INTO 表名 [(字段 1,字段 2,…,字段 n)]

     VALUES(常量 1,常量 2,…,常量 n)

  INSERT INTO 表名(字段 1,字段 2,…,字段 n)

     VALUES　子查询

第一种格式是把一条记录插入指定的表中, 第二种格式是把某个查询的结果插入表中。自动编号型 (AutoNumber) 字段的数据不能插入, 不能出现在 INSERT 中, 因为它的值是自动生成的, 否则出错。除了自动编号型字段以外, 如果表中某个字段在 INSERT 中没有出现, 则这些字段上的值取空值 (NULL)。如果新记录在每一个字段上都有值, 则字段名表连同两边的括号可以省略。

例 6.5　向表 Students 中插入记录（160301，杨国强，男，党员，化学，1998.12.28，520）。

　　　　INSERT INTO Students(学号,姓名,性别,党员,专业,出生年月,助学金)
　　　　　　VALUES("160301","杨国强","男",TRUE,"化学",#12/28/98#,520)

在 Access 中，字符型常量用单引号"'"或双引号""""括起来，是/否型字段的值是 True/False、Yes/No 或 On/Off，日期的表示形式为"YY/MM/DD"或"YYYY/MM/DD"。

在 Access 中，不能直接执行 SQL 语句，但是可以在查询视图中运行。具体的操作步骤如下。

① 单击"创建"│"查询设计"命令，在弹出的对话框中不选择任何的表或查询，直接关闭对话框，目的是建立一个空查询。

② 切换到 SQL 视图。

③ 输入 SQL 命令，如图 6.3.7 所示。

④ 执行查询。

⑤ 打开表 Students，查看结果。

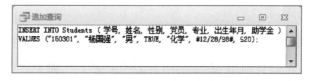

图 6.3.7　INSERT 语句

例 6.6　向表 Scores 插入记录（160301，大学计算机基础，98）。

　　　　INSERT INTO　Scores　VALUES("160301","大学计算机基础",98)

2. DELETE 语句

在 SQL 中，DELETE 语句用于数据删除，其语法格式为

　　　　DELETE FROM 表［WHERE 条件］

DELETE 语句从表中删除满足条件的记录。如果 WHERE 子句缺省，则删除表中所有的记录，但是表没有被删除，仅仅删除了表中的数据。

例 6.7　删除表 Students 中所有学号为 160301 的记录。

　　　　DELETE FROM Students WHERE 学号 = "160301"

例 6.8　删除表 Scores 中成绩低于 70 分的记录。

DELETE FROM Scores WHERE 成绩 < 70

3. UPDATE 语句

在 SQL 中，UPDATE 语句用于数据修改，其语法格式为

UPDATE 表 SET 字段 1 = 表达式 1,…,字段 n = 表达式 n

[WHERE 条件]

UPDATE 语句修改指定表中满足条件的记录，把这些记录按表达式的值修改相应字段的值。如果 WHERE 子句缺省，则修改表中所有的记录。

例 6.9 将表 Students 中学生王涛的姓名改为王宝球。

UPDATE Students SET 姓名 = " 王宝球"

WHERE 姓名 = " 王涛"

例 6.10 将表 Students 中助学金低于 200 的学生加 30 元。

UPDATE Students SET 助学金 = 助学金 + 30

WHERE 助学金 < 200

需要注意的是，UPDATE 语句一次只能对一个表进行修改，这就有可能破坏数据库中数据的一致性。例如，如果修改了表 Students 中的学号，而表 Scores 没有相应地调整，则两个表之间就存在数据一致性的问题。解决这个问题的一个方法是执行两个 UPDATE 语句，分别对两个表进行修改。

6.4 数据库查询

电子教案 6.4

数据查询是数据库的核心操作。实际上，不论采用何种工具创建查询，Access 都会在后台构造等效的 SELECT 语句，执行查询实质就是运行相应的 SELECT 语句。

SQL 中用于查询的只有一条 SELECT 语句，常见的 SELECT 语句语法形式为

SELECT[ALL|DISTINCT] 目标列 FROM 表(或查询)　　'基本部分,选择字段

[WHERE 条件表达式]　　　　　　　　　　　　　'选择满足条件的记录

[GROUP BY 列名 1 [HAVING 过滤表达式]]　　　'分组并且过滤

[ORDER BY 列名 2 [ASC|DESC]]　　　　　　　'排序

SELECT 语句一般由上述 4 部分组成。第 1 部分是最基本的、不可缺少的，称为基本部分，其余部分是可以省略的，称为子句。

整个语句的功能是，根据 WHERE 子句中的表达式，从 FROM 子句指定的表或查询中找出满足条件的记录，再按 SELECT 子句中的目标列显示数据。如果有 GROUP BY 子句，则按列名 1 的值进行分组，值相等的记录分在一组，每一组产生一条记录。

如果 GROUP BY 子句再带有 HAVING 短语，则只有满足过滤表达式的组才予以输出。如果有 ORDER BY 子句，则查询结果按列名 2 的值进行排序。

SELECT 语句是数据查询语句，不会更改数据库中的数据。

尽管从语法上来说 SELECT 语句稍显复杂，但是一旦分清了它的结构和层次且把它分成几个功能模块来理解和记忆后，还是非常容易掌握的。下面分别解释各部分的意义和作用。

在本小节中，执行 SELECT 语句的方法同数据更新命令相同。

6.4.1　简单查询

1. 选择字段

选择字段实质上是从基本表中在垂直方向上进行选择。

基本部分：SELECT［ALL|DISTINCT］目标列 FROM 表(或查询)

功能：从 FROM 子句指定的表或查询中找出满足条件的记录，再按照目标列显示数据。

SELECT 语句的一个简单用法为

　　　　SELECT 字段 1,…,字段 n　FROM 表

例如，SELECT 姓名，学号 FROM Students 表示从表 Students 中选择了姓名和学号两列的数据；SELECT ＊ FROM Students 表示从表 Students 中选择所有的字段。

说明：

① 目标列的格式是列名 1"［AS 别名 1］,…,列名 n［AS 别名 n]"，AS 子句用来指定输出列的名称。若目标列是"＊"，表示输出所有的字段。

② FROM 子句不能缺省。当查询数据来自多个表（或查询）并且列名有相同的情况出现时，列名之前应加前缀，格式为"表名.列名"。

③ DISTINCT 表示查询结果中不能出现重复的记录，如果有相同的记录只保留一条。默认值是 ALL。

④ 目标列中的列名可以是一个使用合计函数的表达式，常用的函数如表 6.3.4 所示。需要注意的是，如果没有 GROUP BY 子句，则这些函数是对整个表进行统计，整个表只产生一条记录；否则是分组统计，一组产生一条记录。

例 6.11　查询所有学生的学号、姓名、性别和专业。

　　　　SELECT 学号,姓名,性别,专业

　　　　FROM Students

查询结果如图 6.4.1 所示。

学号	姓名	性别	专业
160001	王涛	男	物理
160002	庄前	女	物理
160101	丁保华	男	数学
160102	姜沛棋	女	数学
160103	张智忠	男	数学
160201	程玲	女	计算机
160202	黎敏艳	女	计算机
160203	邓倩梅	女	计算机
160204	杨梦逸	女	计算机
*			

图 6.4.1 SELECT 语句查询结果

若要查询所有学生的基本情况（所有字段），则可以用"＊"表示所有的字段，故 SELECT 语句为

SELECT ＊ FROM Students

例 6.12 查询所有的专业，查询结果中不出现重复的记录。

SELECT DISTINCT 专业

FROM Students；

查询结果如图 6.4.2 所示。

如果删掉 DISTINCT，则得到如图 6.4.3 所示的结果，出现了重复的记录。

图 6.4.2 带 DISTINCT 的 SELECT 语句　　图 6.4.3 不带 DISTINCT 的 SELECT 语句

例 6.13 使用合计函数，查询学生人数、最低助学金、最高助学金和平均助学金。

SELECT Count(＊)AS 人数，

Min(助学金)AS 最低助学金，

Max(助学金)AS 最高助学金，

Avg(助学金)AS 平均助学金

FROM Students

查询结果如图 6.4.4 所示。

图 6.4.4 SELECT 语句查询结果

这里的 Count(∗)可以改为 Count(学号)，因为学号是唯一的，一个学号对应一条记录。如果改为 Count（专业），则查询的是专业数，结果显示为 3，因为表中只有 3 个专业。

例 6.14   使用合计函数，查询学生的人数和平均年龄。

出生年月是日期/时间型字段，使用 Year 函数可以得到其中的年份，Date( )是系统日期函数。

SELECT Count(∗) AS 人数,Avg(Year(Date( ))-Year(出生年月)) AS 平均年龄
FROM Students

查询结果如图 6.4.5 所示。

人数 ▾	平均年龄 ▾
9	19.333333333

图 6.4.5   SELECT 语句查询结果

2. 选择记录

WHERE 子句有双重作用：一是选择记录，满足条件的记录，这是在水平方向的选择；二是建立多个表或查询之间的连接，这一点将在后面详细介绍。

例 6.15   显示所有非计算机专业学生的学号、姓名和年龄。

SELECT 学号,姓名,Year(Date( ))-Year(出生年月) AS 年龄
FROM Students
WHERE 专业<>"计算机"

查询结果如图 6.4.6 所示。

学号 ▾	姓名 ▾	年龄 ▾
160001	王涛	19
160002	庄前	19
160101	丁保华	19
160102	姜沛棋	20
160103	张智忠	21

图 6.4.6   SELECT 语句查询结果

例 6.16   查询 1997 年以前（包括 1997 年）出生的女生姓名和出生年月。

可以用#YYYY/MM/DD#的形式表示日期。例如，日期 1989 年 4 月 22 日可写成 #1989/4/22#。

SELECT 姓名,出生年月 FROM Students
WHERE 出生年月<#1998/1/1# AND 性别＝"女"

查询结果如图 6.4.7 所示。

姓名 ▾	出生年月 ▾	性别 ▾
姜沛棋	1997/12/2	女
杨梦逸	1997/12/15	女

图 6.4.7 SELECT 语句查询结果

3. 排序

ORDER BY 子句用于指定查询结果的排列顺序。ASC 表示升序，DESC 表示降序。

ORDER BY 可以指定多个列作为排序关键字。例如，"ORDER BY 专业 ASC，助学金 DESC"表示查询结果首先按专业从小到大排序，如果专业相同，则再按助学金从大到小排序。专业是第一排序关键字，助学金是第二排序关键字。

例 6.17 查询所有党员学生的学号和姓名，并按助学金从小到大排序。

SELECT 学号,姓名 FROM Students

WHERE 党员 = True

ORDER BY 助学金

6.4.2 分组查询

（1）GROUP BY 子句用来对查询结果进行分组，即把在某一列上值相同的记录分在一组，一组产生一条记录。

例 6.18 查询每个专业学生人数。

SELECT 专业,Count(*)AS 学生人数 FROM Students

GROUP BY 专业

子句"GROUP BY 专业"将专业相同的记录分在一组。表 Students 共有 3 个专业，按专业分组将被分为 3 个组，查询结果中也就只有 3 条记录，如图 6.4.8 所示。

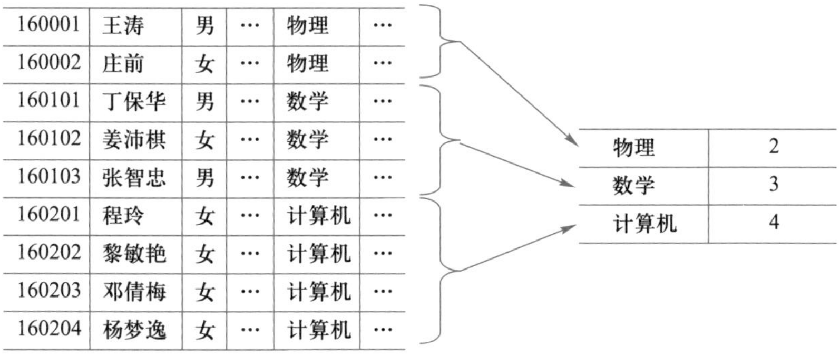

160001	王涛	男	…	物理	…
160002	庄前	女	…	物理	…
160101	丁保华	男	…	数学	…
160102	姜沛棋	女	…	数学	…
160103	张智忠	男	…	数学	…
160201	程玲	女	…	计算机	…
160202	黎敏艳	女	…	计算机	…
160203	邓倩梅	女	…	计算机	…
160204	杨梦逸	女	…	计算机	…

物理	2
数学	3
计算机	4

图 6.4.8 分组查询

（2）GROUP BY 后可以有多个列名，分组时把在这些列上值相同的记录分在一组。

例 6. 19   查询各专业男、女生的平均助学金。

SELECT 专业,性别,Avg(助学金)AS 平均助学金

FROM Students

GROUP BY 专业,性别

子句"GROUP BY 专业，性别"将专业和性别都相同的记录分在一组。表 Students 共有 9 条记录，按专业和性别分组将被分为 5 个组，查询结果中就有 5 条记录，如图 6.4.9 所示。

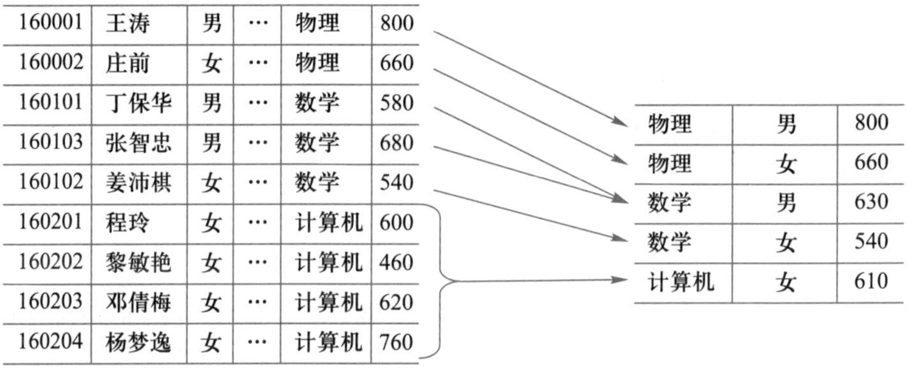

图 6.4.9   SELECT 语句

（3）当 SELECT 语句含有 GROUP BY 子句时，HAVING 子句用来对分组后的结果进行过滤，选择由 GROUP BY 子句分组后的并且满足 HAVING 子句条件的所有记录，不是对分组之前的表或视图进行过滤。没有 GROUP BY 子句时，HAVING 的作用等同于 WHERE 子句。HAVING 后的过滤条件中一般都要有合计函数。

例 6. 20   查询有 2 门课程成绩在 75 分以上的学生的学号和课程数。

SELECT 学号,Count(*) AS 课程数 FROM Scores

WHERE 成绩 >=75

GROUP BY 学号

HAVING Count(*) >=2

这里使用了 Count(*)函数统计每一组的人数。将分组统计的整个过程分解后数据的变化如图 6.4.10 所示。从图中可以看到，WHERE 子句是在分组统计之前进行选择记录，HAVING 子句是在分组统计之后进行过滤。

图 6.4.10 SELECT 语句

在查询关系数据库时，有时需要的数据分布在几个表或视图中，此时需要按照某个条件将这些表或视图连接起来，形成一个临时的表，然后再对该临时表进行简单的查询。

下面通过一个实例说明连接查询的原理和过程。

例 6.21 查询所有学生的学号、姓名、课程和成绩。

分析表 Students 和 Scores 可以知道，需要的数据分布在这两个表中，因此需要把它们连接起来。连接的条件为 Students. 学号 = Scores. 学号，连接情况如图 6.4.11（a）

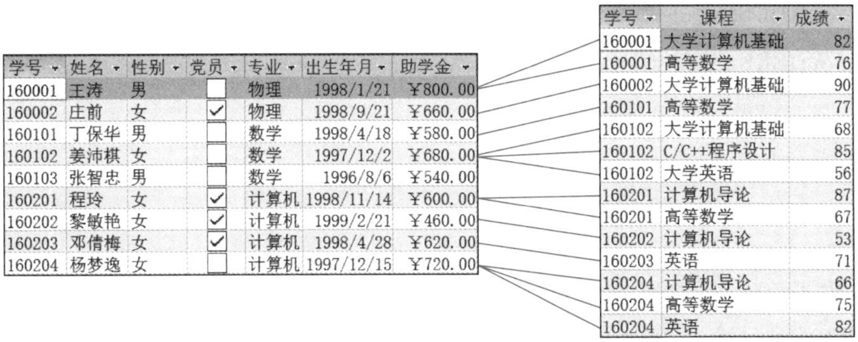

(a) 表的连接

Students.学号	姓名	性别	党员	专业	出生年月	助学金	Scores.学号	课程	成绩
160001	王涛	男		物理	1998/1/21	￥800.00	160001	大学计算机基础	82
160001	王涛	男		物理	1998/1/21	￥800.00	160001	高等数学	76
160002	庄前	女	✓	物理	1998/9/21	￥660.00	160002	大学计算机基础	90
160101	丁保华	男		数学	1998/4/18	￥580.00	160101	高等数学	77
160102	姜沛棋	女		数学	1997/12/2	￥680.00	160102	大学计算机基础	68
160102	姜沛棋	女		数学	1997/12/2	￥680.00	160102	C/C++程序设计	85
160102	姜沛棋	女		数学	1997/12/2	￥680.00	160102	大学英语	56
160201	程玲	女	✓	计算机	1998/11/14	￥600.00	160201	计算机导论	87
160201	程玲	女	✓	计算机	1998/11/14	￥600.00	160201	高等数学	67
160202	黎敏艳	女	✓	计算机	1999/2/21	￥460.00	160202	计算机导论	53
160203	邓倩梅	女	✓	计算机	1998/4/28	￥620.00	160203	英语	71
160204	杨梦逸	女		计算机	1997/12/15	￥720.00	160204	计算机导论	66
160204	杨梦逸	女		计算机	1997/12/15	￥720.00	160204	高等数学	75
160204	杨梦逸	女		计算机	1997/12/15	￥720.00	160204	英语	82

(b) 连接结果

图 6.4.11 连接查询

所示，连接后形成一个如图 6.4.11（b）所示的临时视图。在表 Scores 中，学号为"160102"的记录有 3 条，所以在临时表中形成了 3 条记录，而因为没有学号为"160103"的记录，所以最后不产生记录，尽管在表 Students 中有相应的记录。

把学号相同的记录连接起来形成临时表后，就只需像前面进行简单的查询设计就可以了。需要注意的是，两个表中都有"学号"字段，所以在 SELECT 语句中学号以前应加表名作为前缀，以区分来自哪个表。

完整的查询语句为

> SELECT Students. 学号, Students. 姓名, Scores. 课程, Scores. 成绩
>
> FROM Students, Scores
>
> WHERE Students. 学号 = Scores. 学号

例 6.22　查询选修了"高等数学"课程的学生的学号、姓名和成绩。

用条件"Students. 学号 = Scores. 学号"进行连接，然后进行选择，把课程为"高等数学"的选择出来。

> SELECT Students. 学号, Students. 姓名, Scores. 成绩
>
> FROM Students, Scores
>
> WHERE Students. 学号 = Scores. 学号 AND Scores. 课程 = " 高等数学"

习 题

1. 什么数据库？数据库系统由哪些部分组成？
2. 请简要说明文件系统与数据库系统的区别和联系。
3. 请简要说明数据库系统的特点。
4. 什么是云数据库？云数据库有什么优点？
5. 关系模型有什么特点？
6. 关键字与主键的区别是什么？
7. 请列出常用的 4 个数据库管理系统。
8. Access 中数据库是由哪些对象组成的？简述它们之间的关系。
9. 数据库中如学号、电话号码等字段一般不使用数字型而使用文本型，为什么？
10. 字段的默认值有什么作用？
11. 假定有一个数据库教师. MDB，其中一个关系的关系模式为

　　　Teachers（教师号, 姓名, 性别, 年龄, 参加工作年月, 党员, 应发工资, 扣除工资）

请写出下列 SQL 命令。

（1）用 INSERT 命令插入一条新的记录。

　　300008　杨梦　女　59　66/04/22　YES　1660　210

（2）用 DELETE 命令删除年龄小于 36 且性别为女的记录。

（3）对表中工龄超过 25 年的职工加 20% 工资。

（4）查询教师的教师号、姓名和实发工资。

（5）查询教师的人数和平均工资。

（6）查询 1990 年以前参加工作的所有教师的教师号、姓名和实发工资。

（7）查询男、女职工的最低工资、最高工资和平均工资，这里的工资是指实发工资。

（8）查询所有党员的教师号和姓名，并且按年龄从大到小排列。

12. 假定教师 .MDB 还有一个关系，其关系模式为

　　　Students（学号,教师号,成绩）

请写出下列 SQL 命令。

（1）　查询每个教师的学生人数。

（2）　查询每一个教师的学生的最低分、最高分和平均成绩。

（3）　查询学号为 "030012" 的所有教师的名单：教师号、姓名和性别。

第 7 章
计算机网络基础

当今人类社会是一个以网络为核心的信息社会，其特征是数字化、网络化和信息化。网络是信息社会的重要基础和命脉，对人类社会的各个方面具有不可估量的影响。

电子教案 7.1

7.1 计算机网络概述

计算机网络是计算机技术和现代通信技术发展相结合的产物，是一门涉及多种学科和技术领域的综合性技术。

7.1.1 计算机网络的定义

1. 什么是计算机网络

计算机网络就是"一群具有独立功能的计算机通过通信线路和通信设备互连起来，在功能完善的网络软件（网络协议、网络操作系统等）的支持下，实现计算机之间数据通信和资源共享的系统"，如图 7.1.1 所示是一个典型的计算机网络示意图。

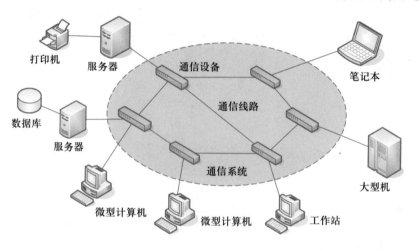

图 7.1.1　计算机网络示意图

在计算机网络中，各计算机都安装有操作系统，能够独立运行。也就是说，在没有网络或网络崩溃的情况下，各计算机仍然能够运行。早期的那些由主机和终端组成的计算机系统不能称为网络，因为那些终端仅仅是由显示器和键盘组成。

2. 计算机网络的组成

从逻辑功能上看，计算机网络由通信子网和资源子网组成。

（1）通信子网

由通信设备和通信线路组成的传输网络，位于网络内层，负责全网的数据传输、加工和变换等通信处理工作。

（2）资源子网

代表网络的数据处理资源和数据存储资源，位于网络的外围，负责全网数据处理和向网络用户提供资源及网络服务。

3. 计算机网络的基本功能

计算机网络的基本功能有两个：数据通信和资源共享。

（1）数据通信是计算机网络最基本的功能。其他所有的功能都是建筑在数据通信基础上的，没有数据通信功能，也就没有所有功能。

（2）资源共享是计算机网络最主要的功能。可以共享的网络资源包括硬件、软件和数据。在这 3 类资源中，最重要的是数据资源，因为硬件和软件损坏了可以购买或开发，而数据丢失了往往不可以恢复。

4. 计算机网络的性能指标

衡量计算机网络的性能指标有许多，最重要的有两个：速率和带宽。

（1）速率

计算机网络中的速率是指计算机在数字信道上传送数据的速率，单位是 bps、Kbps、Mbps 和 Gbps。人们为了方便起见，通常省略单位中的 bps，如 1 000 M 以太网是指速率为 1 000 Mbps 的以太网。

（2）带宽

带宽指通信线路所能传送数据的能力，因此表示在单位时间内从计算机网络中的某一点到另一点所能通过的最高数据量，其单位与速率相同。

速率和带宽是不一样的。速率是指计算机在网络上传送数据的速度，而带宽是网络能够允许的传送数据的最高速度。

7.1.2　计算机网络的发展

从现代计算机网络的形态出发，追溯历史，将有助于人们对计算机网络的理解。计算机网络的发展可以划分为 4 个阶段。

1. 面向终端的第一代计算机网络

1954 年，美国军方的半自动地面防空系统（SAGE）将远距离的雷达和测控仪器所探测到的信息通过线路汇集到某个基地的一台 IBM 计算机上进行集中的信息处理，再将处理好的数据通过通信线路送回到各自的终端设备（Terminal）。这种由主机（Host）和终端设备组成的网络结构称为第一代计算机网络，如图 7.1.2 所示。在第一代计算机网络系统中，除主计算机具有独立的数据处理功能外，系统中所连接的终端设备均无独立处理数据的功能。由于终端设备不能为中心计算机提供服务，因此终端设备与中心计算机之间不提供相互的资源共享，网络功能以数据通信为主。

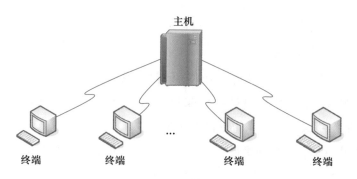

图 7.1.2　面向终端的计算机网络

第一代计算机网络与后来发展起来的计算机网络相比，有着很大的区别。从严格意义上来说，该阶段的计算机网络还不是真正的计算机网络。

2. 以分组交换网为中心的第二代计算机网络

随着计算机应用的发展，到了 20 世纪 60 年代中期，美国出现了将若干台主机互连起来的系统。这些主机之间不但可以彼此通信，而且可以实现与其他主机之间的资源共享。

这一阶段的典型代表就是美国国防部高级研究计划署（Advanced Research Project Agency，ARPA）的 ARPANET，它也是 Internet 的最早发源地。它的目的就是将多个大学、公司和研究所的多台主机互连起来，最初只连接了 4 台计算机。ARPANET 在网络的概念、结构、实现和设计方面奠定了计算机网络的基础。在该计算机网络中，以 CCP（Communication Control Processor）和通信线路构成网络的通信子网，以网络外围的主机和终端构成网络的资源子网。各主机之间通过 CCP 相连，各终端与本地的主机相连，CCP 以分组为单位采用存储—转发的方式（即分组交换）实现网络中信息的传递，其简化方式如图 7.1.3 所示。

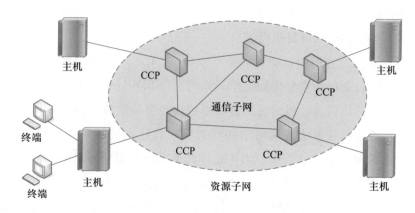

图 7.1.3　以分组交换网为中心的计算机网络

该阶段的计算机网络是真正的、严格意义上的计算机网络。计算机网络由通信子网和资源子网组成，通信子网采用分组交换技术进行数据通信，而资源子网提供网络中的共享资源。

3. 体系结构标准化的第三代计算机网络

建立 ARPANET 以后，各种不同的网络体系结构相继出现。同一体系结构的网络设备互连是非常容易的，但不同体系结构的网络设备要想互连十分困难，然而社会的发展迫使不同体系结构的网络都要能互连。因此，国际标准化组织（International Standard Organization，ISO）在 1977 年设立了一个分委员会，专门研究网络通信的体系结构，该委员会经过多年艰苦的工作，于 1983 年提出了著名的开放系统互连参考模型（Open System Interconnection Basic Reference Model，OSI），用于各种计算机能够在世界范围内互连成网。从此，计算机网络走上了标准化的轨道。人们把体系结构标准化的计算机网络称为第三代计算机网络。

4. 以网络互连为核心的第四代计算机网络

随着对网络需求的不断增长，使计算机网络尤其是局域网的数量迅速增加。同一个公司或单位有可能先后组建若干个网络，供分散在不同地域的部门使用。由此可以想到，如果把这些分散的网络连接起来，就可使它们的用户在更大范围内实现资源共享。通常将这种网络之间的连接称为网络互连，最常见的网络互连的方式就是通过路由器等互连设备将不同的网络连接到一起，形成可以互相访问的互联网（如图 7.1.4 所示），著名的 Internet 就是目前世界上最大的一个国际互联网。

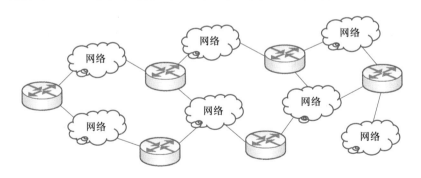

图 7.1.4　互联网

7.1.3　计算机网络的分类

计算机网络有多种分类标准，最常用的是按地理范围进行分类。按地理范围进行分类是科学的，因为不同规模的网络往往采用不同的技术。

按地理范围可以把计算机网络分为局域网、城域网和广域网。

1. 局域网

局域网（Local Area Network，LAN）是专用网络，通常位于一个建筑物内或者一个校园内，也可以远到几公里的范围。在局域网发展的初期，一个学校或工厂往往只拥有一个局域网，但现在局域网已非常广泛地使用，一个学校或企业大多拥有许多个互连的局域网，这样的网络常称为校园网或企业网。

局域网是最常见、应用最广泛的一种计算机网络。从技术上来说，常见的局域网主要有两种：以太网（Ethernet）和无线局域网（WLAN）。

2. 城域网

城域网（Metropolitan Area Network，MAN）覆盖了一个城市。典型的城域网例子有两个：一个是有线电视网，许多城市都有这样的网络；另一个是宽带无线接入系统（IEEE 802.16）。常见到的是作为一个公用设施，被一个或几个单位所拥有，将多个局域网互连起来的城域网，由于采用的技术是以太网技术，因此常并入局域网的范围进行讨论，被称为大型 LAN。

3. 广域网

广域网（Wide Area Network，WAN）跨越了一个很大的地理区域，通常是一个国家或者一个洲。广域网也称为远程网络，其主要任务是运送主机所发送的数据。

7.1.4　计算机网络体系结构

简单地说，计算机网络体系结构就是计算机网络中所采用的网络协议是如何设计的，即网络协议是如何分层以及每层完成哪些功能。由此可见，要想理解计算机网络体系结构，就必须先了解网络协议。网络体系结构和网络协议是计算机网络技术中两个最基本的概念，也是初学者比较难以理解的两个概念。

1. 网络协议

在计算机网络中，协议就是指在通信双方为了实现通信而设计的规则。只要双方遵守规则，就能够保证进行正确的通信。

协议是交流双方为了实现交流而设计的规则。人类社会中到处都有这样的协议，人类的语言本身就可以看成一种协议，只有说相同语言的两个人才能交流。海洋航行中的旗语也是协议的例子，不同颜色的旗子组合代表了不同的含义，只有双方都遵守相同的规则，才能读懂对方旗语的含义，并且给出正确的应答。

可以说，没有网络协议就不可能有计算机网络，只有配置相同网络协议的计算机才可以进行通信，而且网络协议的优劣直接影响计算机网络的性能。

2. 计算机网络体系结构

网络通信是一个非常复杂的问题，这就决定了网络协议也是非常复杂的。为了减少网络协议设计和实现的复杂性，大多数网络按分层方式来组织，就是将网络协议这个庞大而复杂的问题划分成若干较小的、简单的问题，通过"分而治之"，先解决这些较小的、简单的问题，进而解决网络协议这个大问题。

在网络协议的分层结构中，相似的功能出现在同一层内；每层都是建筑在它的前一层的基础上，相邻层之间通过接口进行信息交流；对等层间有相应的网络协议来实现本层的功能。这样网络协议被分解成若干相互有联系的简单协议，这些简单协议的集合称为协议栈。计算机网络的各个层次和在各层上使用的全部协议统称为计算机网络体系结构。

类似的思想在人类社会比比皆是。例如，邮政服务，甲在上海，乙在北京，甲要寄一封信给乙。因为甲、乙相距很远，所以将通信服务划分成 3 层实现（图 7.1.5）：用户、邮局、铁路部门，用户负责信的内容，邮局负责信件的处理，铁路部门负责邮件的运输。

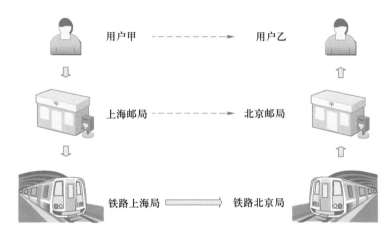

图 7.1.5 信件的寄送过程

计算机网络的各层及其协议的集合称为网络体系结构。目前，计算机网络存在两种体系结构占主导地位：OSI 体系结构和 TCP/IP 体系结构。OSI 体系结构具有 7 层，TCP/IP 体系结构具有 4 层。

3. 常用计算机网络体系结构

世界上著名的网络体系结构有 ISO/OSI 参考模型和 TCP/IP 体系结构。

（1）ISO/OSI 参考模型

OSI（Open System Interconnection）参考模型是由国际标准化组织（ISO）于 1978 年制定的，这是一个异种计算机互连的国际标准。OSI 模型分为 7 层，其结构如图 7.1.6 所示。图中水平双向虚箭头线表示概念上的通信（虚通信），空心箭头表示实际通信（实通信）。

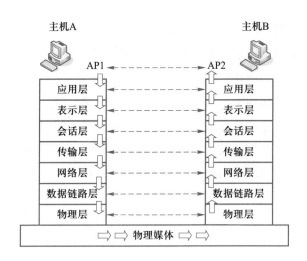

图 7.1.6   ISO/OSI 参考模型

如果主机 A 上的应用程序 AP1 向主机 B 的应用程序 AP2 传送数据，数据不能直接由发送端到达接收端，AP1 必须先将数据交给应用层，应用层交给会话层，依次类推，最后到达物理层，通过通信线路传送到目的站点后，自下而上提交，最后提交给应用程序 AP2。

（2）TCP/IP 体系结构

OSI 由于体系比较复杂，而且设计先于实现，有许多设计过于理想，因而完全实现的系统并不多，应用的范围有限。1973 年，为了能够以无缝的方式将多个网络连接起来，实现资源共享，Vinton G. Cerf 和 Robert E. Kahn 开始设计并实现了 TCP/IP 协议，因为在 Internet 领域主要包括这一工作在内的一系列开创性工作，他们获得了 2004 年的图灵奖。今天，所有的计算机之所以都能轻松上网，原因是都安装了 TCP/IP 协议，TCP/IP 协议已成为目前 Internet 上的国际标准和工业标准。

TCP/IP 与 OSI 的 7 层体系结构不同的是，TCP/IP 采用 4 层体系结构，从上到下依次是应用层、传输层、网际层和网络接口层。TCP/IP 体系结构与 OSI 参考模型对照关系如图 7.1.7 所示。

TCP/IP 协议并不是一个协议，而是由 100 多个网络协议组成的协议族，因为其中的传输控制协议（Transmission Control Protocol，TCP）和网际协议（Internet Protocol，IP）最重要，所以被称为 TCP/IP 协议。

IP 协议是为数据在 Internet 上发送、传输和接收制定的详细规则，凡使用 IP 协议的网络都称为 IP 网络。

IP 协议不能确保数据可靠地从一台计算机发送到另一台计算机，因为数据经过某一台繁忙的路由器时可能会被丢失。确保可靠交付的任务由 TCP 协议完成。

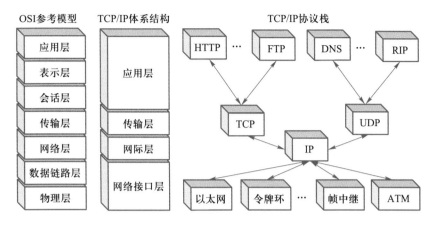

图 7.1.7　TCP/IP 体系结构与 OSI 参考模型对照关系

　　TCP/IP 体系结构的目的是实现网络与网络的互连。由于 TCP/IP 来自于 Internet 的研究和应用实践中，现已经成为网络互连的工业标准。目前流行的网络操作系统都已包含了上述协议，成了标准配置。

7.2　局域网技术

电子教案 7.2

　　在计算机网络中，局域网技术发展速度最快，应用最广泛。目前几乎所有的企业、机关、学校等单位都建有自己的局域网。

　　本节首先介绍一个简单局域网的组建案例，然后再简要地介绍局域网的组成、搭建过程、网络设置及其应用等，最后介绍局域网的关键技术。

7.2.1　简单局域网组建案例

　　例 7.1　将 3 台计算机按对等网模型组成一个简单的星形结构局域网，各台计算机之间可以实现资源共享，打印机可实现网络共享，如图 7.2.1 所示。

　　分析：本例组建的局域网是对等网、星形结构。

　　① 在计算机网络中，计算机可以分为两类：服务器和客户机。

　　● 服务器：为整个网络提供共享资源和服务的计算机。

　　● 客户机：使用网络上服务器提供的共享资源和服务的计算机。

　　② 根据工作模式，网络可分为两类：客户机/服务器结构和对等网。

　　● 客户机/服务器结构：网络中至少有一台计算机充当服务器，为整个网络提供共享资源和服务；客户机从服务器获得所需要的网络资源和服务。

　　● 对等网：每一台计算机既是服务器又是客户机的局域网。在对等网中，所有计

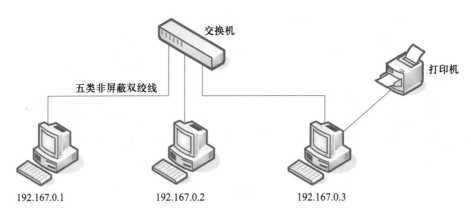

图 7.2.1　由 3 台计算机组成的星形结构局域网

算机都具有同等地位，没有主次之分，任何一台计算机所拥有的资源都能作为网络资源，可被其他计算机上的网络用户共享。

③ 所谓星形结构是指各台计算机都连接到交换机上。详细内容可见 7.2.3 节。

1. 硬件及其安装

根据要求，本案例所需要的网络硬件有一台交换机，可以选用常用的 100 Mbps 的 8 个端口交换机，每台计算机配置一块 100 Mbps 网卡和一根有 RJ – 45 接头的 5 类非屏蔽双绞线（线缆上有 CAT5 标志）。

这些网络设备的作用如下。

① 网卡。目前，所有的计算机都标配了网卡，网卡的驱动程序也自动安装，不必特别购买和安装驱动程序。需要注意的是，网卡的速率应与所接交换机的速率相匹配。若网卡的速率为 100 Mbps，则交换机的速率也应为 100 Mbps 或自适应网卡。

② 交换机。用于连接多个计算机，实现计算机之间的通信，可以选用常用的 100 Mbps 交换机。

③ 双绞线。用于连接计算机和交换机。所用的网线一般为 5 类非屏蔽双绞线，即由不同颜色的 4 对线组成，每一对两根线绞在一起。网线的两端安装 RJ – 45 接头。

说明：连接计算机和交换机的网线与直接连接两台计算机的网线是不同的。连接计算机和交换机的网线的两端都遵循 EIA/TIA 568B，称为正接线；直接连接两台计算机的网线的一端采用 EIA/TIA 568A 标准，另一端采用 EIA/TIA 568B 标准，称为交叉线。

2. 协议安装与配置

计算机网络中每一台计算机都必须安装协议并进行相应的配置。

（1）安装协议

由于网卡是标配的，计算机会自动安装网卡驱动程序，然后自动安装 TCP/IP 协议，最后自动创建一个网络连接，单击"控制面板"|"网络和 Internet"|"网络和共享中心"|"更改适配器"选项可看到如图 7.2.2 所示的连接图标（连接名称默认为"本地连接"）。

图 7.2.2　已创建的局域网连接

（2）设置 IP 地址

如同每个人都有一个唯一的身份证号码，网络中每一台计算机有一个 IP 地址。为计算机设置 IP 地址的方法是，打开连接图标的属性窗口，如图 7.2.3（a）所示，在其中选定"Internet 协议版本 4（TCP/IPv4）"选项，单击"属性"按钮，进入如图 7.2.3（b）所示的对话框，在其中输入 IP 地址和子网掩码。

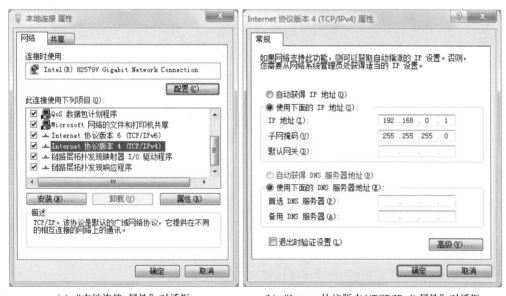

(a)　"本地连接 属性"对话框　　　　(b)　"Internet协议版本4(TCP/IPv4) 属性"对话框

图 7.2.3　设置 IP 地址和子网掩码

提示：局域网通常采用保留 IP 地址段来指定计算机的 IP 地址，这个保留 IP 地址范围为 192.167.0.0 ～ 192.167.255.255，子网掩码默认为 255.255.255.0。

3. 设置对等网模式

Windows 对等网是基于工作组方式的，为了使网络上的计算机能相互访问，必须将这些计算机设置为同一个工作组，并使每台计算机都有一个唯一的名称进行标识。

设置计算机名称和工作组的方法是，在"计算机"属性窗口内"计算机名称、域和工作组设置"区域中单击"更改"按钮，打开如图 7.2.4（a）所示的对话框，再在"计算机名"选项卡中单击"更改"按钮，打开如图 7.2.4 （b）所示的对话框，在其中设置计算机名和工作组的名称（默认名为 WORKGROUP）。

(a)"系统属性"对话框   (b)"计算机名/域更改"对话框

图 7.2.4   设置计算机名及所属工作组

提示：工作组和域是局域网的两种管理方式，前者是针对对等网结构，后者是针对客户机/服务器结构。工作组可以随便进进出出，而域则是严格控制的。

4. 测试连通性

网络配置好后，测试它是否通畅是十分必要的。常用的方法有如下两个。

（1）单击"控制面板"｜"网络和 Internet"｜"网络和共享中心"选项，在"网络和共享中心"窗口中选择计算机与 Internet 之间的网络图标，若可以看到局域网中其他计算机，则表示网络是通畅的。

（2）使用 ping 命令检查网络是否连通以及测试与目的计算机之间的连接速度。其使用格式为

　　　ping 目标计算机的 IP 地址或计算机名

常用的测试方法有如下几种。

① 检查本机的网络设置是否正常，有 4 种方法。

- ping   127. 0. 0. 1   说明：127. 0. 0. 1 表示本机
- ping   localhost   说明：通常指向 127. 0. 0. 1
- ping   本机的 IP 地址
- ping   本机计算机名

② 检查相邻计算机是否连通。命令格式为

　　　ping   相邻计算机的 IP 地址或计算机名

③ 检查到默认网关是否连通。命令格式为

　　　ping   默认网关的 IP 地址

提示：默认网关的 IP 地址可以从两个途径获得：一是 ipconfig/all 命令；二是 TCP/IP 属性窗口，如图 7.2.3（b）所示。

④ 检查到 Internet 是否连通。命令格式为

　　ping Internet 上某台服务器的 IP 地址或域名

例如，计算机 192.167.0.13 要检查与计算机 192.167.0.3 的连接是否正常，可以在计算机 192.167.0.13 中的 DOS 命令提示符后输入命令"ping 192.167.0.3"。如果 TCP/IP 协议工作正常，则会显示如下信息。

Pinging 192.167.0.3 with 32 bytes of data：

Reply from 192.167.0.3：bytes ＝32 time＜1ms TTL＝128

Reply from 192.167.0.3：bytes ＝32 time＜1ms TTL＝128

Reply from 192.167.0.3：bytes ＝32 time＜1ms TTL＝128

Reply from 192.167.0.3：bytes ＝32 time＜1ms TTL＝128

Ping statistice for 192.167.0.3：

　　Packets：Sent ＝4，Received ＝4，Lost ＝0 （0% loss）

Approximate round trip times in milli－seconds：

　　Minimum ＝0ms，Maximum ＝1ms，Average ＝0ms

ping 命令自动向目的计算机发送一个 32 字节的测试数据包，并计算目的计算机响应的时间。该过程在默认情况下独立进行 4 次，并统计 4 次的发送情况。响应时间低于 400 ms 即为正常，超过 400 ms 则较慢。

如果 ping 返回"Request time out"信息，则意味着目的计算机在 1 秒内没有响应。如果返回 4 个"Request time out"信息，说明该计算机拒绝 ping 请求。在局域网内执行 ping 不成功，则故障可能出现在以下几个方面：网线是否连通、网卡配置是否正确、IP 地址是否可用等。如果执行 ping 成功而网络无法使用，那么问题可能出在网络系统的软件配置方面。

5. 设置网络共享资源

对等网中各计算机间可直接通信，每个用户可以将本计算机上的文档和资源指定为可被网络上其他用户访问的共享资源。

（1）共享文件夹

① 设置本地安全策略。在 Windows 7 中共享文件需设置本地安全策略；否则局域网中的其他用户不能访问你的计算机。单击"控制面板"｜"管理工具"｜"本地安全策略"选项，打开如图 7.2.5 所示的"本地安全策略"对话框，在左侧的属性列表中单击"本地策略"选项，选择"用户权限分配"选项，并在右侧找到"拒绝从网络访问这台计算机"选项，在双击后弹出的对话框中删除列表中的 Guest 用户。

② 开启来宾账户。在"计算机管理"窗口中找到 Guest 用户，如图 7.2.6 所示，双击它打开"Guest 属性"窗口，确保"账户已禁用"选项没有被选中。

图 7.2.5　"本地安全策略"对话框

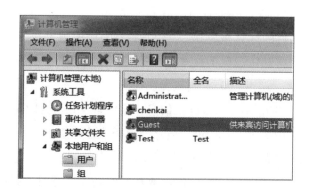

图 7.2.6　"计算机管理"窗口

③ 共享文件夹。右击需要共享的文件夹，在弹出的快捷菜单中选择"共享"|"特定用户"命令，在打开的"文件共享"对话框中下拉选择"Everyone"选项后单击"添加"按钮，使其出现在下面的列表框中。然后在"权限级别"下为其设置权限，如"读/写"或"读取"。

（2）设置共享打印机

在连接打印机的计算机上，通过"控制面板"打开"设备和打印机"对话框，如图 7.2.7 所示，在显示的打印机及设备中，右击要共享的打印机图标，在弹出的快捷菜单中选择"打印机属性"命令，在打开的对话框中选择"共享"选项卡，选中"共享这台打印机"选项，并设置共享名称。

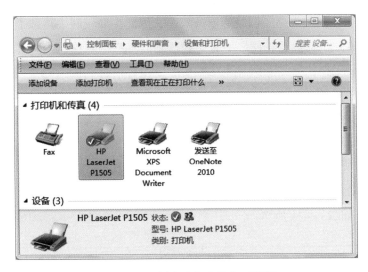

图 7.2.7　"设备和打印机"对话框

　　网络中的其他计算机上要使用共享打印机，必须先通过"添加打印机"操作将网络打印机添加到该计算机的打印机列表中，以后就可以直接使用这台打印机进行打印，就好像这台打印机就安装在自己的计算机上。

　　整个组网过程到此就完成了，现在可以通过网上邻居实现文件和磁盘的远程共享。

7.2.2　局域网的组成

　　局域网由局域网硬件和局域网软件两部分组成。

1. 局域网硬件

　　局域网中的硬件主要包括计算机设备、接口设备、连接设备、传输介质等。

　　（1）计算机设备

　　局域网中的计算机设备通常有服务器和客户机。

　　① 服务器。服务器是为整个网络提供共享资源和服务的计算机，是整个网络系统的核心。通常，服务器由速度快、容量大的高性能计算机担任，24 小时运行，需要专门的技术人员进行维护和管理，以保证整个网络的正常运行。图 7.2.8 为 IBM 服务器。

　　② 客户机。客户机是网络中使用共享资源的普通计算机，用户通过客户端软件可以向服务器请求提供各种服务，例如邮件服务、打印服务等。

图 7.2.8　IBM System x3610（794262C）服务器

　　这种工作方式也称为客户机/服务器模式，

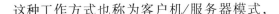

简称 C/S 模式。该模式提高了网络的服务效率，因此在局域网中得到了广泛应用。为了进一步减轻客户机的负担，使之不需安装特制的客户端软件，只需要浏览器软件就可以完成大部分工作任务，人们又开发了基于"瘦客户机"的浏览器/服务器（Browser/Server）模式，简称 B/S 模式。

（2）接口设备

网卡是网络适配器（或称网络接口卡）的简称，是计算机和网络之间的物理接口。计算机通过网卡接入计算机网络。

不同的网络使用不同类型的网卡。目前，常用的网卡有以太网卡、无线局域网卡、4G 网卡，如表 7.2.1 所示。

▶表 7.2.1
典型网卡

网 卡 类 型	计算机配置情况	网 络 类 型
以太网卡	台式计算机和笔记本电脑的标准配置	10 Mbps、100 Mbps、1 000 Mbp、10 Gbps 等以及适应不同速率的自适应网卡
无线局域网卡	笔记本电脑的标准配置	
4G 网卡	不是标准配置，需要购买	国内三大运营商（中国电信、中国移动和中国联通）的上网卡各不相同

网卡通常做成插件的形式插入到计算机的扩展槽中，而无线网卡不通过有线连接，而采用无线信号进行连接。根据通信线路的不同，网卡需要采用不同类型的接口，常见的接口有 RJ-45 接口用于连接双绞线，光纤接口用于连接光纤，无线网卡用于无线网络，如图 7.2.9 所示。

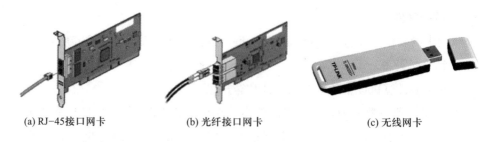

(a) RJ-45接口网卡   (b) 光纤接口网卡   (c) 无线网卡

图 7.2.9   不同类型的网卡

（3）连接设备

要将多台计算机连接成局域网，除了需要网卡、传输媒体外，还需要交换机、路由器等连接设备。

① 交换机（Switch）。交换机是一个将多台计算机连接起来组成局域网的设备。交换机的特点是各端口独享带宽。例如，若一台交换机的带宽为 100 Mbps，则连接的每一台计算机都享有 100 Mbps 的带宽，无需同其他计算机竞争使用。目前，局域网中

主要采用交换机连接计算机。

交换机的带宽有 100 Mbps、1 000 Mbps 和 10 Gbps 以及自适应的。

② 路由器（Router）。交换机是局域网内部的连接设备，其作用是将多台计算机连接起来组成一个局域网。如果需要将局域网与其他网络（例如局域网、Internet）相连，此时需要路由器（Router）。相对于交换机来说，路由器是连接不同网络的设备，属于网际互连设备。

路由器犹如网络间的纽带，可以把多个不同类型、不同规模的网络彼此连接起来组成一个更大范围的网络，使不同网络之间计算机的通信变得快捷、高效，让网络系统发挥更大的效益。例如，可以将学校机房内的局域网与路由器相连，再将路由器与 Internet 相连，最终机房中的计算机就可以接入 Internet 了，如图 7.2.10 所示。

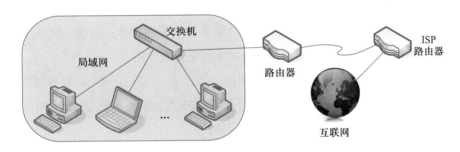

图 7.2.10 局域网通过路由器接入 Internet

③ 无线 AP（Access Point）。无线 AP 也称为无线接入点，用于无线网络的无线交换机，是无线网络的核心。无线 AP 是移动计算机进入有线网络的接入点，主要用于宽带家庭、大楼内部以及园区内部，典型距离覆盖几十米至上百米，目前主要技术为 IEEE 802.11 系列。

大多数无线 AP 还带有接入点客户端模式（AP Client），可以和其他 AP 进行无线连接，延展网络的覆盖范围。

④ 无线路由器（Wireless Router）。无线路由器是纯粹 AP 与宽带路由器的一种结合体。它借助于路由器功能，可实现家庭无线网络中的 Internet 连接共享，实现 ADSL 和小区宽带的无线共享接入。

（4）传输介质

传输介质是通信网络中发送方和接收方之间的物理通路，分为有线介质和无线介质。目前常用的介质有以下几种。

① 双绞线（Twisted Pair）。双绞线由两条相互绝缘的导线扭绞而成，如图 7.2.11 所示。双绞线价格比较便宜，也易于安装和使用，目前广泛应用在局域网中。

铜线　绝缘层

图 7.2.11 双绞线

② 光纤（Optical Fiber Cable）。光纤是光导纤维的简称，是一种利用光在玻璃或塑料制成的纤维中的全反射原理而达成的光传导工具，如图 7.2.12 所示。香港中文大学前校长高锟和 George A. Hockham 首先提出光纤可以用于通信传输的设想，高锟因此获得 2009 年诺贝尔物理学奖。

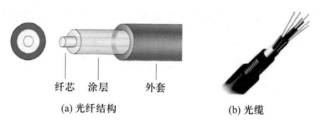

纤芯　涂层　外套
(a) 光纤结构　　　　　(b) 光缆

图 7.2.12　光纤

光纤具有传输速率高、可靠性高和损耗少等优点，其缺点是单向传输、成本高、连接技术比较复杂。光纤是目前和将来最具竞争力的传输媒体，目前光纤主要用于长距离的数据传输和网络的主干线，在高速局域网中也有应用。

③ 无线传输媒体。随着无线传输技术的日益发展，其应用越来越被各行各业所接受。有人认为，将来只有两种通信：光纤的和无线的。所有固定设备（如台式计算机）将使用光纤，所有移动设备将使用无线通信。

目前，可用于通信的有无线电波、微波、红外线、可见光。无线局域网通常采用无线电波和红外线作为传输介质。无线电波的通信速率可达 54 Mbps，传输范围可达数十公里；红外线主要用于室内短距离的通信，例如两台笔记本计算机之间的数据交换。

利用无线传输媒体可以组成无线局域网（Wireless WAN，WLAN）、无线城域网（Wireless MAN，WMAN）和无线广域网（Wireless Wide Area Network，WWAN）。

2. 局域网软件

局域网中所用到的网络软件主要有以下几类。

（1）网络操作系统

网络操作系统是具有网络功能的操作系统，主要用于管理网络中所有资源，并为用户提供各种网络服务。网络操作系统一般都内置了多种网络协议软件。目前常用的网络操作系统有 Windows Server、UNIX 和 Linux。

（2）网络协议软件

网络协议负责保证网络中的通信能够正常进行。目前在局域网上常用的网络协议是 TCP/IP 协议。

（3）网络应用软件

网络应用软件非常丰富，目的是为网络用户提供各种服务。例如，浏览网页的工具 Internet Explorer、下载文件的工具有迅雷、FlashGet 等。

7.2.3 局域网技术要素

决定局域网的主要技术要素有网络拓扑、传输介质与介质访问控制方法。按照不同技术要素的类别可决定局域网的特点与类型。

1. 网络拓扑结构

网络中的计算机等设备要实现互连，就需要以一定的结构方式进行连接，这种连接方式就称为拓扑结构。不像广域网，局域网的拓扑结构一般比较规则，通常有总线型结构、环形结构、星形结构、树形结构等。

（1）星形结构

简单地说，在星形结构中，每一台计算机（或设备）通过一根通信线路连接到一个中心设备（通常是交换机），如图7.2.13所示。计算机之间不能直接进行通信，必须由中心设备进行转发，因此中心设备必须有较强的功能和较高的可靠性。

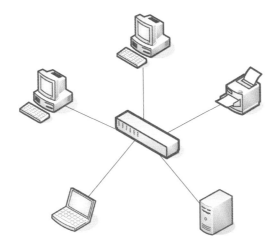

图7.2.13 星形结构

星形结构简单、组网容易、控制和管理相对简单，因此是以太网中常见的拓扑结构之一。星形结构的缺点是对中央设备要求较高，如果中心设备出现故障，则整个网络的通信就会瘫痪。

（2）总线型结构

总线型结构就是将所有计算机都接入到同一条通信线路（即传输总线）上，如图7.2.14（a）所示。在计算机之间按广播方式进行通信，每个计算机都能收到在总线上传播的信息，但每次只允许一个计算机发送信息。

总线型结构的主要优点是成本较低、布线简单、计算机增删容易，因此在早期的以太网中得到了广泛的使用。其主要缺点是计算机发送信息时要竞用总线，容易引起冲突，造成传输失败，如图 7.2.14（b）所示。

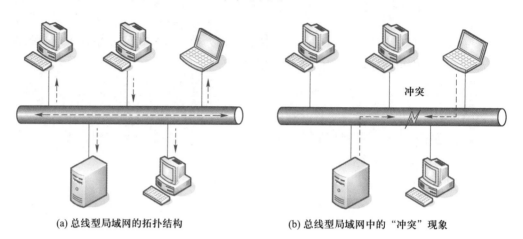

(a) 总线型局域网的拓扑结构   (b) 总线型局域网中的"冲突"现象

图 7.2.14 总线型局域网

（3）环形结构

在环形结构中每个计算机都与两个相邻计算机相连，计算机之间采用通信线路直接相连，网络中所有计算机构成一个闭合的环，环中数据沿着一个方向绕环逐站传输，如图 7.2.15 所示。

环形结构的主要优点是结构简单、实时性强，主要缺点是可靠性较差，环上任何一个计算机发生故障都会影响到整个网络，而且难以进行故障诊断。目前，环形拓扑由于其独特的优势主要运用于光纤网中。

（4）树形结构

树形结构是星形结构的一种变形，它是一种分级结构，计算机按层次进行连接，如图 7.2.16 所示。树枝节点通常采用集线器或交换机，叶子节点就是计算机。叶子节点之间的通信需要通过不同层的树枝节点进行。

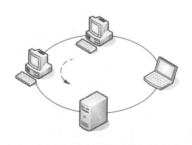

图 7.2.15 环形局域网的拓扑结构

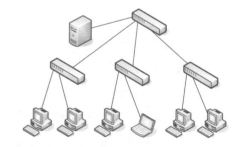

图 7.2.16 树形局域网的拓扑结构

树形结构除具有星形结构的优、缺点外，最大的优点就是可扩展性好，当计算机数量较多或者分布较分散时，比较适合采用树形结构。目前，树形结构在以太网中应用较多。

2. 媒体访问控制方法

局域网大多是共享的，有的共享传输媒体，有的共享交换机，它们都存在着使用冲突问题，可通过媒体访问控制方法得到解决。局域网的媒体访问控制方法有很多，最常用的是载波侦听多路访问/冲突检测（Carrier Sense Multiple Access with Collision detection，CSMA/CD）控制方法。

CSMA/CD 的思想很简单，可以概括为先听后发、边听边发、冲突停止、延迟重发。该思想来源于人们生活经验，例如，一个有多人参加的讨论会议，人们在发言前都会先听听有无其他人在发言，如没有则可以发言；否则必须等待其他人发言结束。这就是 CSMA 技术的思想。因为存在着"会有人不约而同地发言"的可能，一个人在开始发言时必须注意是否有其他人也在发言，如有则停止，等待一段随机长的时间再进行。这就是 CD 技术的思想。

7.2.4 常用局域网技术简介

1. 局域网标准

从 20 世纪 80 年代以来，随着个人计算机的普及应用，局域网技术得到迅速发展和普及。为了统一局域网的标准，美国电气和电子工程师学会（Institute of Electrical and Electronics Engineers，IEEE）于 1980 年 2 月成立了局域网标准委员会（简称 IEEE 802 委员会），专门从事局域网标准化工作。IEEE 制定的局域网标准统称为 IEEE 802 标准，目前最常用的局域网标准有两个：IEEE 802.3（以太网）和 IEEE 802.11（无线局域网）。

为实现局域网内任意两台计算机之间的通信，要求网中每台计算机有唯一的地址。IEEE 802 标准为局域网中每台设备规定了一个 48 位的全局地址，称为媒体访问控制地址，简称 MAC 地址或物理地址，它固化在网卡的 ROM 中，通常用十六进制数来表示，如 00 – 19 – 21 – 2E – DA – EC。

当局域网中某台计算机需要发送数据时，数据中必须包含自己的物理地址和接收计算机的物理地址。在传输过程中，其他计算机的网卡都要检测数据中的目的物理地址，来决定是否应该接收该数据。可以使用 Windows 中的 ipconfig/all 命令来检查网卡的物理地址。

ipconfig 命令可用来查看 IP 协议的具体配置信息，其使用格式为 ipconfig/all。

例如，某台计算机使用 ipconfig/all 命令后显示的主要信息如下。

　　　　Windows IP Configuration　　　　　　　　　（IP 协议的配置信息）

　　　　Host Name..............:jsjjc1　　　　　　　（计算机名）

```
           Node Type. . . . . . . . . . . . . . . :Unknown          （节点类型）
Ethernet adapter 本地连接                                   （以太网卡的配置信息）
           Physical Address. . . . . . . . . :00 − 1A − 92 − 78 − 44 − 52            （网卡的物理地址）
           IPv4 Address. . . . . . . . . . . . :192. 167. 7. 28    （IP 地址）
           Subnet Mask. . . . . . . . . . . . :255. 255. 255. 0    （子网掩码）
           Default Gateway. . . . . . . . . . :192. 167. 7. 254    （默认网关）
```

2. 以太网

在古希腊，以太指的是青天或上层大气。在宇宙学中，曾经有人用"以太"来命名他们假想的充满宇宙的那种像空气一样的介质，而正是这种介质电磁波才得以传播。在现代的计算机网络中，人们用以太网（Ethernet）命名当前广泛使用的采用共享总线型传输媒体方式的局域网。

以太网是采用 IEEE 802. 3 标准组建的局域网。以太网是有线局域网，在局域网中历史最为悠久，技术最为成熟，应用最为广泛，目前，组建的局域网十之八九采用以太网技术。

以太网最初由美国 Xerox 公司研制成功，到目前为止已发展出如下四代产品。

① 标准以太网。1975 年推出，网络速率为 10 Mbps。

② 快速以太网（Fast Ethernet，FE）。1995 年推出，网络速率为 100 Mbps。

③ 千兆以太网（Gigabit Ethernet，GE）。1998 年推出，网络速率为 1 000 Mbps/1 Gbps。

④ 万兆以太网（10Gigabit Ethernet，10GE）。2002 年推出，网络速率为 10 000 Mbps/10 Gbps。

经过 40 多年的飞速发展，以太网的连网方式从最初使用同轴电缆连接成总线型结构，发展到现在使用双绞线/光纤和集线器/交换机连接成星形/树形/网状结构，连接和管理也越来越方便。

3. 无线局域网

采用 IEEE 802. 11 标准组建的局域网就是无线局域网（Wireless LAN，WLAN），它是 20 世纪 90 年代局域网与无线通信技术相结合的产物，采用红外线或者无线电波进行数据通信，能提供有线局域网的所有功能，同时还能按照用户的需要方便地移动或改变网络。目前，无线局域网还不能完全脱离有线网络，它只是有线网络的扩展和补充。

架设无线局域网需要的网络设备主要有以下 3 个。

① 无线网卡。计算机的无线网络接入设备，相当于以太网中的有线网卡。

② 无线访问接入点（Access Point，AP）。在 AP 覆盖范围内的计算机可以通过它进行相互通信。各台计算机通过无线网卡连接到无线 AP，如图 7. 2. 17 所示。笔记本

电脑的无线网卡是标配的，台式计算机需要另外配置无线网卡。

　　③ 无线路由器。不仅具有无线 AP 的功能，还具有路由器的功能，能够接入 Internet。笔记本电脑通过无线网卡、台式计算机通过以太网卡和网线连接到无线路由器，无线路由器再连接到 Internet，实现所有计算机的上网，如图 7.2.18 所示。这是目前很多家庭都使用的模式。

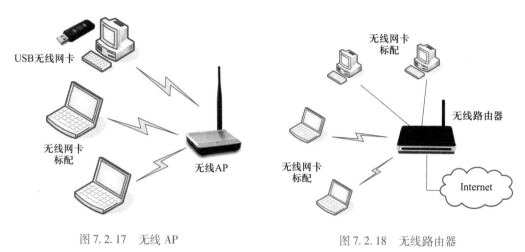

图 7.2.17　无线 AP　　　　　　　　　　图 7.2.18　无线路由器

习　题

1. 什么是计算机网络？有什么功能？
2. 什么是网络协议？什么是计算机网络体系结构？
3. OSI 模型与 TCP/IP 是什么关系？
4. TCP 和 IP 协议的作用分别是什么？
5. 按地理范围计算机网络可以分为哪几类？请简述每一类计算机网络的特点。
6. 简述局域网的组建方法。
7. 什么是服务器？什么是客户机？
8. 常用的网络互连设备有哪些？请简述其作用。
9. 计算机网络常用的传输介质有哪些？使用在什么场合？
10. 如何使用 ping 和 ipconfig 命令？
11. 决定局域网特性的关键技术有哪些？
12. 计算机网络的拓扑结构有哪几种？简述各自的特点。
13. 无线 AP 与家用无线路由器的区别是什么？

第 8 章
信息浏览和发布

　　在当今时代，Internet 上的信息浩如烟海，如何进行浏览并把它们变成自己的知识，以及把自己的生活体验和研究成果传播出去供大众分享，这是本章要讨论的问题。

8.1 引言

Internet 是人类文明史上的一个重要里程碑。由于 Internet 的成功和发展,人类社会的生活理念正在发生变化,全世界已经连接成为一个地球村,成为一个智慧的地球。

1. Internet 概况

Internet 源于美国国防部高级研究计划署 1968 年建立的 ARPANET,它由大大小小不同拓扑结构的网络,通过成千上万个路由器及各种通信线路连接而成。

当今的 Internet 已演变为转变人类工作和生活方式的大众媒体和工具。由于用户量的激增和自身技术的限制,Internet 无法满足高带宽占用型应用的需要,如多媒体实时图像传输、视频点播、远程教学等技术的广泛应用;也无法满足高安全型应用的需要,如电子商务、电子政务等应用。在这样一个背景下,1996 年美国率先发起下一代高速互联网络及其关键技术研究,其中代表性的是 Internet2 计划,建设了 Abilene,并于 1999 年 1 月开始提供服务。2006 年开始 Internet2 的主干网由 Level 3 公司提供,简称为 Internet2 Network。2011 年 Internet2 得到了美国国家电信和信息管理局 BTOP 计划的支持,将全面升级主干网带宽至 100 G,主干网总带宽可扩展到 8.8 T。

Internet2 特点是更大、更快、更安全、更及时、更方便。Internet2 将逐渐放弃 IPv4,启用 IPv6 地址协议;与第一代互联网的区别不仅存在于技术层面,也存在于应用层面。例如,目前网络上的远程医疗,其实是远程会诊,并不能进行远程的手术,尤其是精细的手术治疗,几乎不可想象。但在下一代互联网上,都将成为最普通的应用。

2. 我国 Internet 的建设

1994 年我国正式进入 Internet。通过国内四大骨干网连入 Internet,实现了和 Internet 的 TCP/IP 连接,从而开通了 Internet 的全功能服务。

我国在实施国家信息基础设施计划的同时,也积极参与了国际下一代互联网的研究和建设。1998 年由教育科研网 CERNET 牵头,以现有的网络设施和技术力量为依托,建设了我国第一个 IPv6 试验床,两年后开始分配地址。2000 年,中国高速互联研究试验网络 NSFCNET 开始建设,已分别与 CERNET、CSTNET 以及 Internet2 和亚太地区高速网 APAN 互连,2002 年,中日 IPv6 合作项目开始起步。由中国科学院、美国国家科学基金会、俄罗斯部委与科学团体联盟共同出资建设的环球科教网络(Global Ring Network for Advanced Applications Development, GLORIAD)于 2004 年 1 月开通,该网络采用光纤传输,形成一个贯通北半球的闭合环路,目前的传输速度为

2.5 Gbps，随着科学研究和教学应用的发展，信道速率将进一步提升到 10 Gbps。

2004 年 12 月，我国国家顶级域名 cn 服务器的 IPv6 地址成功登录到全球域名根服务器，这表明我国国家域名系统进入下一代互联网。同时，中国第一个下一代互联网示范工程（CNGI）核心网之一 CERNET2 主干网正式开通。

2005 年，以博客为代表的 Web 2.0 概念推动了我国互联网的发展。Web 2.0 概念的出现标志互联网新媒体发展进入新阶段。

2016 年，我国网民数量超过 7 亿，继续稳居全球首位；"宽带中国"战略进入优化升级阶段，光网城市成为发展热点；移动网络进入 "4G ＋" 时代。这些基础设施的快速发展，推动了互联网与传统产业加速融合，促进了各产业创新发展。

8.2 Internet 基础与应用

电子教案 8.2

8.2.1 IP 地址和域名

在社会中，每一个人都有一个身份证号码。在 Internet 上，每一台计算机也有一个身份证号码，即 IP 地址。

在 IPv4（IP 的 v4 版本）中，IP 地址占用 4 个字节 32 位。由于几乎无法记住二进制形式的 IP 地址，所以 IP 地址通常以点分十进制形式表示。而点分十进制形式也难以让人记住，所以服务器采用域名表示。用户上网时输入域名，由域名服务器将域名转换成为 IP 地址，如图 8.2.1 所示。例如，同济大学计算机基础教学网站服务器的 IP 地址和域名为

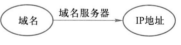

图 8.2.1 域名服务器

二进制形式 IP 地址：11001010 01111000 10111101 10010010

点分十进制形式：202. 120. 189. 146

域名：jsjjc. tongji. edu. cn

在 IPv6（IP 的 v6 版本）中，IP 地址占用 16 个字节 128 位。因此，粗略地估算，IPv6 中 IP 地址数量是 IPv4 的 2^{96} 倍，可以满足未来对 IP 地址的需要。有人曾形象地比喻说，若 IPv4 的地址数量相当于一把黄沙，则 IPv6 的地址数量就相当于一片沙漠。在 IPv6 中，IP 地址采用冒分十六进制表示法，格式为

　　　　×××× : ×××× : ×××× : ×××× : ×××× : ×××× : ×××× : ××××

说明：

① 16 个字节分成 8 段，即每段两个字节，用十六进制数表示，中间加 " : "。例如

2001：0000：9d38：0b87：14ea：007d：4b65：b04a

② 每一段中的前导 0 可以省略。例如，上面的 IP 地址可以写成

2001：0：9d38：b87：14ea：7d：4b65：b04a

③ 若连续的一段或几段全是 0，可以压缩为"：："。为保证地址解析的唯一性，地址中"：："只能出现一次，例如

FF03：0：0：0：0：0：0：1001 → FF03：：1001

0：0：0：0：0：0：0：1 → ：：1

0：0：0：0：0：0：0：0 → ：：

目前，Windows 7/8/10 中，IPv4 和 IPv6 协议都是自动安装的，不用另外安装。一般来说，若需要手动设置 IP 地址，通常是在 IPv4 上完成的，因此在以后的章节中，除非特别说明，IP 地址都是指 IPv4 地址。下面介绍 IPv4 地址结构。

1. IP 地址

IP 地址由网络地址和主机地址组成，如图 8.2.2 所示。根据网络规模的大小，IP 地址分成 A、B、C、D、E 五类，其中 A 类、B 类和 C 类地址为基本地址，它们的格式如图 8.2.3 所示。地址数据中的全 0 或全 1，有特殊含义，不能作为普通地址使用。例如，网络地址 127 专用于测试，不可用于其他用途。如果某计算机发送信息给 IP 地址为 127.0.0.1 的主机，则此信息将传送给该计算机自身。

图 8.2.2　IP 地址结构

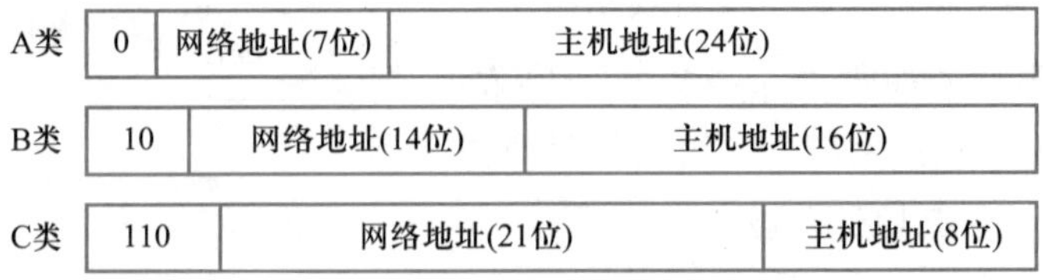

A类	0	网络地址(7位)	主机地址(24位)
B类	10	网络地址(14位)	主机地址(16位)
C类	110	网络地址(21位)	主机地址(8位)

图 8.2.3　Internet 上的地址类型格式

① A 类地址。网络地址部分有 8 位，其中最高位为 0，所以第一字节的值为 1~126（0 和 127 有特殊用途），即只能有 126 个网络可获得 A 类地址。主机地址是 24 位，一个网络中可以拥有主机 $2^{24}-2$（16 777 214）台。A 类地址用于大型网络。

② B 类地址。网络地址部分有 16 位，其中最高 2 位为 10，所以第一字节的值为 128~191（10000000B ~ 10111111B）之间。主机地址也是 16 位，一个网络可含有 $2^{16}-2=65\ 534$ 台主机。B 类地址用于中型网络。

③ C 类地址。网络地址部分有 24 位，其中最高 3 位为 110，所以第一字节地址范围在 192~223（11000000B ~ 11011111B）之间。主机地址是 8 位，一个网络可含有

$2^8 - 2 = 254$ 台主机。C 类地址用于主机数量不超过 254 台的小网络。

采用点分十进制形式的 IP 地址很容易通过第一字节的值识别是属于哪一类的。例如，202. 112. 0. 36 是 C 类地址。

由于地址资源紧张，因而在 A、B、C 类 IP 地址中，按表 8.2.1 所示的范围保留部分地址，保留的 IP 地址段不能在 Internet 上使用，但可重复地使用在各个局域网内。

网 络 类 别	地 址 段	网 络 数
A 类网	10. 0. 0. 0 ~ 10. 255. 255. 255	1
B 类网	172. 16. 0. 0 ~ 172. 31. 255. 255	16
C 类网	192. 168. 0. 0 ~ 192. 168. 255. 255	256

▶表 8.2.1
保留的 IP 地址段

2. 域名

由于数字形式的 IP 地址难以记忆和理解，为此，使用域名标识 Internet 上的服务器。

（1）域名结构

域名采用层次结构，整个域名空间好似一个倒置的树，树上每个结点上都有一个名字。一台主机的域名就是从树叶到树根路径上各个结点名字的序列，中间用 "." 分隔，如图 8.2.4 所示。

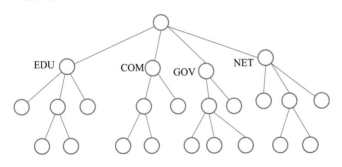

图 8.2.4　域名空间结构

域名也用点号将各级子域名分隔开来，例如 jsjjc. tongji. edu. cn。域名从右到左（即由高到低或由大到小）分别称为顶级域名、二级域名、三级域名等。典型的域名结构为

主机名. 单位名. 机构名. 国家名

例如，jsjjc. tongji. edu. cn 域名表示中国（cn）、教育机构（edu）、同济大学（tongji）校园网上的一台主机（jsjjc）。

（2）顶级域名

顶级域名分为两类：一是国际顶级域名，共有 14 个，如表 8.2.2 所示；二是国家顶级域名，用两个字母表示世界各个国家和地区，例如，cn 表示中国，hk 表示中国香港地区，jp 表示日本，us 表示美国，de 表示德国，gb 表示英国。

▶ 表 8.2.2
类型域名例子

域　　名	意　　义	域　　名	意　　义	域　　名	意　　义
com	商业类	edu	教育类	gov	政府部门
int	国际机构	mil	军事类	Net	网络机构
org	非营利组织	arts	文化娱乐	arts	文化、娱乐活动
firm	公司企业	info	信息服务	nom	个人
store	销售单位	web	与 WWW 有关单位		

（3）中国国家顶级域名

中国国家顶级域名即是 .cn，由国家工业和信息化部管理，注册的管理机构为中国互联网信息中心（CNNIC）。与 .cn 对应的中文顶级域名 ".中国" 于 2009 年生效，并自动把 .cn 的域名免费升级为 ".中国"，同时支持简体和繁体。

二级域名分为类别域名和行政区域名两类。其中，行政区域名对应我国的各省、自治区和直辖市，采用两个字符的汉语拼音表示。例如，bj 为北京市、sh 为上海市等。

3. IP 地址的获取

一台计算机获得 IP 地址后才能上网。获取 IP 地址的方法有 3 种：PPPoE 拨号上网获得、自动获取、手动设置。手动设置时，除了需要设置本机的 IP 地址外，还需要设置子网掩码、网关和 DNS 服务器，如图 8.2.5 所示，这些 IP 地址都是申请时从 ISP 处获得的。

（1）子网掩码

组网时，经常会遇到网络号不足的情况，此时几个规模较小的网络可以共用一个网络号。也就是说，网络允许划分成更小的网络，称为子网（Subnet），子网号是主机号的前几位。例如，3 个 LAN，主机数为 10、30、20，远少于 C 类地址允许的主机数。为这 3 个 LAN 申请 3 个 C 类 IP 地址显然有点浪费，可使用一个 C 类 IP 地址，再分割成 3 个子网络。这个网络中的 IP 地址可以采用下列方式。

$$11000000\ 10101000\ 00000001\underbrace{XXX}\underbrace{YYYYY}$$

为了判断计算机属于哪一个子网就需要子网掩码了。子网掩码与 IP 地址进行 "与" 运算就可知道子网号了。例如，IP 地址为 192.168.1.163，子网掩码为

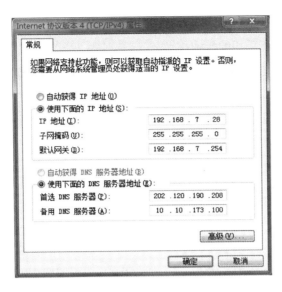

图 8.2.5　设置 IP 地址

255.255.255.224，进行下列运算。

IP 地址：11000000 10101000 00000001 10100011　　　192.168.1.163

子网掩码：11111111 11111111 11111111 11100000　　　255.255.255.224

结果：11000000 10101000 00000001 10100000　　　192.168.1.160

根据运算结果可以知道，网络号为 192.168.1，子网号为 5。

（2）默认网关

网关是一种网络互连设备，用于连接两个协议不同的网络。通俗地说，网关是一台计算机通向 Internet 的具有 IP 地址的一个网络设备。一台计算机可以有多个网关。默认网关的意思是一台主机如果找不到可用的网关，就把数据发给默认指定的网关，由这个网关来处理数据。一台计算机的默认网关是不可以随随便便指定的，必须正确地指定；否则一台计算机就不能上网了。

（3）DNS 服务器

DNS 服务器是将域名转换成 IP 地址的服务器。手动设置时，若没有指定正确的 DNS 服务器 IP 地址，则计算机不能通过输入域名上网，只能输入相应的 IP 地址。

8.2.2　Internet 接入

Internet 服务提供商（Internet Service Provider，ISP）是接入 Internet 的桥梁。无论是个人还是单位的计算机都不是直接连到 Internet 上的，而是采用某种方式连接到 ISP 提供的某一台服务器上，通过它再连到 Internet。

接入网（Access Network，AN）为用户提供接入服务，它是骨干网络到用户终端之间的所有设备。其长度一般为几百米到几公里，因而被形象地称为"最后一公里"。接入技术就是接入网所采用的传输技术。

Internet 接入技术主要有 ADSL（Asymmetrical Digital Subscriber Line，非对称数字用户环路）接入、有线电视接入、光纤接入和无线接入。

这些接入技术都可以使一台计算机接入到 Internet 中。如果要使用同一个账号使一批计算机接入 Internet，那就需要采用共享方法。

1. ADSL

ADSL 是一种利用电话线和公用电话网接入 Internet 的技术。它通过专用的 ADSL Modem 连接到 Internet，其接入连接如图 8.2.6 所示。

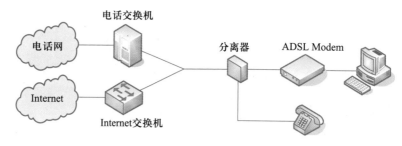

图 8.2.6 ADSL 接入

ADSL 是一种宽带的接入方式，具有下载速率高、上网和打电话兼顾、安装方便等优点，因而成为家庭上网的主要接入方式。

2. 有线电视接入

有线电视接入是一种利用有线电视网接入到 Internet 的技术。它通过 Cable Modem（线缆调制解调器）连接有线电视网，进而连接到 Internet，也是一种宽带的 Internet 接入方式。如图 8.2.7 所示。

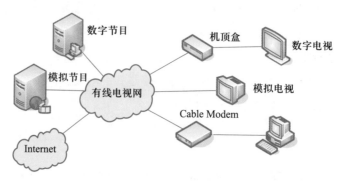

图 8.2.7 有线电视接入示意图

有线电视接入能够兼顾上网、模拟节目和数字点播，但是带宽是整个社区用户共享的，一旦用户数增多，每个用户所分配的平均带宽就会迅速下降，所以不是家庭上网的主要接入方式。

3. 光纤接入

光纤接入（FTTH，光纤到家）是一种以光纤为主要传输媒介的接入技术。用户通过光纤 Modem 连接到网络，再通过 ISP 的骨干网出口连接到 Internet，是一种宽带的 Internet 接入方式。

光纤接入的主要特点是带宽高、端口带宽独享、抗干扰性能好、安装方便。由于光纤本身高带宽的特点，光纤接入的带宽很容易就到 20 M、100 M，升级很方便而且还不需要更换任何设备。光纤信号不受强电、电磁和雷电的干扰。光纤体积小、重量轻，容易施工。

4. 无线接入方式

个人计算机或者移动设备可以通过 WLAN 连接到 Internet。在一些校园、机场、饭店、展会、休闲场所等公共场所内，由电信公司或单位统一部署了无线接入点，建立起无线局域网，并接入 Internet，如图 8.2.8 所示。如果用户的笔记本电脑配备了无线网卡，就可以在 WLAN 覆盖范围之内加入 WLAN，通过无线方式接入 Internet。具有 WiFi 功能的移动设备（如智能手机、iPad 等），就能利用 WLAN 接入 Internet。

例如，有的学校在校园里布置了无线接入点（Access Point，AP），在无线接入点覆盖范围之内的笔记本电脑就能上网了。无线接入点同时能接入的计算机数量有限，一般为 30～100 台计算机。

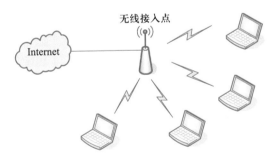

图 8.2.8　无线局域网接入

5. 共享接入

前面的接入方式都可以使一台计算机使用一个账号接入 Internet。如果要使一批计算机接入 Internet，而只使用一个账号，这种方式称为共享接入。共享接入通过构建局域网，将能接入 Internet 的计算机与其他计算机连接起来，其他计算机通过共享方式接入 Internet。

常见的共享方式是利用路由器接入到 Internet，而其他的计算机或设备只要连接到路由器就能上网了。

通过路由器使一批计算机接入到 Internet，连接示意如图 8.2.9 所示。路由器上一般有两种连接口 WAN 端口和 LAN 端口。WAN 端口连接 Internet，而 LAN 端口连接内部局域网。WAN 端口的 IP 地址一般是 Internet 上的公有 IP 地址，而 LAN 端口的 IP 地址一般是局域网保留 IP 地址。

随着通信技术的发展，家庭无线路由器开始普及，这些路由器除了路由的基本功能外，还具有无线 AP 的功能。这些廉价的路由器最主要的功能就是共享接入，既可以通过双绞线连接，也可以通过无线连接，非常方便。例如，在家庭里，通过无线路由器使家里的计算机和无线设备都能接入 Internet。

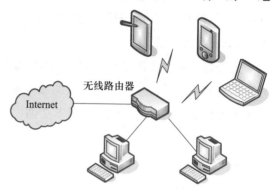

图 8.2.9   无线路由器接入 Internet

8.2.3   Internet 应用

1. WWW 服务

WWW（World Wide Web，万维网）是 Internet 上应用最广泛的一种服务。通过 WWW，任何一个人都可以立即访问世界上每一个网页查找、检索、浏览或发布信息。

（1）网页和 Web 站点

浏览器访问服务器时所看到的画面称为网页（又称 Web 页）。多个相关的网页合在一起便组成一个 Web 站点，如图 8.2.10 所示。从硬件的角度上看，放置 Web 站点的计算机称为 Web 服务器；从软件的角度上看，它指提供 WWW 服务的服务程序。

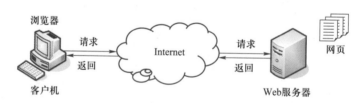

图 8.2.10   WWW 服务

用户输入域名访问 Web 站点时看到的第一个网页称为主页（Home Page），它是一个 Web 站点的首页。从主页出发，通过超链接可以访问所有的页面，也可以链接到其他网站。主页文件名一般为 index. html 或者 default. html。如果将 WWW 视为 Internet 上一个大型图书馆，Web 站点就像图书馆中的一本本书，主页则像是一本书的封面或目录，而 Web 页则是书中的某一页。

（2）URL

为了使客户程序能找到位于整个 Internet 范围的某个信息资源，WWW 系统使用统一资源定位（Uniform Resource Locator，URL）规范。URL 由 4 部分组成：资源类型、存放资源的主机名、端口号、资源文件名，如图 8.2.11 所示。

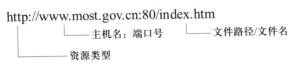

图 8.2.11　URL 的组成

其中

① http 表示客户端和服务器使用 HTTP 协议，将远程 Web 服务器上的网页传输给用户的浏览器。

② 主机名提供此服务的计算机域名。

③ 端口号是一种特定服务的软件标识，用数字表示。一台拥有 IP 地址的主机可以提供许多服务，比如 Web 服务、FTP 服务、SMTP 服务等，主机通过"IP 地址 + 端口号"来区分不同的服务。端口号通常是默认的，如 WWW 服务器使用的是 80，一般不需要给出。

④ 文件路径/文件名是网页在 Web 服务器中的位置和文件名。URL 中如果没有给出，则表示访问 Web 站点的主页。

（3）浏览器和服务器

WWW 采用客户机/服务器工作模式。用户在客户机上使用浏览器发出访问请求，服务器根据请求向浏览器返回信息。

浏览器和服务器之间交换数据使用超文本传输协议（Hypertext Transfer Protocol，HTTP）。为了安全，可以使用 HTTPS 协议。

常用的浏览器有 Microsoft Internet Explorer、360 安全浏览器、Mozilla Firefox；常用的 Web 服务器软件有 Microsoft IIS、Apache 和 Tomcat。

2. 文件传输

FTP 服务是一种在两台计算机之间传送文件的服务，因使用 FTP 协议（File Transfer Protocol）而得名。

FTP 采用客户机/服务器工作方式，如图 8.2.12 所示。用户的本地计算机称为 FTP 客户机，远程提供 FTP 服务的计算机称为 FTP 服务器。从远程服务器上将文件复制到本地计算机称为下载（Download），将本地计算机上的文件复制到远程服务器上称为上传（Upload）。

构建服务器的常用软件是 IIS（包含有 FTP 组件）和 Serv – U FTP Server；客户机上使用 FTP 服务的常用软件有 Internet Explorer 以及专用软件 CutFTP。

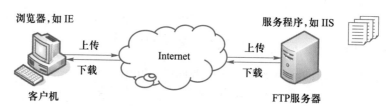

图 8.2.12　FTP 服务

访问 FTP 服务器有以下两种方式。

① 匿名方式，不使用账号和密码。例如

　　　FTP：//JSJJC. TONGJI. EDU. CN

这种形式相当于使用了公共账号 Anonymous，密码是任意一个有效的 E - mail 地址或 Guest。

② 使用账号和密码。例如

　　　FTP：//Users：123456@ JSJJC. TONGJI. EDU. CN

其中 Users 是账号，123456 是密码。

FTP 用户的权限是在 FTP 服务器上设置的。不同的 FTP 用户拥有不同的权限。

3. 电子邮件

电子邮件（E - mail）是 Internet 上的一种现代化通信手段。在电子邮件系统中，负责电子邮件收发管理的计算机称为邮件服务器，分为发送邮件服务器和接收邮件服务器。

每个用户经过申请，都可以拥有属于自己的电子邮箱。每个电子邮箱都有一个唯一的邮件地址，邮件地址的组成形式为

　　　邮箱名@ 邮箱所在的主机域名

例如，yzq98k@ 163. com 是一个邮件地址，它表示邮箱的名字是 yzq98k，邮箱所在的主机是 163. com。

使用电子邮件的专用软件有 Outlook Express、Foxmail。发送邮件时使用的协议是 SMTP（Simple Mail Transfer Protocol）传输邮件，接收邮件时使用的协议是 POP3（Post Office Protocol Version 3）。

4. 其他应用

（1）即时通信

即时通信（Instant Messenger，IM）是 Internet 提供的一种能够即时发送和接收信息的服务。现在即时通信不再是一个单纯的聊天工具，它已经发展成集交流、资信、娱乐、搜索、电子商务、办公协作和企业客户服务等为一体的综合化信息平台。随着移动互联网的发展，即时通信也在向移动化发展，用户可以通过手机收发消息。

常用的即时通信服务有腾讯的 QQ 和微信、新浪的 UC、微软的 Skype 等。

（2）博客和微博

博客（Blog），又称为网络日志，是一种通常由个人管理、不定期张贴新的文章

的网站，是社会媒体网络的一部分。

微博（MicroBlog）是一个基于用户关系的信息分享、传播以及获取的平台。用户可以通过微博组建个人社区，以 140 字左右的文字更新信息，并实现即时分享。最早也是最著名的微博是美国的 twitter，我国使用最广泛的是新浪微博。

（3）VPN

VPN（Virtual Private Network，虚拟专用网络）是一种远程访问技术。什么是远程访问？出差在外地的员工访问单位内网的服务器资源就是远程访问。实现远程访问的一种常用技术就是 VPN，即在 Internet 上专门架设一个专用网络。

VPN 实现方案是在单位内网中架设一台 VPN 服务器，它既连接内网，又连接公网。不在单位的员工通过 Internet 找到 VPN 服务器，然后通过它进入单位内网。从用户的角度来说，使用 VPN 后，外地用户的计算机如同单位内网上的计算机一样，这就是 VPN 应用广泛的原因。

为了保证数据安全，VPN 服务器和客户机之间的通信数据都进行了加密处理。

（4）远程桌面

远程桌面（Remote Desktop，RDP）是让用户在本地计算机上控制远程计算机的一种技术。有了远程桌面功能后，用户可以操作远程的计算机，如安装软件、运行程序等，所有的一切都好像是本地计算机上操作一样。

使用远程桌面不需要安装专用的软件，只需进行简单的设置。

① 在远程计算机上的系统属性窗口中选择"远程"选项卡，选定"允许远程协助连接这台计算机"选项，如图 8.2.13 所示。

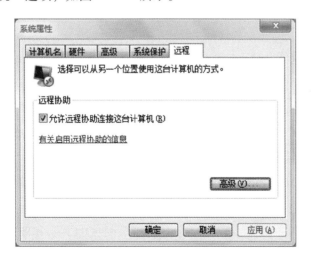

图 8.2.13　远程计算机开启设置远程桌面功能

② 在本地计算机上，运行"附件"│"远程桌面连接"程序，输入远程计算机的

域名或 IP 地址，再输入远程计算机的密码，如图 8.2.14 所示。

图 8.2.14   本地计算机连接远程计算机

电子教案 8.3

8.3   信息浏览和检索

在 WWW 上浏览信息是 Internet 最基本的功能。信息浏览可以分为 3 个层次：基本使用、搜索引擎、文献检索。

1. 基本使用

使用浏览器浏览信息时，只要在浏览器的地址栏中输入相应的 URL 或 IP 地址即可。例如，浏览教育部主页，只需在浏览器的地址栏中输入"http://www. moe. gov. cn"，如图 8.3.1 所示，然后通过点击主页上的超链接，就可以浏览相关的内容了。

浏览网页时，可以用不同方式保存整个网页，或保存其中的文本、图片等。保存当前网页时要指定保存类型。常用的保存类型有如下几种。

① 网页，全部（ *. htm；*. html）。保存整个网页，网页中的图片被保存在一个与网页同名的文件夹内。

② Web 档案，单一文件（*. mht）。把整个网页的文字和图片一起保存在一个 mht 文件中。

2. 搜索引擎

搜索引擎是用来搜索网上资源的工具。自 1994 年，斯坦福大学（Stanford Univer-

图 8.3.1 浏览信息

sity）的 David Filo 和美籍华人杨致远（Jerry Yang）共同创办了超级目录索引 Yahoo
以后，搜索引擎的概念便深入人心，并从此进入了高速发展时期。目前，Internet 上的
搜索引擎已达数百家。国内常用的搜索引擎如表 8.3.1 所示。

搜索引擎名称	URL 地址	说　　明
百度	PC 端：https://www.baidu.com 移动端：https://m.baidu.com	全球最大的中文搜索引擎
神马	PC 端：下载 UC 浏览器 移动端：https://m.sm.cn	主要使用在移动互联网
360 搜索	PC 端：https://www.so.com 移动端：https://m.so.com	
搜狗搜索	PC 端：https://www.sogou.com 移动端：https://www.sogou.com	
Google	http://www.google.com	全球最大的搜索引擎，国内不常用

▶表 8.3.1
常用搜索引擎

　　搜索引擎并不真正搜索 Internet，它搜索的是预先整理好的网页索引数据库。当用
户以某个关键词查找时，所有在页面内容中包含了该关键词的网页都将作为搜索结果
被搜出来。在经过复杂的算法进行排序后，这些结果将按照与搜索关键词的相关度高

低，依次排列，呈现给用户的是到达这些网页的链接。搜索结果中的网页快照是保存数据库中的网页，访问速度快，但网页可能会凌乱。

除了搜索网页以外，各搜索引擎都提供了许多重要的分类搜索。如百度提供的重要分类搜索有如下几种。

① 百度百科。内容开放、自由的网络百科全书。

② 百度地图。网络地图搜索服务。

3. 文献检索

文献检索是指将文献按一定的方式组织和存储起来，并根据用户的需要找出有关文献的过程。在 Internet 上进行文献检索，因为具有速度快、耗时少、查阅范围广等显著优点，正日益成为科研人员的一项必备技能。

（1）文献数据库

为方便利用计算机进行文献检索，在 Internet 上建立了许多文献数据库，存放了数字化的文献信息和动态性信息。用户可以从这些数据库中以文献的关键字、作者、发表年份等查找相关文献，最后以 PDF 或 CAJ 格式呈现给用户。目前，各高校的图书馆都陆续引进了一些大型文献数据库，如中国知网 CNKI、万方数字资源系统、维普中国科技期刊、IEEE/IEE（IEL）等，这些电子资源以镜像站点的形式链接在校园网上供校内师生使用，各学校的网络管理部门通常采用 IP 地址控制访问权限，在校园网内进入时无需账号和密码。

文献数据库常用的网络资源有学术期刊、博士学位论文、优秀硕士论文、重要会议论文等。

为了满足高等院校广大师生文献检索的需要，我国还建立了中国高等教育文献保障系统（China Academic Library & Information System，CALIS），把国家的投资、现代图书馆理念、先进的技术手段、高校丰富的文献资源和人力资源结合起来，实现信息资源共建、共知、共享，以发挥最大的社会效益和经济效益。

（2）文献检索方法

文献数据库众多，检索方法不尽相同。一般来说，使用文献数据库检索文献，首先要选择合适的数据库，然后在该数据库的检索页面中指定关键词等信息。例如，图 8.3.2 是在维普中国科技期刊数据库检索关键词"信息安全"的文献。

另外，各大搜索引擎也提供了文献搜索，如百度学术搜索等。

在 Internet 上检索到的文献很多是需要付费下载的，所以可将以上两种手段结合起来使用，首先通过百度的学术搜索，查找到文献的出处，然后再到学校图书馆的相应数据库中，检索并下载文献的全文。

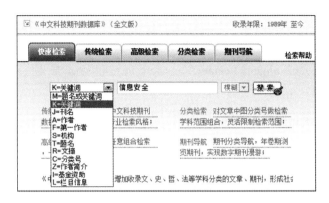

图8.3.2　中国科技期刊数据库中的检索

8.4　网页设计

电子教案8.4

随着 Internet 的发展与普及，尤其是 Web 的快速增长，人们都想建立自己的网站，将单位的信息，甚至是个人信息发布在网上。

网页设计工具有很多，常用的有 Dreamweaver 和 FrontPage。一般来说，专业人员使用 Dreamweaver，非专业人员因熟悉 Office 软件而一般使用 FrontPage。不论使用何种的设计工具，最终都是产生由超文本标记语言所组成的网页。另外，由于网页中嵌入许多图片和动画，所以也会用到 Photoshop 和 Flash。因此，Dreamweaver、Photoshop 和 Flash 被称为网页设计的三剑客。如图 8.4.1 所示。

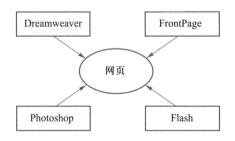

图 8.4.1　网页设计工具

超文本标记语言（Hypertext Markup Language，HTML）是用于描述网页文档的标记语言，由万维网协会（W3C）于 20 世纪 80 年代制定，最新版本是 HTML 5。

例 8.1　一个用 HTML 标识语言编写的简单网页，浏览效果如图 8.4.2 所示。

< Html >

 < Head >

  < Title >我的网站</Title >

```
            </Head>
            <Body>
                <h2 align="center"><font face="方正舒体">我的第一个主页
</font></h2>
                <p align="center">
                <font color="#FF0000" size="5">welcome to my homepage</font>
            </Body>
        </Html>
```

图 8.4.2　网页设计工具

说明：HTML 文档由头部（Head）和主体（Body）两大部分组成。头部描述浏览器所需的信息，主体包含所要说明的具体内容。这种结构的基本格式为

```
    <Html>
        <Head>
            <Title>网页标题</Title>
            …
        </Head>
        <Body>
            …
        </Body>
    </Html>
```

HTML 可以说是迄今为止最为成功的标记语言，由于其简单易学，因而在网页设计领域被广泛应用。但 HTML 也存在缺陷，主要表现太简单、太庞大、数据与表现混杂的缺点，难以满足日益复杂的网络应用需求。所以在 HTML 的基础上发展起来了 XHTML。

XHTML（The Extensible Hypertext Markup Language，可扩展超文本标记语言）是一个基于可扩展标识语言（The Extensible Markup Language，XML）的标记语言，它结合了 XML 的强大功能及 HTML 的简单特性，因而可以看成是一种增强了的 HTML，

它的可扩展性和灵活性将适应未来网络应用更多的需求。

8.4.1 Dreamweaver 概述

直接使用 HTML 或 XHTML 语言编写网页，需要一定的编程基础并且费时费力，可视化网页设计工具可以使网页设计变得轻松自如，即使是非专业的人员也能制作出精美、漂亮的网页来。

常用的网页设计工具有 Macromedia 公司的 Dreamweaver，它集网页设计和网站管理于一身，将"所见即所得"的网页设计方式与源代码编辑完美结合，在网站设计制作领域应用非常广泛。本节使用的是 Dreamweaver 8.0。

1. 窗口布局

Dreamweaver 采用将全部元素置于一个窗口中的集成布局，如图 8.4.3 所示。在集成的工作区中，全部窗口和面板都被集成到一个更大的应用程序窗口中。

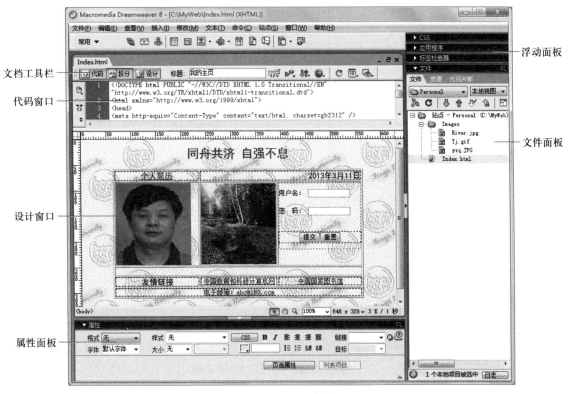

图 8.4.3 Dreamweaver 8.0 工作窗口

（1）文档窗口

文档窗口有 3 种视图，可以通过文档工具栏切换。

① 设计视图。显示网页编辑界面，查看网页的设计效果。

② 代码视图。显示网页的源代码。

③ 拆分视图。同时显示当前文档的代码视图和设计视图,上面为网页的源代码,下面为网页的设计效果。

（2）属性面板

在网页中选择对象,其属性就显示在下面的属性面板中,在其中可以设置和修改。

2. 网页模板

Dreamweaver 为网页设计提供了不同类型的模板供用户选择,如图 8.4.4 所示,利用模板可以方便地制作各种专业网页。

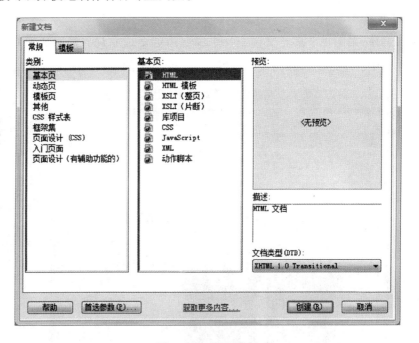

图 8.4.4   网页模板

3. 站点管理

在 Dreamweaver 中,不仅可以创建单独的网页,还可以创建完整的 Web 站点。若要充分利用 Dreamweaver 的功能,则需要创建站点。例如,创建站点后,可以将站点上传到 Web 服务器、自动跟踪和维护链接、管理文件以及共享文件。

创建本地站点的方法如下。

单击"站点"|"新建站点"命令,打开如图 8.4.5 所示的对话框,用户可以在向导的引导下一步步地创建站点。由于这里是在本地计算机上创建由简单网页组成的站点,所以除了确定站点名称和对应的文件夹以外,还应做如下的选择。

① "您的站点的 HTTP 地址（URL）是什么?",不指定。

② 选择"否,我不想使用服务器技术"。

③ 选择"编辑我的计算机上的本地副本,完成后我再上传到服务器"。

④ "您如何连接到远程服务器?",无。

也可以通过"高级"选项卡设置本地站点。创建了站点之后,可以随时通过"站点"|"站点管理"命令对站点的属性进行设置和修改。

创建站点后,"文件"面板中显示站点中的文件夹和文件,如图 8.4.6 所示。在"文件"面板中,可以对本地站点内的文件夹和文件进行创建、删除、重命名、移动和复制等操作。

图 8.4.5　创建站点　　　　图 8.4.6　查看站点文件和文件夹

8.4.2　Dreamweaver 网页设计

下面先通过一个例子介绍网页设计和过程,然后再稍详细说明网页重要元素的设计方法。

1. 设计一个简单网页

例 8.2　创建名称为 Personal 的站点,并在其中按如下要求设计简单网页 Index. html,如图 8.4.7 所示。

要求:

① 网页背景为 Tj. gif,标题为"我的主页"。

素材图片

图 8.4.7   Index. html 网页

② 创建 CSS 样式。

● S1：黑体、蓝色、18 pt，格式化"同舟共济 自强不息"。

● S2：黑体、12 pt，格式化"个人主页"、日期和"友情链接"。

● S3：10 pt，格式化其他文字。

③ "个人简历"链接到 Jianli. htm，在同一个 IE 窗口打开。

④ 表格第二行左侧是一张个人照片；中间是一张照片；右侧是一个表单，其中用户名和密码的字符宽度和最多字符数均为 12 个字符。

⑤ 第四行两个超链接分别链接到中国教育和科研计算机网和中国国家图书馆。

⑥ abc@163. com 超链接到电子邮件地址"mailto：abc@163. com"。

设计步骤如下。

① 创建 C：\MyWeb 作为站点文件夹，再在其中创建 Images 文件夹用于存放网页的图片。

② 执行"站点"|"创建站点"命令创建 Personal 站点。

③ 执行"文件"|"新建"命令制作 Html 基本页，初始文件名为 Untitled － 1. html，保存时改为 Index. html。

④ 执行"修改"|"页面属性"命令，在"页面属性"对话框中的"外观"类中设置背景图像为 Tj. jpg，如图 8.4.8 所示；在"标题/编码"类中设置网页标题为"我的主页"，如图 8.4.9 所示。

设置背景图像时，Dreamweaver 会提醒复制图像文件到站点文件夹中。若不复制，则网页复制到其他计算机时会遗漏图像文件。

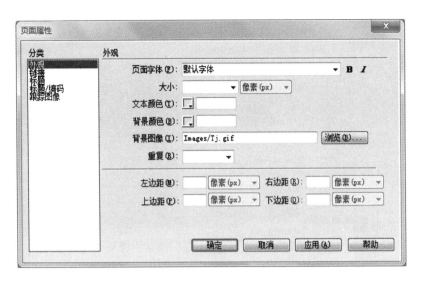

图 8.4.8　设置网页背景图片

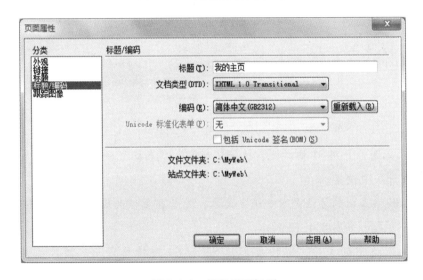

图 8.4.9　设置网页标题

⑤ 执行"文本"|"CSS 样式"|"新建"命令建立 S1、S2、S3 样式。

CSS（Cascading Style Sheet，风格样式表）用于网页风格设计。例如，如果想让超链接未单击时是蓝色的，当鼠标移上去后字变成红色且有下画线，这就是一种风格。通过设立样式表，可以统一地控制网页的外观以及创建特殊效果。

CSS 有两种方法保存：在图 8.4.10 所示的对话框中，若选定"新建样式表文件"选项，则以文件的形式单独保存 CSS 代码，扩展名为 CSS，将来可以使用在其他网页中；若选定"仅对该文档"选项，则 CSS 代码保存在网页文件中，只能在当前网页中使用。CSS 规则定义对话框如图 8.4.11 所示。

图 8.4.10　"新建 CSS 规则"对话框

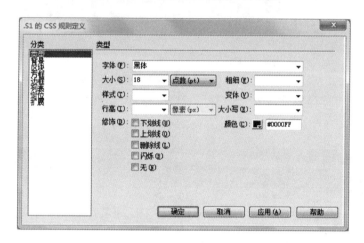

图 8.4.11　CSS 规则定义对话框

⑥ 输入标题，并用 S1 格式化，执行"插入"｜"表格"命令插入 5×3 的表格。标题和表格进行居中设置。

使用 CSS 格式化的方法是首先选定文本，然后在属性面板的样式下拉列表中选择所需的 CSS 样式，如图 8.4.12 所示。

⑦ 输入表格中的文字，并按要求用 S2 和 S3 进行格式化；插入图片，并调整大小。

⑧ 设置超链接。"个人主页"链接到 Jianli. html，中国教育和科研计算机网链接到 http://www. edu. cn，中国国家图书馆链接到 http://www. nlc. gov. cn，abc@163. com 链接到 mailto:abc@163. com。

"个人主页"超链接目标设置为"_self"，浏览时可以在同一个浏览器窗口打开，如图 8.4.13 所示。

图 8.4.12　使用 CSS 格式化

图 8.4.13　超链接

⑨ 执行"插入"|"表单"命令插入表单，并且在其中插入两个文本域、两个按钮。

表单在网页中主要负责数据采集功能，插入后用虚线显示。文本域、按钮都必须插入在表单中；否则提交和重置时将失效。也就是说，提交和重置按钮只对同一个表单中的表单域有效。

文本域和按钮的属性非常简单，方法是首先选定文本域或按钮，然后在下面的属性面板中设置，如图8.4.14和图8.4.15所示。

图 8.4.14　文本域属性设置

图 8.4.15　按钮属性设置

⑩ 最后保存网页，并用浏览器浏览。

2. 页面布局

设计一个网页首先考虑的问题是页面布局。页面布局是对网页中的各个元素在网页上进行合理安排，使其具有和谐的比例和艺术的效果。在 Dreamweaver 中，常常借助表格和层来布局页面。

（1）表格

使用表格可以控制页面中元素的对齐，使大量的信息整齐地展示在网页中，如例8.1。

表格插入的方法是执行"插入"|"表格"命令，表格和单元格的属性通常在属性面板中设置。

（2）层

用表格布局页面需要事先把整个页面设计出来，对页面布局不满意时，进行调整也是一件麻烦的工作，因而在创建复杂网页时，层常用来实现网页元素的精确定位。

层相当于 Word 中浮动的文本框，可以用鼠标拖动到页面的任务地方。如图8.4.16 中有一个层，内含"同舟共济 自强不息"文字，可以用鼠标拖曳到任何想放置的地方。例8.1 也可以使用层来实现。

创建层的方法是执行"插入"|"布局对象"|"层"命令。层的属性也是在其属性面板中设置。

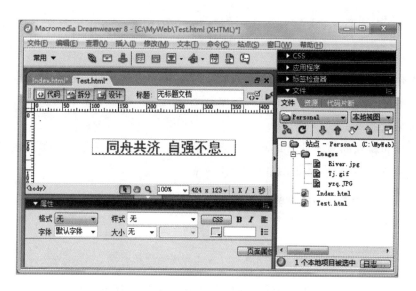

图 8.4.16　用层布局页面

3. 网页中基本元素的编辑

网页的基本元素有文本、图像、超链接、表单等。

（1）文本

设置文本属性有两种方法：一是通过创建 CSS 进行设置，这是常用的方法；二是在属性面板中进行设置。

通过"插入"｜"HTML"中的命令可以在网页中插入水平线，以及键盘无法输入的特殊字符等。

（2）图像

在网页中恰当地运用图像，可以体现出一个网站的风格和特色，提高站点的访问率。网页中使用的图像文件格式主要有 GIF 和 JPEG 格式。

为了方便管理，图像文件一般不与网页保存在同一个文件夹中，而是存入一个专门文件夹（如 Images）中。

注意：若不创建站点直接建立网页，则网页中图像文件的路径是本地的绝对路径，复制到其他计算机中浏览时会出现路径问题。

（3）超链接

在 Dreamweaver 中，可以为文本和图像创建 3 种类型的超链接：网页之间的超链接、网页中指定位置的锚记超链接和电子邮件的超链接。

超链接的"目标"有如下 4 个选项。

- _blank：链接目标在新窗口中打开。

- _self：链接目标在本窗口中打开。

- _top:链接目标在上级窗口打开（使用多级框架时）。
- _parent:链接目标在父窗口打开（使用框架时）。

① 网页之间的超链接。创建网页之间的超链接时，不应用绝对路径，而是指定一个相对于站点当前文档或者站点根文件夹的相对路径，这样当网站文件夹更名或者更换位置时，就不需要重新修改链接了。

② 锚记链接。锚记链接是指链接到同一个网页或不同网页中指定位置的超链接。当一个网页文件长达几个屏幕才能显示完毕时，对文件中的各个专题部分加上标记，称为锚记，浏览者只要点击锚记就可以快速到达指定的部分（如图 8.4.17 所示）。

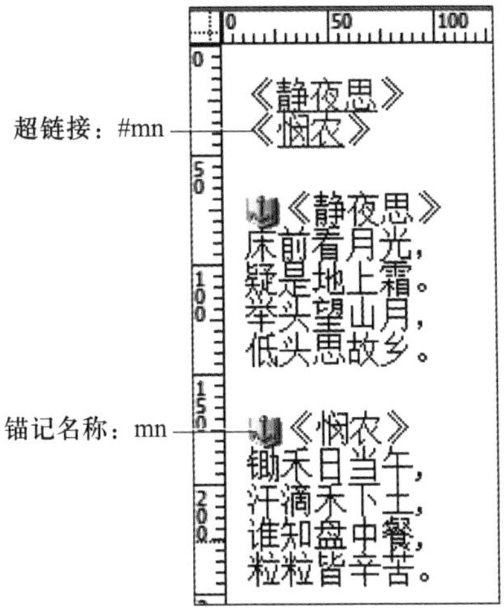

图 8.4.17　锚记的定义

锚记使用分为如下两步。

- 用"插入"|"命名锚记"命令在要放置锚记的位置插入锚记，并输入锚记的名称，如 mn。
- 建立到锚记的超链接。到锚记的超链接表示为"#"＋锚记名称，如#mn。

③ 电子邮件的超链接。电子邮件的超链接是在电子邮箱之前加上"mailto:"，如 mailto:abc@163.com。

要在图像上添加多个超链接，可以使用 Dreamweaver 提供的图像地图功能。图像地图是指一个图像中创建多个热点区域，每个热点区域包含一个超链接，热点形状可以是矩形、圆形或者多边形。热点位置可自行设定，创建热点的方法是：首先选定图片，然后在"属性"面板中选择 □ ○ ♡ 中的一个，在图片上画出一个圆、矩形或多边形的热点区域，最后在热点的"属性"面板中创建超链接。

（4）表单

表单为用户输入信息提供了一种有序的结构，表单中用来输入信息的各种表单元素，称为表单域，常用的表单域有文本域、单选按钮、复选框、列表、按钮等。通常每个表单域添加一个标签，如"用户名"，用来提示用户这个表单域中应该输入什么信息。

建立表单的方法是执行"插入"|"表单"|"表单"命令。

（5）行为

行为能使用户极为方便地创作出复杂的动画效果，或者执行某些特定的任务，例如改变网页元素的属性、播放声音等。行为包括事件和动作两部分，事件是指发生在网页元素上的事情，如 onClick（单击鼠标）、onMouseMove（移动鼠标）等，动作指事件发生时，网页做出的响应。

在 Dreamweaver 中选中某个网页元素时，"行为"面板中  按钮的下拉列表中显示所有可附加到当前元素的动作，如图 8.4.18 所示，选择一个动作，设置相应的参数，即可将行为添加到所选网页元素中。

例 8.3　交换图像。修改例 8.2，使得鼠标移动到网页中间的图片时变成另一幅图片。

① 选中图片，单击"行为"面板上的 按钮，从下拉列表中选择"交换图像"选项，在弹出的对话框中选择要交换的图片。

注意：若没有"行为"面板，则执行"窗口"|"行为"命令。

② 单击"行为"面板上的 按钮，检查触发该事件的行为，可以看到建立了当"OnMouseOver（鼠标经过）"时"交换图像"和"OnMouseOut（鼠标移出）"时"恢复交换图像"的行为。

图 8.4.18　添加行为

电子教案 8.5

8.5　网络安全基础

网络的安全威胁主要来自于自然灾害、系统故障、操作失误和人为的蓄意破坏，对前 3 种威胁的防范可以通过加强管理和采取各种技术手段来解决，而对于病毒的破坏和黑客的攻击等人为的蓄意破坏则需要进行综合防范。

随着网络技术的发展，网络通信及其应用日益普及，网络安全问题则越来越严重，用户必须了解常见的网络安全威胁，掌握必要的防范措施，防止泄漏自己的重要信息。

8.5.1　网络病毒及其防范

1. 网络病毒概述

1988 年 11 月美国康奈尔大学（Cornell University）的研究生罗伯特·莫里斯（Robert Morris）利用 UNIX 操作系统的一个漏洞，制造出一种蠕虫病毒，造成连接美国国防部、美军军事基地、宇航局和研究机构的 6 000 多台计算机瘫痪数日，这就是第一个在网络上传染的计算机病毒。

计算机病毒是指编制或者在计算机程序中插入的破坏计算机功能或者数据，影响计算机使用并且能够自我复制的一组计算机的指令或者程序代码。传统单机病毒主要以破坏计算机的软硬件资源为目的，具有破坏性、传染性、隐蔽性和可触发性等特点。随着反病毒技术的不断发展，查毒和杀毒技术日益成熟，这些传统单机病毒已经比较少见了。

网络病毒则主要通过计算机网络来传播，病毒程序一般利用操作系统中存在的漏洞，通过电子邮件附件和恶意网页浏览等方式来进行传播，其破坏性和危害性都非常大。网络病毒主要分为蠕虫病毒和木马病毒两大类。

（1）蠕虫病毒

蠕虫是一种通过网络进行传播的恶性病毒，具有一般病毒的传染性、隐蔽性和破坏性等特点。蠕虫实质上是一种计算机程序，能够通过网络连接不断传播自身的复制（或蠕虫的某些部分）到其他的计算机，这样不仅消耗了大量的本机资源，而且占用了大量的网络带宽，导致网络堵塞而使网络服务拒绝，最终造成整个网络系统的瘫痪。

蠕虫病毒主要通过系统漏洞、电子邮件、在线聊天和局域网下的文件夹共享等功能进行传播。

（2）木马病毒

特洛伊木马（Trojan Horse）原指古希腊士兵藏在木马内进入敌方城市从而攻占城市的故事。木马病毒实质是一段计算机程序，木马程序由两部分组成：客户端（一般由黑客控制）和服务端（隐藏在感染了木马病毒的用户机器上）。服务端的木马程序会在用户机器上打开一个或多个端口与客户端进行通信，这样黑客就可以窃取用户机器上的账号和密码等机密信息，甚至可以远程控制用户的计算机，如删除文件、修改注册表、更改系统配置等。

木马病毒一般是通过电子邮件、在线聊天工具和恶意网页等方式进行传播，多数都是利用了操作系统中存在的漏洞。

2. 网络病毒的防范

远离病毒的关键是做好预防工作，在思想上予以足够的重视，采取"预防为主，防治结合"的方针。

预防网络病毒首先必须了解网络病毒进入计算机的途径，然后想办法切断这些入侵的途径就可以提高网络系统的安全性，下面是常见的病毒入侵途径及相应的预防措施。

① 通过安装插件程序。用户浏览网页的过程中经常会提示安装某个插件程序，有些木马病毒就是隐藏在这些插件程序中，如果用户不清楚插件程序的来源就应该禁止其安装。

② 通过浏览恶意网页。由于恶意网页中嵌入了恶意代码或病毒，用户在不知情的情况下点击这样的恶意网页就会感染上病毒，所以不要去随便点击那些具有诱惑性的恶意站点。另外，可以安装 360 安全卫士和 Windows 清理助手等工具软件来清除恶意软件，修复被更改的浏览器地址。

③ 通过在线聊天。如"MSN 病毒"就是利用 MSN 向所有在线好友发送病毒文件，一旦中毒就有可能导致用户数据泄密。对于通过聊天软件发送来的任何文件，都要经过确认后再运行，不要随意点击聊天软件发送来的超链接。

④ 通过邮件附件。通常是利用各种欺骗手段诱惑用户点击的方式进行传播，如"爱虫病毒"，邮件主题为"I LOVE YOU"，并包含一个附件，一旦打开这个邮件，系统就会自动向通信簿中的所有联系人发送这个病毒的复制，造成网络系统严重拥塞甚至瘫痪。防范此类病毒首先需提高自己的安全意识，不要轻易打开带有附件的电子邮件。其次安装杀毒软件并启用"邮件发送监控"和"邮件接收监控"功能，提高对邮件类病毒的防护能力。

⑤ 通过局域网的文件共享。关闭局域网下不必要的文件夹共享功能，防止病毒通过局域网进行传播。

以上传播方式大多利用了操作系统或软件中存在的安全漏洞，所以应该定期更新操作系统，安装系统的补丁程序，也可以用一些杀毒软件进行系统的"漏洞扫描"，并进行相应的安全设置，提高计算机和网络系统的安全性。

8.5.2　网络攻击及其防范

1. 黑客攻防

黑客（Hacker）一般指的是计算机网络的非法入侵者，他们大多是程序员，对计算机技术和网络技术非常精通，了解系统的漏洞及其原因所在，喜欢非法闯入并以此作为一种智力挑战而沉醉其中。还有一些黑客则是为了窃取用户的机密信息、盗用系统资源或出于报复心理而恶意毁坏某个信息系统等。为了尽可能地避免受到黑客的攻击，先了解黑客常用的攻击手段和方法，然后才能有针对性地进行防范。

（1）黑客攻击方式

① 密码破解。如果不知道密码而随便输入一个，猜中的概率就像彩票中奖的概率一样。但是如果连续测试 1 万个或更多的口令，那么猜中的概率就会非常高，尤其利用计算机进行自动测试。

现假设密码只有 8 位，每一位可以是 26 个字母和 10 个数字，那每一位的选择就有 62 种，密码的组合可达 62^8 个（约 219 万亿），如果逐个去验证所需时间太长，所以黑客一般会利用密码破解程序尝试破解那些用户常用的密码，如生日、手机号、门牌号、姓名加数字等。

应对的策略就是使用安全密码，首先在注册账户时设置强密码（8 ~ 15 位左右），采用数字与字母的组合，这样不容易被破解。其次在电子银行和电子商务交易平台尽量采用动态密码（每次交易时密码会随机改变），并且使用鼠标点击模拟数字键盘输入而不通过键盘输入，可以避免黑客通过记录键盘输入而获取自己的密码。

② IP 嗅探（即网络监听）。黑客通过改变网卡的操作模式接受流经该计算机的所有信息包，截获其他计算机的数据报文或口令。例如当用户 A 通过 Telnet 远程登录到用户 B 的机器上后，黑客就可能会通过类似于 Sniffit 网络监听软件截获用户的 Telnet 数据包。

应对的措施就是对传输的数据进行加密，即使被黑客截获，也无法得到正确的信息。

③ 网络钓鱼（即网络诈骗）。网络钓鱼（Phishing）就是黑客利用具有欺骗性的电子邮件和伪造的 Web 站点来进行网络诈骗活动，受骗者往往会泄露自己的敏感信息，如信用卡账号与密码、银行账户信息、身份证号码等。

通常诈骗者将自己伪装成网络银行、在线零售商和信用卡公司等，向用户发送类似紧急通知、身份确认等虚假信息，并诱导用户点击其邮件中的超链接，用户一旦点击超链接，将进入诈骗者精心设计的伪造网页，骗取用户的私人信息。

例如，骗取 Smith Barney 银行用户账号和密码的"网络钓鱼"电子邮件，该邮件利用了 IE 的图片映射地址欺骗漏洞，用一个显示假地址的弹出窗口遮挡住了 IE 浏览器的地址栏，如图 8.5.1 所示，使用户无法看到此网站的真实地址。当用户点击超链接时，实际连接的是钓鱼网站 http:// ∗∗.41.155.60:87/s，该网站页面酷似 Smith Barney 银行网站的登录界面，如图 8.5.2 所示，用户一旦输入自己的账号与密码，这些信息就会被发送给黑客。

防范此类网络诈骗的最简单方法就是不要轻易点击邮件发送来的超链接，除非是确实信任的网站，一般都应该在浏览器的地址栏中输入网站地址进行访问。其次是及时更新系统，安装必要的补丁程序，堵住软件的漏洞。

④ 端口扫描。利用一些端口扫描软件如 SATAN、IP Hacker 等对被攻击的目标计算机进行端口扫描，查看该机器的哪些端口是开放的，然后通过这些开放的端口发送木马程序到目标计算机上，利用木马来控制被攻击的目标。例如"冰河 V8.0"木马就利用了系统的 2001 号端口。

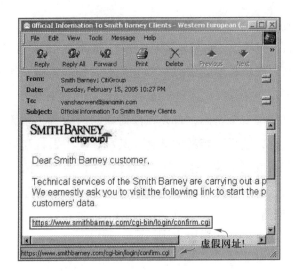

图 8.5.1   钓鱼邮件

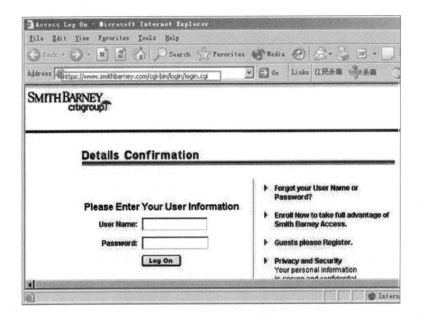

图 8.5.2   伪造的登录界面

应对的措施是只有真正需要的时候才打开端口，不为未识别的程序打开端口，端口不需要时立即将其关闭，不需要上网时断开网络连接。

（2）防止黑客攻击的策略

① 身份认证。通过密码、指纹、面部特征（照片）或视网膜图案等特征信息来确认用户身份的真实性，只对确认了的用户给予相应的访问权限。

② 访问控制。系统应当设置入网访问权限、网络共享资源的访问权限、目录安全等级控制、防火墙的安全控制等，通过各种安全控制机制的相互配合，才能最大限度

地保护系统免遭黑客的攻击。

③ 审计。记录网络上用户的注册信息，如注册来源、注册失败的次数等，记录用户访问的网络资源等，当遭到黑客攻击时，这些数据可以用来帮助调查黑客的来源，并作为证据来追踪黑客，也可以通过对这些数据的分析来了解黑客攻击的手段以找出应对的策略。

④ 保护 IP 地址。通过路由器可以监视局域网内数据包的 IP 地址，只将带有外部 IP 地址的数据包路由到 Internet 中，其余数据包被限制在局域网内，这样可以保护局域网内部数据的安全。路由器还可以对外屏蔽局域网内部计算机的 IP 地址，保护内部网络的计算机免遭黑客的攻击。

2. 防火墙

防火墙是位于计算机与外部网络之间或内部网络与外部网络之间的一道安全屏障，其实质就是一个软件或者是软件与硬件设备的组合。用户通过设置防火墙提供的应用程序和服务以及端口访问规则，达到过滤进出内部网络或计算机的不安全访问，从而提高网络和计算机系统的安全性和可靠性。

（1）防火墙的功能

防火墙的主要功能包括用于监控进出内部网络或计算机的信息，保护内部网络或计算机的信息不被非授权访问、非法窃取或破坏，过滤不安全的服务，提高企业内部网的安全，并记录了内部网络或计算机与外部网络进行通信的安全日志，如通信发生的时间和允许通过的数据包和被过滤掉的数据包信息等，还可以限制内部网络用户访问某些特殊站点，防止内部网络的重要数据外泄等。

例如，用 Internet Explorer 浏览网页、Outlook Express 收发电子邮件时，如果没有启用防火墙，那么所有通信数据就能畅通无阻地进出内部网络或用户的计算机。启用防火墙以后，通信数据就会根据防火墙设置的访问规则受到限制，只有被允许的网络连接和信息才能与内部网络或用户计算机进行通信。

（2）Windows 防火墙

在 Windows 操作系统中自带了一个 Windows 防火墙，用于阻止未授权用户通过 Internet 或网络访问用户计算机，从而帮助保护用户的计算机。

Windows 防火墙能阻止从 Internet 或网络传入的"未经允许"的尝试连接。当用户运行的程序（如即时消息程序或多人网络游戏）需要从 Internet 或网络接收信息时，那么防火墙会询问用户是否取消"阻止连接"，若取消"阻止连接"，Windows 防火墙将创建一个"例外"，即允许该程序访问网络，以后该程序需要从 Internet 或网络接收信息时，防火墙就不会再询问用户了。

Windows 防火墙默认处于启用状态，时刻监控计算机的通信信息。虽然防火墙可以保护用户计算机不被非授权访问，但是防火墙的功能还是有限的，表 8.5.1 列出了 Windows 防火墙能做到的防范和不能做到的防范，为了更全面地保护用户的计算机，用户除了启用防火墙，还应该采取其他一些相应的防范措施，如安装防病毒软件、定期更新操作系统、安装系统补丁以堵住系统漏洞等。

▶ 表 8.5.1

Windows 防火墙的功能

能　做　到	不　能　做　到
阻止计算机病毒到达用户的计算机	检测计算机是否感染了病毒或清除已有病毒
请求用户的允许，以阻止或取消阻止某些连接请求	阻止用户打开带有危险附件的电子邮件
创建安全日志，记录对计算机的成功连接尝试和不成功的连接尝试	阻止垃圾邮件或未经请求的电子邮件

电子教案 8.6

8.6　网页发布

网站制作完成后，需要将网站所有的网页文件上传到 Web 服务器上，以便让更多人浏览，这就是网页发布。

1. Web 服务器构建

目前，常见的 Web 服务软件有微软的 IIS、Apache HTTP Server、Nginx 等。下面以 IIS 为例，介绍在 Windows 7 中 Web 服务器的建立。

（1）安装 Web 服务器

① 若系统为 Windows Server，则已默认安装了 IIS，不必另行安装。

② 若系统为 Windows 7/8 旗舰版、专业版或企业版，则需要通过控制面板安装 IIS。

当安装完成后，计算机就成为 Web 服务器，设置了一个默认的 Web 站点，该站点位于 C:\InetPub\wwwroot 中，默认的 IP 地址为 127.0.0.1，域名为 Localhost。

（2）添加网站

启动 "控制面板" ｜ "系统和安全" ｜ "管理工具" 中的 "Internet 信息服务（IIS）管理器" 程序，窗口如图 8.6.1 所示。若要添加网站，则在左侧的 "连接" 窗格中用右击 "网站" 节点，在弹出的快捷菜单中选择 "添加网站" 命令，打开如图 8.6.2 所示对话框，输入网站名称、物理路径、主机名等网站参数。

说明：

① 物理路径实质是网站的主目录。每个 Web 站点都有一个主目录，主目录被映射为站点的域名或服务器名。当客户端在浏览器内输入 Web 服务器的 IP 地址或域名

图 8.6.1 "Internet 信息服务（IIS）管理器"窗口

图 8.6.2 添加网站

后，浏览器就会查找主目录下的主页文件。在图 8.6.2 中，网站的主目录为 D：\Test。

② Web 默认端口号为 80。为了在通信时不致发生混乱，就必须把端口号和 IP 地址结合起来使用。

③ 默认的 IP 地址"全部未分配"。如果必须为网站指定静态 IP 地址，则输入 IP 地址。

④ 可以为网站输入主机名称。

（3）设置默认文档

默认文档又称主页，当用户访问网站时服务器自动启动网页文档。最常用的名称是 Default. htm 和 Index. htm。

设置默认文档的方法是：先在左窗格中双击站点名称，再在中间窗口选择"默认文档"，弹出的对话框如图 8.6.3 所示，在其中添加默认文档。默认文档可以有多个，可以上、下移动改变优先顺序。

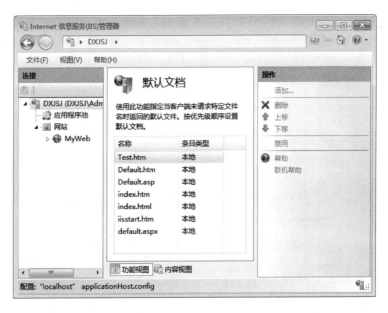

图 8.6.3　设置默认文档

（4）添加虚拟目录

要从主目录以外的其他目录发布信息，可以创建虚拟目录。虚拟目录机制使 Web 服务器将物理上未包含在主目录中的其他目录，在逻辑上看成主目录的子目录。就好像该目录是站点主目录的子目录一样，故名虚拟目录。

虚拟目录需要有一个别名，供浏览器访问此目录。使用别名可使 Web 站点更安全，因为用户无法知道文件存放的确切位置。使用别名也可以更方便地移动站点中的目录，只需更改别名与目录实际位置的映射。

例如，网页文件放在 D：\Test1 中，若将该文件夹映射为虚拟目录，别名为"MySub"，局域网内的用户在浏览器的地址栏中输入"http://192.168.0.1/MySub"，就可以访问该目录下的网页文件。在 Web 服务器上要发布两个或两个以上的站点时，可将它们映射为不同的虚拟目录。

添加虚拟目录文档的方法是：先在左窗格中右击站点名称，在弹出的快捷菜单中选择"添加虚拟目录"命令，弹出如图 8.6.4 所示对话框，在其中输入别名（虚拟目录名称）和对应的物理路径。

图 8.6.4　添加虚拟目录

2. 网页发布

配置好自己的 Web 服务器，并将其连接到 Internet 上，就可以发布网页了。

Dreamweaver 8.0 中的站点管理器就相当于一款优秀的 FTP 软件，可以成批地上传网页和文件夹，并支持断点续传功能。在用 Dreamweaver 8.0 发布站点之前，首先要对 Web 服务器上的远程站点进行设置，操作方法如下。

① 单击"站点"|"管理站点"命令，选择要管理的站点，单击"编辑"按钮，打开如图 8.6.5 所示的对话框。

② 在"分类"中选择"远程信息"选项，对远程站点进行设置，如果要将站点上传至远程站点的根目录，"主机目录"设置为空。设置好远程站点以后，就可以通过 Dreamweaver 发布站点了，过程如下。

a. 在"文件"面板中选择首页文件，例如 index.html，右击，在弹出的快捷菜单中选择"设成首页"命令。

b. 单击"文件"面板的上传按钮🔼，上传整个站点。

上传完成后，在文件面板中右击主页文件 index.html，在弹出的快捷菜单中选择"在浏览器中预览"命令，可以预览站点发布后的效果。

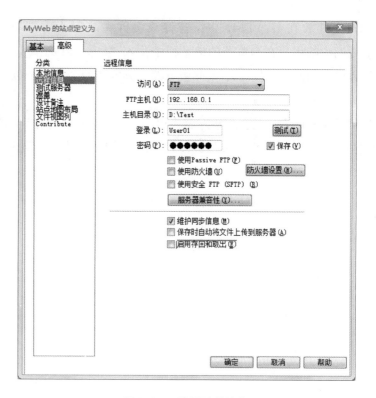

图 8.6.5　设置远程站点

习　题

1. IPv4 和 IPv6 中 IP 地址分别占多少位？

2. 请简述 IPv6 中 IP 地址采用的冒分十六进制表示法。

3. 在 IPv4 中，A 类、B 类和 C 类的 IP 地址区别是什么？

4. 顶级域名有几种类型？

5. 手动设置计算机 IP 地址时为什么要指定默认网关？ DNS 服务器的作用是什么？

6. 分别说明自己的计算机在家庭和学校接入 Internet 的方式。

7. 为什么要有共享接入？ 如何实现共享接入？

8. 什么是万维网？ 什么是 URL？

9. 分别说明什么是 FTP、VPN 和远程桌面，他们各有什么作用？

10. 请列举您学校图书馆引进的 3 个文献数据库。

11. 什么是网络病毒？网络病毒如何防治？

第 9 章
问题求解与算法

　　历史告诉人们，科学技术是在不断发现问题、解决问题的过程中得到发展的。20 世纪发明的计算机为人类问题求解提供了一种崭新的方法——计算思维，现今计算思维已经渗透到各学科，成为推动各学科学发展的主要动力，因此，运用计算思维去求解问题是每一个大学生都应具备的素质。

　　大家通过前几章的学习已经知道，计算机之所以能够处理复杂的问题全依靠程序的运行，而高质量的程序是基于优秀的算法。因此，本章主要介绍问题求解、算法的相关知识，使读者了解问题求解的一般过程以及算法，理解算法在解决实际问题过程中的地位和作用。

电子教案 9.1

9.1　问题求解

在生活、工作中，人们总是会遇到并且解决各种各样的问题，科学技术的发展史也可以说是一部发现问题、提出问题、解决问题的历史。面对各种各样的问题，各个学科既遵循或运用一般科学方法，又采用一整套本学科独有的专门方法。在现代计算机发明之前，人们在长期的科学研究、社会实践中，已经发现许多问题可以采用计算方法来求解，如大家熟知的黎曼积分法求积分、牛顿迭代法求方程的根，不过由于受到计算工具、计算速度的限制，许多问题无法通过计算来求解，例如气象预测、核弹爆炸模拟等，因而计算方法没有成为一般科学方法。20 世纪 40 年代电子计算机发明以后，因其速度快、精度高、逻辑运算能力强、自动化程度高等特点，使许多问题通过计算轻而易举地得到了解决，计算机为各学科的问题求解提供了新的手段和方法，运用计算方法求解问题的思维活动被称为计算思维，计算思维成为推动科学技术发展和人类文明进步的三大科学思维之一。

用计算机如何求解问题？或者说，问题是多种多样、千差万别的，抛开具体的问题，从方法论的角度去看，计算思维求解问题的过程或模型是什么？2006 年周以真教授提出了计算思维的本质是抽象和自动化。也就是说，从本质来说，求解问题的过程大致可以分成两步：一是问题抽象，完全超越物理的时空观用符号来表示；二是自动化，机械地一步一步自动执行，即编写程序。

1. 抽象

抽象是一种古已有之的方法，其本义是从众多的事物中抽取出共同的、本质性的特征，而舍弃其非本质的特征，如哥尼斯堡七桥问题抽象成图论问题。在计算机科学中，抽象是简化复杂的现实问题的最佳途径。抽象的具体形式是多种多样的，但是离不开两个要素，即形式化和数学建模。

（1）形式化

形式化是指在计算机科学中，采用严格的数学语言，具有精确的数学语义的方法。形式化是基于数学的方法，运用数学语言描述清楚问题的条件、目标以及达到目标的过程是问题求解的前提和基础。不同的形式化方法的数学基础是不同的，例如，有的以集合论和递归函数为基础，有的以图论为基础。

（2）数学建模

数学建模就是通过计算得到的结果来解释实际问题，并接受实际的检验，来建立数学模型的全过程。数学模型一般是实际事物的一种数学简化，常常是以某种意义上接近实际事物的抽象形式存在的，但与真实的事物有着本质的区别。例如，龙卷风模型、潮汐模型等。

　　形式化和数学建模都是基于数学的方法。某种意义上来说，数学建模就是一种形式化方法，形式化方法当面向模型时是通过建立一个数学模型来求解问题和说明系统行为的。

2. 自动化

　　抽象以后就是自动化，抽象是自动化的前提和基础。计算机通过程序实现自动化，而程序的核心是算法。因此，对于常见的简单问题，自动化分两步：设计算法和编写程序。

　　下面通过猴子吃桃问题说明计算思维中求解简单问题的一般过程。

程序代码：
猴子吃桃.cpp

例9.1　猴子吃桃问题。猴子第1天摘了若干个桃子，当即吃了一半，还不解馋，又多吃了一个；第2天，吃了剩下的桃子的一半，还不过瘾，又多吃了一个；以后每天都吃前一天剩下的一半多一个，到第10天想再吃时，只剩下一个桃子了。问第一天共摘了多少个桃子？

　　假定用 x_n 表示第 n 天桃子的数量。

（1）抽象

采用逆向思维，从后往前推断，发现数学的递推公式为

$$x_n = \begin{cases} 1 & n = 10 \\ 1/2 \times x_{n-1} - 1, \text{即 } x_{n-1} = (x_n + 1) \times 2 & n = 2,3,\cdots,10 \end{cases}$$

（2）自动化

设计算法和编写程序。

① 算法设计。根据上述递推公式设计算法。描述算法的方法有很多，下面给出用自然语言和伪代码两种方法描述的算法。

● **自然语言描述算法** 　　① 置初态：x←1，i←10； 　　② 如果 i 等于 1，则转⑥； 　　③ x←(x+1)*2； 　　④ i←i-1； 　　⑤ 转②； 　　⑥ 输出 x 的值； 　　⑦ 结束。

```
● 伪代码描述算法
  Begin
    x = 1
    i = 10
    While ( i >= 1 )
    {
        x = ( x + 1 ) * 2
        i = i - 1
    }
    Print x
End
```

② 编写程序

程序设计语言也有很多种，用 C 语言编写的程序代码如下。

```
#include < iostream. h >
int main( )
{    int x,i;
     x = 1;
     i = 10;
     while( i > = 1 )
     {    x = ( x + 1 ) * 2;
          i = i - 1;
     }
     cout << "第一天共摘了" << x << "个桃子" << endl;
     return 0;
}
```

从上述例子可以看出，计算机求解问题的过程可以大致分成两步：抽象和自动化。需要读者注意的是，上述例子是最简单的初等问题，问题求解的线路图非常清晰，但当面对复杂的问题时，求解的形式极其复杂，但是抽象和自动化是不会变的。

电子教案 9.2

9.2　程序与算法

计算机能解决实际问题是依靠程序的运行，而程序的核心是算法。在这一节中主要介绍程序和算法的相关概念。以解决问题为核心，用较易理解的伪代码或流程图形式描述典型的算法，让大家体会算法的作用，并逐步建立算法思维的方法。

9.2.1　程序

计算机系统能完成各种工作的核心是程序，那么程序是如何设计的？程序的核心又是什么？

下面通过程序引出"程序 = 数据结构 + 算法"的经典公式，然后介绍算法的概念、算法的表示、常用算法和程序设计语言等。

1. 什么是程序

在日常生活中，大家都知道做任何事情要有个先后次序，这些按一定的顺序安排的工作即操作序列，称为程序。

例 9.2 下面是某一个学校颁奖大会的程序：

① 主持人宣布颁奖会开始，介绍出席颁奖会的领导；

② 校长讲话；

③ 领导宣布获奖名单；

④ 领导颁奖；

⑤ 获奖代表发言；

⑥ 主持人宣布大会结束。

简单地说，程序主要用于描述完成某项功能所涉及的对象和动作规则。如上述的主持人、领导、校长、话、名单、奖、代表等都是对象；而宣布、介绍、讲、颁等都是动作。这些动作的先后顺序以及它们所作用的对象，要遵守一定的规则。如"颁"的作用对象是"奖"而不是"话"；不能先颁奖，后宣布获奖名单。

可见，程序的概念是很普遍的。但是，随着计算机的出现和普及后，程序这一概念成为计算机的专用名词，用于描述计算机处理数据、解决问题的过程。

例 9.3 教师节到了，要对教龄满 30 年的教职工发荣誉证书，要求从存放教职工档案的"d:\zg. dat"文件中，显示出教龄满 30 年的教职工的姓名和所在部门。其 C 语言程序代码如下。

程序代码：
教工.cpp

```c
#include "stdafx. h"
#include <stdlib. h>
int main( )
{    char xm[80],char bm[80];
    int jl;
    FILE  * fp;
    fp = fopen("d:\zg. dat","r");
    while( !feof(fp))
    {   fscanf( fp,"% s",xm);
        fscanf( fp,"% s",bm);
        fscanf( fp,"% d",&jl);
        if ( jl >= 30) cout << "姓名:" << xm << "所在部门:" << bm << endl;
    }
    fclose( fp);
    return 0;
}
```

2. 计算机程序的组成和特性

从例9.3可以看到，一个程序包括以下两个方面的内容。

① 对数据的描述。要指定欲处理的数据类型和数据的组织形式，也就是数据结构。例如教职工的姓名、部门、教龄等都具有相应的数据类型，数据文件 d:\zg.dat 指定了它们之间的组织形式。

② 对操作的描述。如 fopen 打开文件并且返回指向文件的指针、fscanf 函数从文件中读入数据、if 语句判断是否满足条件等都是对操作的描述，这些动作的先后顺序以及它们所作用的数据，要遵守一定的规则，即求解问题的算法。

著名计算机科学家沃思（Nikiklaus Wirth）提出一个经典公式：

$$程序 = 数据结构 + 算法$$

实际上，一个程序除了以上两个主要的要素外，还应当采用程序设计方法进行设计，并且用一种计算机语言来表示。因此，算法、数据结构、程序设计方法和语言工具这4个方面是程序设计人员所应具备的知识。

9.2.2　算法的概念

1. 什么是算法

计算机是一种按照程序，高速、自动地进行计算的机器。用计算机解题时，任何答案的获得都是按指定顺序执行一系列指令的结果。因此，用计算机解题前，需要将解题方法转换成一系列具体的、在计算机上可执行的步骤，这些步骤能清楚地反映解题方法一步步"怎样做"的过程，这个过程就是通常所说的算法。

通俗地说，算法就是解决问题的方法和步骤，解决问题的过程就是算法实现的过程。

同程序一样，算法一词也不仅是计算机的专用术语。早在公元前300年，欧几里得在其著作《几何原本》中阐述了著名的欧几里得算法，即辗转相除法用于求两个正整数的最大公约数。当然随着计算机的诞生和发展，对算法的研究、应用和发展也增添了很多魅力。

求算圆周率的值是数学中一个非常重要也是非常困难的研究课题。中国古代许多数学家致力于圆周率的计算研究。公元3世纪，刘徽利用"割圆术"，也就是利用圆内接正六边形算起，依次将边数加倍，一直算到内接正3 072边形的面积，从而得到圆周率的近似值为 $\frac{3\ 927}{1\ 250} = 3.141\ 6$。图9.2.1显示了圆内接正十二边形时的圆周率 $= 12 \times \frac{1}{4} = 3$。

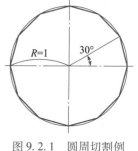

图9.2.1　圆周切割例

公元 5 世纪，祖冲之用了 15 年时间算到小数点后 7 位，即 3.141 592 6，这个记录保持了一千多年。之后许多数学家们利用级数展开式研究出很多计算圆周率的公式，最多计算到小数点后 707 位，典型的公式如下。

公式 1：$\dfrac{\pi}{2} = \dfrac{2^2}{1 \times 3} \times \dfrac{4^2}{3 \times 5} \times \dfrac{6^2}{5 \times 7} \times \dfrac{8^2}{7 \times 9} \times \cdots$

公式 2：$\dfrac{\pi}{4} = 1 - \dfrac{1}{3} + \dfrac{1}{5} - \dfrac{1}{7} + \dfrac{1}{9} - \dfrac{1}{11} + \cdots$

公式 3：$\dfrac{\pi}{6} = \dfrac{1}{\sqrt{3}} \times \left(1 - \dfrac{1}{3 \times 3} + \dfrac{1}{3^2 \times 5} - \dfrac{1}{3^3 \times 7} + \cdots \right)$

世界上第一台计算机 ENIAC 诞生后将 π 的计算提高到 2 037 个小数位，2010 年 8 月 30 日，日本计算机奇才近藤茂利用家用计算机和云计算相结合，计算出圆周率到小数点后 5 万亿位。

2. 算法的两个要素

例 9.4 利用求圆周率公式 2：$\dfrac{\pi}{4} = 1 - \dfrac{1}{3} + \dfrac{1}{5} - \dfrac{1}{7} + \dfrac{1}{9} - \dfrac{1}{11} + \cdots$，验证祖冲之花了 15 年时间计算出的圆周率。

分析：该公式的算法主要是对通项式 $t_i = (-1)^{i-1} \dfrac{1}{2i-1}, i = 1, 2, \cdots$，进行累加，直到某项 t_i 绝对值小于精度，即 $|t_i| < 10^{-8}$ 为止。

实现的算法步骤如下。

① 置初态。累加器 pi←0，计数器 i←1，第 1 项 t←1，正负符号变化 s←1。

② 重复执行下面的语句，直到某项绝对值小于精度，转到③。

● 求累加和：pi←pi + t；

● 为下一项做准备：i←i + 1、s←−1 * s、t←s * 1/(2 * i − 1)；

③ 输出。显示结果 pi * 4。

④ 结束。

由该例可以看到，一个算法由一系列操作组成。而这些操作又是按一定的控制结构所规定的次序执行的。说明算法是由操作与控制结构两个要素组成。

（1）操作

计算机最基本的操作功能如下。

① 算术运算：加、减、乘、除等。

② 关系运算：大于、大于等于、小于、小于等于、等于、不等于等。

③ 逻辑运算：与、或、非等。

④ 数据传送：输入、输出、赋值等。

（2）控制结构

各操作之间的执行顺序为算法的控制结构，有顺序结构、选择结构、循环结构，称为算法的 3 种基本结构，用流程图可以形象地描述算法的控制结构，如图 9.2.2 所示。

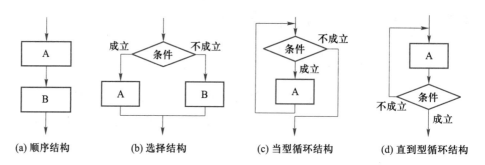

(a) 顺序结构　　　(b) 选择结构　　　(c) 当型循环结构　　　(d) 直到型循环结构

图 9.2.2　控制结构

① 顺序结构。最简单、最常用的一种结构，计算机按照语句 A 和 B 出现的先后次序依次执行。

② 选择结构。在处理问题时根据可能出现的情况进行分析和处理。

③ 循环结构。计算机与人处理问题最大的特点，是计算机可以永不疲劳地重复算法所设计的操作，这通过循环结构来实现。循环结构有两种形式：当型和直到型。区别是前者先判断后循环，有可能循环体语句 "A" 一次也不执行；后者先执行循环体语句 "A"，然后判断条件，至少执行一次。

图 9.2.3 所示的是例 9.4 计算圆周率近似值，使用当型循环结构实现的流程图。

如果把每种基本结构看成一个算法单位，则整个算法便可以看作是由各算法单位顺序串接而成，好像串起来的珠子一样，结构清晰，来龙去脉一目了然，这样的算法成为结构化的算法。

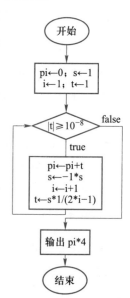

图 9.2.3　计算圆周率

3. 算法的特性

著名计算机科学家 Donald E. Knuth 曾把算法的性质归纳为以下 5 点，现以例 9.4 进行解释。

① 有穷性。任意一个算法在执行有穷个计算步骤后必须终止。例如在进行累加中，当某项绝对值小于精度（即 $|t| < 10^{-8}$）时循环终止。

② 每一个计算步骤必须是精确地定义，无二义性。例如求通项、累加都是确

定的。

③ 可行性。有限多个步骤应该在一个合理的范围内进行。

例如，每次求得通项的绝对值都在精度要求的范围内进行，并且通项绝对值在向循环终止方向发展。

④ 输入。一般有 0 个或多个输入，它们取自某一个特定的集合。本例 0 个输入，因算法本身有确定的初值。

⑤ 输出。一般有若干个输出信息，是反映对输入数据加工后的结果。由于算法需要给出解决特定问题的结果，没有输出结果的算法是毫无意义的。本例只有一个输出，即圆周率的值。

4. 算法的分类

算法的种类很多，分类标准也很多。根据处理的数据是数值数据还是非数值数据，可以分为数值计算算法和非数值计算算法，这是一种简单的分类方法，对程序设计初学者还是有意义的。

（1）数值计算算法

用于科学计算，其特点是少量的输入、输出，复杂的运算。例如，求高次方程的近似根、求函数的定积分的计算等。计算机刚刚出现时是为了进行数值计算的，仅是一种计算工具。例 9.4 圆周率计算属于数值计算算法。

（2）非数值计算算法

目的是对数据管理，其特点是大量的输入、输出，简单的算术运算和大量的逻辑运算。例如，对数据的排序、查找等算法。随着计算机技术的发展和应用面的普及，非数值计算算法涉及面更广，研究的任务更重。例 9.3 显示教龄满 30 年的职工属于非数值计算算法。

9.2.3　算法的表示

算法的表示方法有很多，常用的有自然语言、传统的流程图、伪代码和计算机语言等。

1. 自然语言

用人们使用的语言，即自然语言描述算法，例 9.4 就是用自然语言描述的。用自然语言描述算法通俗易懂，但存在以下缺陷。

① 易产生歧义性，往往需要根据上下文才能判别其含义，不太严格。

② 语句比较烦琐、冗长，并且很难清楚地表达算法的逻辑流程，尤其对描述含有选择、循环结构的算法，不太方便和直观。

2. 传统的流程图

流程图是描述算法的常用工具，采用一些图框、线条以及文字说明来形象、直观地描述算法处理过程。美国国家标准化协会（American National Standard Institute，ANSI）规定了一些常用的流程图符号，如图 9.2.4 所示。

符号名称	图形	功能
起止框	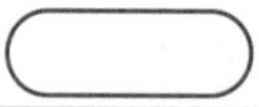	表示算法的开始和结束
输入输出框	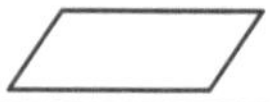	表示算法的输入输出操作
处理框	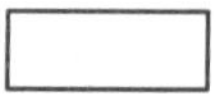	表示算法中的各种处理操作
判断框		表示算法中的条件判断操作
流程线	 →	表示算法的执行方向
连接点	○	表示流程图的延续

图 9.2.4　流程图的常用符号

由这些流程符号组成的 3 种基本结构参见图 9.2.2。图 9.2.3 就是对例 9.4 算法的流程图的例子。

3. 伪代码

由于绘制流程图较费时，自然语言易产生歧义性和难以清楚地表达算法的逻辑流程等缺陷，因而采用伪代码。伪代码产生于 20 世纪 70 年代，也是一种描述程序设计逻辑的工具。

伪代码是用介于自然语言和计算机语言之间的文字和符号来描述算法。有如下简单约定。

① 每个算法用 Begin 开始，以 End 结束。若仅表示部分实现代码可省略。

② 每一条指令占一行，指令后不跟任何符号。

③ "//" 标志表示注释的开始，一直到行尾。

④ 算法的输入输出以 Input/Print 后加参数表的形式表示。

⑤ 用 "←" 表示赋值。

⑥ 用缩进表示代码块结构，包括 While 和 For 循环、If 分支判断等。块中多句语句用一对 ‖ 括起来。

⑦ 数组形式为数组名［下界…上界］；数组元素为数组名［序号］。

⑧ 一些函数调用或者处理简单任务可以用一句自然语言代替。

例9.5　按例9.4中的公式2计算圆周率π，当某一项的绝对值小于10^{-8}时结束。圆周率π计算的伪代码如图9.2.5所示。

4. 计算机语言

计算机无法识别自然语言、流程图、伪代码。这些方法仅为了帮助人们描述、理解算法，要用计算机解题，就要用计算机语言描述算法。只有用计算机语言编写的程序才能被计算机执行（当然还要被编译成目标程序）。因此，最终还是要将它转换成计算机语言程序。

用计算机语言描述算法必须严格遵循所选择的编程语言的语法规则。

```
Begin
  pi←0              //变量赋初值
  s←1
  i←1
  t←1
  While(|t|≥10⁻⁸)
    {
      pi←pi+t  //计算累加和
      s←-1*s
      i←i+1
      t←s*1/(2*i-1)  //计算通项
    }
  Print  pi*4    //输出圆周率值
End
```

图9.2.5　计算圆周率伪代码例

例9.6　用例9.4的公式2计算圆周率π的C/C++程序代码如下。

```cpp
#include "iostream. h"           //文件包含,作用为输入和输出
#include "iomanip. h"            //文件包含,作用为输入和输出
#include "math. h"               //包含数学函数
void main( )
{
    int s,i;                     //s 为控制正负号变化,i 为第 i 项
    double pi,t;                 //pi 存放累加和项,t 当前某项
    pi =0;
    s = i = 1 = t;
    while( abs( t) >=0. 00000001)  //当前项还没有到达精度,继续求和
    {
        pi = pi + t;             //求和
        s = -1 * s;              //为下一项做准备,符号变化
        i ++ ;
        t = s * 1.0/(2 * i-1);   //下一项值
    }
    cout << setprecision(8) << pi * 4 << endl;
}
```

程序代码:
求圆周率.cpp

电子教案 9.3

9.3   算法设计的基本方法

应用计算机解决实际问题，首先要进行算法设计。对于初学者可能感觉无从下手，的确很多算法是前人花费了很多时间的经验总结。人们通过长期的研究开发工作已经总结了一些基本的算法设计方法。例如枚举法、迭代法、递推法、分治法、回溯法、贪心法和动态规划法等。这里列出几种相对简单而典型的算法，读者可用程序设计语言编程通过上机来调试验证。

9.3.1   枚举法

枚举法亦称穷举法或试凑法。它的基本思想是采用搜索的方法，根据题目的部分条件确定答案的大致搜索范围，然后在此范围内对所有可能的情况逐一验证，直到所有情况验证完。若某个情况符合题目的条件，则为本题的一个答案；若全部情况验证完后均不符合题目的条件，则问题无解。枚举法是一种比较耗时的算法，其利用计算机快速运算的特点。枚举的思想可解决许多问题。

程序代码：
破案.cpp

例 9.7   利用计算机破案。某天晚上，张三在家中遇害，侦查过程中发现 A、B、C、D 四人到过现场。在讯问他们时：

A 说："我没有杀人。"

B 说："C 是凶手。"

C 说："杀人者是 D。"

D 说："C 在冤枉好人。"

侦查员经过判断四人中有三人说的是真话，一人说的是假话，四人中有且只有一人是凶手，凶手到底是谁？

（1）分析

用 0 表示不是凶手，1 表示凶手，则每个人的取值范围就是 $[0,1]$；四人的说话和表达式表示如表 9.3.1 所示，侦查员判断和逻辑表达式表示如表 9.3.2 所示。

► 表 9.3.1
四人的说话和
表达式表示

四 人	说 的 话	关系表达式表示
A	我没有杀人	$A = 0$
B	C 是凶手	$C = 1$
C	杀人者是 D	$D = 1$
D	C 在冤枉好人	$D = 0$

侦 查 员	逻辑表达式表示
四人中三人说的是真话	$(A=0)+(C=1)+(D=1)+(D=0)=3$
四人中有且只有一人是凶手	$A+B+C+D=1$

▶表 9.3.2

侦查员判断和

逻辑表达式表示

（2）算法分析

在每个人的取值范围 $[0,1]$ 的所有可能中进行搜索，如果表格9.3.2的组合条件同时满足，即为凶手。

（3）伪代码

```
For A = 0 To 1
    For B = 0 To 1
        For C = 0 To 1
            For D = 0 To 1
                If ((A=0)+(C=1)+(D=1)+(D=0))=3 And (A+B+C+
D=1)                      //要同时满足
                    Print A,B,C,D   //输出的值是 1 的为凶手,结果显示 C 为 1,
                                    即 C 是凶手
```

例 9.8 期末计算机安排考试，某专业考试 3 门课程为 A、B、C，考试安排在周一到周六，排考试的顺序规则为，先考 A，后考 B，最后考 C 课程。为减轻学生负担，一天只能安排一门课程考试。为防止过早离校，最后课程只能安排在周五或周六，请列出安排考试的所有方案。

分析：解决该问题关键是根据安排日期的规定，每门课程搜索的日期范围不同。设置好搜索的范围后，逻辑判断较为简单。

相应的伪代码如下。

```
For A = 1 To 4
    For B = A+1 To 5    //B 课程总比 A 晚考
        For C = 5 To 6    //C 最早周五考
            If (B < C)    //排除 B=C 的情况,不能在同一天考
                Print A,B,C   //输出的值是 A、B、C 分别安排的考试周的星期几
```

从上两例看到，枚举法能有效解决问题的关键在于以下 3 点。

① 确定搜索的范围，尽量不遗漏但又避免出现问题求解以外的范围。

② 确定满足的条件，把所有可能的条件一一罗列。

③ 枚举解决问题效率不高，因此，为提高效率，根据解决问题的情况，尽量减少内循环层数或每层循环次数。

思考：例如古代百元买百鸡问题是典型的枚举法来求解的。百元买百鸡问题：假定小鸡每只 0.5 元，公鸡每只 2 元，母鸡每只 3 元。现在有 100 元钱要求买 100 只鸡，列出所有可能的购鸡方案。

问题分析：设母鸡、公鸡、小鸡各为 x、y、z 只，根据题目约束条件，列出方程为

$$x + y + z = 100$$
$$3x + 2y + 0.5z = 100$$

3 个未知数，两个方程，此题有若干个解，属不定方程，无法直接求解。利用枚举法，将各种可能的组合一一测试，将符合条件的组合输出。分别写出用三重循环、两重循环实现的伪代码。

9.3.2　迭代法

迭代法又称递推法，是利用问题本身所具有的某种递推关系求解问题的一种方法。其基本思想是从初值出发，归纳出新值与旧值间直到最后值为止存在的关系，从而把一个复杂的计算过程转化为简单过程的多次重复，每次重复都从旧值的基础上递推出新值，并由新值代替旧值。

程序代码：
求立方根.cpp

例 9.9　利用迭代法求高次方程 $x = \sqrt[3]{a}$ 的根的近似解，精度 ε 为 10^{-5}，迭代公式为 $x_{i+1} = \dfrac{2}{3}x_i + \dfrac{a}{3}\dfrac{1}{x_i^2}$。

算法步骤如下。

① 选择方程的近似根作为初值赋值给 x_1。

② 将 x_1 的值保存于 x_0，通过迭代公式求得新近似根 x_1。

③ 若 x_1 与 x_0 的差绝对值大于指定的精度 ε 时，继续执行②迭代；否则 x_1 就是方程的近似解。

算法流程图如图 9.3.1 所示。伪代码实现请读者自行完成。

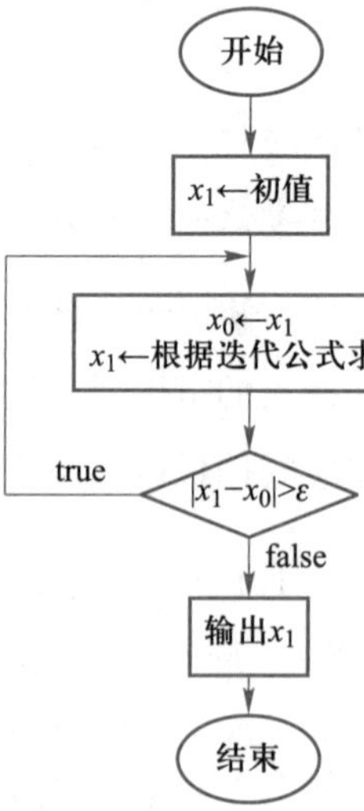

图 9.3.1　递推法求解例 9.9

9.3.3　排序

在日常生活和工作中，许多问题的处理过程依赖于数据的有序性，例如考试成绩

的高到低、按姓氏笔画低到高的有序等。因此，需要把无序数据整理成有序数据，这就是排序，排序是计算机程序中经常要用到的基本算法。几十年来，人们设计了很多排序算法，下面主要介绍常用的选择排序、冒泡排序。

在数学中对一批同类数据用 a_0，a_1，a_2，$\cdots$，a_{n-1} 来表示，在计算机中存放在数组 a[n] 中，每个元素分别为 a[0]，a[1]，a[2]，$\cdots$，a[n-1]，下标 0，1，2，$\cdots$，n-1 来标识数组中的每个不同的数，下标变量 a[0]，a[1]，a[2]，$\cdots$，a[n-1] 表示每个元素存放的数值。

1. 选择排序

选择排序是最为简单且易于理解的算法，基本方法是每次在无序数中找到最小（递增）数的下标，然后存放在无序数的第一个位置。假定有 n 个数的序列，要求按递增的次序排序，排序算法如下。

① 从 n 个数中找出最小数的下标，一轮比较结束，最小数与第 1 个数交换位置。通过这一轮排序，第 1 个数已确定好。

② 在余下的 n-1 数中再按步骤 ① 的方法选出最小数的下标，最小数与第 2 个数交换位置。

③ 依此类推，重复步骤 ②，最后构成递增序列。

例 9.10 对已知 6 个数，n=6，排序进行的过程如图 9.3.2 所示。其中右边数据中有双下画线的数表示每一轮找到的最小数的下标位置，与要排序序列中的最左边有单下画线的数交换后的结果。

						原始数据	8 6 9 3 2 7
a[0]	a[1]	a[2]	a[3]	a[4]	a[5]	第1轮比较交换后	2 6 9 3 8 7
	a[1]	a[2]	a[3]	a[4]	a[5]	第2轮比较交换后	2 3 9 6 8 7
		a[2]	a[3]	a[4]	a[5]	第3轮比较交换后	2 3 6 9 8 7
			a[3]	a[4]	a[5]	第4轮比较交换后	2 3 6 7 8 9
				a[4]	a[5]	第5轮比较交换后	2 3 6 7 8 9

图 9.3.2 选择排序过程示意图

相应的伪代码如下。

```
For i = 0 To n - 2              //n 个数进行 n-1 轮比较
{
    min←i                       //每一轮内,假定当前个最小
    For j = i + 1 To n - 1
      If a[j] < a[min]
```

min←j	//下一个元素值小,替换 min
a[i]元素与a[min]元素交换	//一轮结束,最小的元素放在a[i]位置

2. 冒泡排序

动画:
冒泡排序

冒泡排序与选择排序相似,选择排序在每一轮中进行寻找最值小(递增次序)的下标,然后与应放位置的数交换位置。而冒泡排序在每一轮排序时将相邻两个数组元素进行比较,次序不对时立即交换位置,一轮比较结束小数上浮,大数沉底。有 n 个数则进行 n−1 轮上述操作。

例9.11 假定有 n 个数的 a 数组,要求按递增的次序排序,冒泡排序算法如下。

① 从第一个元素开始,对数组中两两相邻的元素比较,即 a[0] 与 a[1] 比。若为逆序,则 a[0] 与 a[1] 交换;然后 a[1] 与 a[2] 比较,…,直到最后 a[n−2] 与 a[n−1] 比较,这时一轮比较完毕,一个最大的数"沉底",成为数组中的最后一个元素 a[n−1],一些较小的数如同气泡一样"上浮"一个位置。

② 对 a[0]~a[n−2] 的 n−1 个数进行同①的操作,次最大数放入 a[n−2] 元素内,完成第二轮排序。依此类推,进行 n−1 轮排序后,所有数均有序,冒泡排序进行的过程如图 9.3.3 所示。

						原始数据	8 6 9 2 3 7
a[0]	a[1]	a[2]	a[3]	a[4]	a[5]	第1轮比较	6 8 2 3 7 9
a[0]	a[1]	a[2]	a[3]	a[4]		第2轮比较	6 2 3 7 8 9
a[0]	a[1]	a[2]	a[3]			第3轮比较	2 3 6 7 8 9
a[0]	a[1]	a[2]				第4轮比较	2 3 6 7 8 9
a[0]	a[1]					第5轮比较	2 3 6 7 8 9

图 9.3.3   冒泡排序过程示意图

相应的伪代码如下。

For i = 0 To n − 2	//n 个数进行 n − 1 轮比较
For j = 0 To n − 2 − i	//每一轮内
If a[j] > a[j + 1]	//若相邻两个次序不对
a[j] 与 a[j + 1] 元素交换	//则交换位置,小数上浮,大数下沉

对于选择排序和冒泡排序,大家可以看到以下共同特点和不同特点。

① 共同。每一轮比较仅使得一个数确定了所在数组中的位置,对有 n 个数,要进行 n−1 轮比较。

② 不同。选择排序每一轮比较中找最小位置的下标，一轮比较结束交换位置。冒泡排序在每一轮相互两两比较中，次序不对就交换位置，花费时间略多一点。

优化问题。从图 9.3.3 还可以看到，第 3 轮比较后，实际数组已经有序，后面两轮比较是多余的。人可以一目十行马上就可看出数据已经有序，可以不要再进行下一轮比较了。但计算机看不到整个数据，只能进行两个数大小比较。如何让计算机判断数组已经有序呢？如何判断其已经有序？解决办法是增加一个逻辑变量，在每一轮比较前设置其初值为 true，在比较中如果发生交换，其值改变为 false，出了该轮比较根据其逻辑值确定数组是否已经有序。

相应的伪代码如下。

```
For i = 0 To n − 2                    //n 个数进行 n − 1 轮比较
{

    noswap←true
    For j = 0 To n − 2 − i            //每一轮内
        If a[j] > a[j + 1]            //若相邻两个次序不对
        {

            a[j] 与 a[j + 1]元素交换   //则交换位置,小数上浮,大数下沉
            noswap←false             // 一旦交换过,noswap 设置为 false
        }
        If noswap 数据已经有序提前结束    //一轮比较结束,根据 noswap
                                          值判断数据有序否

}
```

9.3.4　查找

查找在日常生活中经常遇到，利用计算机快速运算的特点，可方便地实现查找。查找的方法很多，对不同的数据结构有对应的方法。例如对无序数据，用顺序查找；对有序数据，采用二分法查找；对某些复杂的结构的查找，可用树形查找方法。

例 9.12　以存放在 a[1..n]数组中的数据，查找某个指定的关键值 key，找出与其值相同的元素的下标，下面介绍顺序查找和二分法查找。

1. 顺序查找

顺序查找很简单，根据查找的关键值与数组中的元素逐一比较。顺序查找对数组中的数不要求有序，查找效率比较低，有 n 个数的平均查找次数为 $(n + 1)/2$。顺序查

找的流程图如图9.3.4所示。算法伪代码请读者自行完成。

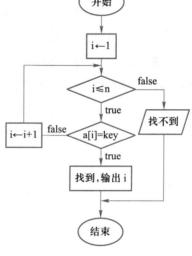

图9.3.4   顺序查找流程图

2. 二分法查找

二分法查找是对数据量很大时采用的一种高效查找法。采用二分法查找时，数据必须是有序的。假设数组是按递增有序的，实现的方法是已知查找区间的下界 low、上界 high，当 high≥low 时，中间项 mid = (low + high)/2，根据查找的 key 值与中间项 a[mid] 比较，有以下3种情况。

$$
\begin{cases}
\text{key} > a[\text{mid}], \text{则 low} = \text{mid} + 1, \text{后半部作为继续查找的区域}\\
\text{key} < a[\text{mid}], \text{则 high} = \text{mid} - 1, \text{前半部作为继续查找的区域}\\
\text{key} = a[\text{mid}], \text{则查找成功,结束查找}
\end{cases}
$$

这样每次查找区间缩小一半，直到查找到或者区间内没有要查找的值。

若有一组有序数 a[n]，n = 11，要查找数 key 为 21，查找过程如图9.3.5所示，流程图如图9.3.6所示。

图9.3.5   二分法查找示意图

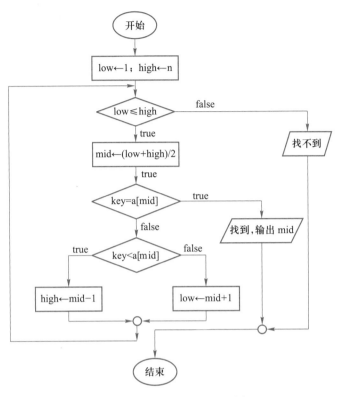

图 9.3.6　二分法查找流程图

从上述查找两例可以看出，对于有 n 个元素的数据序列，顺序查找某值平均花费的时间为 $t=\dfrac{n+1}{2}$；二分法查找平均花费的时间为 $t=\log_2(n)$。

程序代码:
猜数游戏.cpp

例 9.13　利用二分法查找，设计人与计算机的猜数游戏。由计算机随机产生一个 $[1,100]$ 的任意整数 key，让用户猜这个数。用户输入一个数 x 后，计算机根据 3 种情况：x > key（太大）、x < key（太小）、x = key（成功）给出提示，则成功结束。如果 6 次后还没有猜中就结束游戏并公布正确答案，运行窗口如图 9.3.7 所示，请读者自行设计算法。

图 9.3.7　猜数游戏运行效果

9.3.5　程序设计的一般过程

熟练的程序设计技能是在知识与经验不断积累的基础上发展而来的，程序的设计和编写如同写作靠日积月累，在拿到作文题目后不直接在文稿纸上撰写，而是通过审题、构思、提纲、成文、润色等几个步骤。

编写程序解决问题的过程一般包括如图 9.3.8 所示的 4 个步骤。在处理过程中，每个步骤都是很重要的。前两个步骤做好了，在后面的步骤中就会花费较少的时间和精力，少走弯路。

本书涉及的问题都比较简单，但这并不意味着可以省略编写代码之前的准备工作。

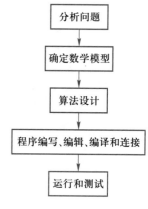

图 9.3.8　程序设计步骤

1. 分析问题

在开始解决问题之初，首先要弄清楚所求解问题相关领域的基本知识，应理解和明确以下几点。

① 分析题意，搞清楚问题的含义，以及要解决问题的目标是什么？

② 问题的已知条件和已知数据是什么？

③ 要求解的结果是什么？需要什么类型的报告、图表或信息？

2. 确定数学模型

在分析问题的基础上，要建立计算机可实现的计算模型，确定数学模型就是把实际问题直接或间接转化为数学问题，直到得到求解问题的公式。

例如，对求解一元二次方程 $ax^2 + bx + c = 0$ 的根，求根公式

$$x_{1,2} = \frac{-b \pm \sqrt{b^2 - 4ac}}{2a}$$

就是解本题的数学模型，直接用求根公式求得。对高次方程没有直接的数学模型，则需要通过数值模拟的方法求得方程的近似解。

建模是计算机解题中的难点，也是计算机解题成败的关键。

3. 算法设计

算法是求解问题的方法和步骤，设计从给定的输入到期望的输出的处理步骤。学习程序设计最重要的是学习算法思想，掌握常用算法并能自己设计算法。

对求解一元两次方程根问题的算法如下。

① 输入方程 3 个系数 a、b、c。

② 根据判别式值的 3 种情况：<0、$=0$、>0，做出求解结果的判断和处理。

③ 输出结果。

对于求解大问题、复杂问题，需要将大问题分解成若干个小问题，每个小问题将作为程序设计的一个功能模块。算法是某个具体模块功能的实现方法和步骤，是对问题处理过程的进一步细化。

例如，计算机基础教学网站的设计的功能结构如图 9.3.9 所示。

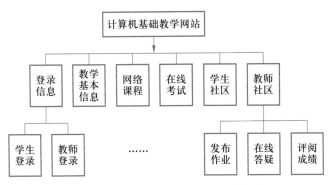

图 9.3.9 计算机基础教学网站结构图

4. 程序编写、编辑、编译和连接

当步骤 3 正确完成后，那么编写程序代码将相对简单。要编写程序代码，首先选择编程语言，然后按照算法并根据语言的语法规则写出源程序。

当然，计算机是不能直接执行源程序的，在编译方式下必须通过编译程序将源程序翻译成目标程序，这期间编译器对源程序进行语法和逻辑结构检查。这是一个不断重复进行的过程，需要有耐心和毅力，还需要调试程序经验的积累。

生成的目标程序还不能被执行，还需通过连接程序将目标程序和程序中所需的系统中固有的目标程序模块（如调用的标准函数、执行的输入输出操作的模块）链接后生成可执行文件。

5. 运行和测试

程序运行后得到计算结果。但要知道，数学公式是在公理和定理的前提下依照严密的逻辑推理得到的，所以数学公式的正确性是不容置疑的。而程序是由人设计的，因此，如何保证程序的正确性，如何证明和验证程序的正确性是一个极为困难的问题，比较实用的方法就是测试。

测试的目的是找出程序中的错误。测试是以程序通过编译，没有语法和连接上的错误为前提的。在此基础上，通过让程序试运行一组数据，看程序是否满足预期结果。这组测试数据应是以任何程序都是有错误的为前提精心设计出来的，称为测试用例。

例如，对求解一元两次方程 $ax^2 + bx + c = 0$ 的根，测试用例可分别考虑为

$$a = 0 、 b = 0 、 c = 0 、 b^2 - 4ac \geqslant 0 、 b^2 - 4ac < 0$$

等各种特殊情况时对应输入 a、b、c 的值，观察程序运行的结果。

9.3.6 程序设计方法

为了有效地进行程序设计，除了要仔细分析数据并精心设计算法外，程序设计方法也很重要，它在很大程度上影响到程序设计的成败以及程序的质量。目前，最常用的是结构化程序设计方法和面向对象的程序设计方法。无论哪种方法，程序的可靠

性、易读性、高效性、可维护性等都是衡量程序质量的重要特性。

1. 结构化程序设计

在计算机刚出现的早期，它的价格昂贵、内存很小、速度不高。程序员为了在小得可怜的内存下解决大量的科学计算问题，并为了节省昂贵的 CPU 机时费，他们不得不使用巧妙的手段和技术，手工编写各种高效的程序。其中显著的特点是程序中大量使用 GOTO 语句，使得程序结构混乱、可读性差、可维护性差、通用性更差。

结构化程序设计的概念最早由荷兰科学家 E. W. Dijkstra 提出，1966 年他就指出：可以从高级语言中取消 GOTO 语句、程序的质量与程序中所包含的 GOTO 语句的数量成反比；任何程序都基于顺序、选择、循环 3 种基本的控制结构；程序具有模块化特征，每个程序模块具有唯一的入口和出口。这为结构化程序设计的技术奠定了理论基础。

结构化编程主要包括以下两个方面。

① 在软件设计和实现过程中，提倡采用自顶向下、逐步细化的模块化程序设计原则，构成如图 9.3.10 所示的树状结构。

② 在底层模块代码的编写时，强调采用单入口、单出口的 3 种基本控制结构（顺序、选择、循环），避免使用 GOTO 语句，构成如同一串珠子一样顺序清楚、层次分明，如图 9.3.11 所示。

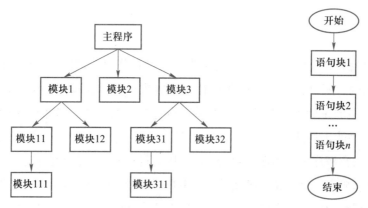

图 9.3.10　自顶向下的模块化设计　　图 9.3.11　模块内单入口和单出口

结构化程序的结构简单清晰，可读性好，模块化强，描述方式符合人们解决复杂问题的普遍规律，在软件重用性、软件维护等方面有所进步，可以显著提高软件开发的效率。因此，在应用软件的开发中发挥了重要的作用。

2. 面向对象程序设计

结构化程序设计方法虽已得到广泛使用，但如下两个问题仍未得到很好解决。

（1）难以适应大型软件的设计

结构化程序设计注重实现功能的模块化设计，而被操作的数据处于实现功能的从属地位。特点是程序和数据是分开存储的，即数据和处理数据分离。因此在大型软件系统开发中，容易出错，难以维护。

（2）程序可重用性差

结构化程序设计方法不具备"软件部件"的工具，即使是面对老问题，数据类型的变化或处理方法的改变都必将导致重新设计。

由于上述缺陷已不能满足现代化软件开发的要求，一种全新的软件开发技术应运而生，这就是面向对象的程序设计（Object Oriented Programming，OOP）。

面向对象的程序设计是 20 世纪 80 年代初就提出的，起源于 Smalltalk 语言。用面向对象的方法解决问题，不再将问题分解为过程，而是将问题分解为对象。对象是现实世界中可以独立存在、可以区分的实体，也可以是一些概念上的实体，世界是由众多对象组成的。对象有自己的数据（属性），也有作用于数据的操作（方法），将对象的属性和方法封装成一个整体，供程序设计者使用。对象之间的相互作用通过消息传递来实现，如图 9.3.12 所示。尤其现在的可视化环境，系统事先已经建立好了很多类，程序设计的过程就如同"搭积木"的拼装过程，如图 9.3.13 所示。这种面向对象、可视化程序设计的风格简化了程序设计。目前，这种"对象＋消息"的面向对象的程序设计模式有取代"数据结构＋算法"的面向过程的程序设计模式的趋向。

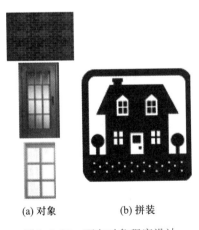

(a) 对象　　　　(b) 拼装

图 9.3.12　面向对象程序设计

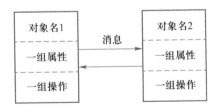

图 9.3.13　对象的结构

当然，面向对象的程序设计并不是要抛弃结构化程序设计方法，而是站在比结构化程序设计更高、更抽象的层次上去解决问题。当所要解决的问题被分解为低级代码模块时，仍需要结构化编程的方法和技巧，但是，它分解一个大问题为小问题时采取的思路却是与结构化方法不同，主要有以下几点。

① 结构化的分解突出过程。它强调代码的功能是如何得以完成。

② 面向对象的分解突出真实世界和抽象的对象。它将大量的工作由相应的对象来

完成，程序员在应用程序中只需说明要求对象完成的任务。

面向对象的程序设计给软件的发展带来了以下益处。

① 符合人们习惯的思维方法，便于分析复杂而多变化的问题。

② 易于软件的维护和功能的增减。

③ 可重用性好，能用继承的方式减短程序开发所用的时间。

④ 与可视化技术相结合，改善了工作界面。

目前，在 Windows 环境下常用的面向对象、可视化的程序设计语言有 C ++ 、Visual Basic、C#等。虽然风格各异，但都具有共同的思维和编程模式。

习　题

1. 简述计算机求解简单问题的一般过程。

2. 什么是程序？什么是计算机程序？列举一个日常生活中的例子以程序形式表示。

3. 什么是算法？描述算法有哪几种方法？比较它们的优点、缺点。

4. 算法的要素是什么？算法的特征是什么？

5. 算法的表示形式有几种？

6. 下面的算法是实现输入两个数并显示出其中的较大数，请用流程图表示。

　（1）输入 A，B 两个数；

　（2）比较这两个数，判断哪个数大，将较大数放入 BIG 变量中；

　（3）显示较大数。

7. 分别用伪代码和流程图编写一个算法，要求输入 10 个数，显示每个数及其平方数。

8. 分别用伪代码和流程图编写一个算法，要求输入并显示若干个学生的大学计算机课程考试成绩，直到输入的成绩为 −1，然后显示平均成绩。

9. 用伪代码写出求解下列方程根的枚举算法。

$$i^3 + j^3 + k^3 = 1$$

其中 i,j,k 的取值范围为 $-3 \leqslant i \leqslant 5$，　$-5 \leqslant j \leqslant 6$，　$-4 \leqslant k \leqslant 2$。

10. 用伪代码或流程图编写一个算法，要求输入 10 个数，求最小值和最大值，并把结果显示出来。

11. 用流程图表示下述数列的前 n 项之和，其中 n 通过输入获得。

$$s = 1+1+2+3+5+8+\cdots\cdots$$

12. 结构化程序设计的 3 种基本结构是什么？

参考文献

［1］吴鹤龄，等．图灵和 ACM 图灵奖［M］.4 版．北京：高等教育出版社，2012.

［2］陈国良，等．计算思维导论［M］.北京：高等教育出版社，2012.

［3］唐培和，等．计算思维导论［M］.北京：广西师范大学出版社，2012.

［4］J P June，O Dan.计算机文化［M］.8 版．北京：机械工业出版社，2006.

［5］D Nell.计算机科学概论［M］.北京：机械工业出版社，2005.

［6］吴功宜，等．物联网工程导论［M］.北京：机械工业出版社，2012.

［7］陈越，何钦铭．数据结构［M］.北京：高等教育出版社，2012.

［8］许卓群，等．计算概论［M］.北京：清华大学出版社，2005.

［9］杨振山，龚沛曾，等．计算机文化基础［M］.3 版．北京：高等教育出版社，2003.

［10］龚沛曾，杨志强，等．大学计算机基础［M］.5 版．北京：高等教育出版社，2008.

郑重声明

高等教育出版社依法对本书享有专有出版权。任何未经许可的复制、销售行为均违反《中华人民共和国著作权法》，其行为人将承担相应的民事责任和行政责任；构成犯罪的，将被依法追究刑事责任。为了维护市场秩序，保护读者的合法权益，避免读者误用盗版书造成不良后果，我社将配合行政执法部门和司法机关对违法犯罪的单位和个人进行严厉打击。社会各界人士如发现上述侵权行为，希望及时举报，本社将奖励举报有功人员。

反盗版举报电话　（010）58581999　58582371　58582488

反盗版举报传真　（010）82086060

反盗版举报邮箱　dd@hep.com.cn

通信地址　北京市西城区德外大街 4 号　高等教育出版社法律事务与版权管理部

邮政编码　100120

防伪查询说明

用户购书后刮开封底防伪涂层，利用手机微信等软件扫描二维码，会跳转至防伪查询网页，获得所购图书详细信息。也可将防伪二维码下的 20 位密码按从左到右、从上到下的顺序发送短信至 106695881280，免费查询所购图书真伪。

反盗版短信举报

编辑短信"JB，图书名称，出版社，购买地点"发送至 10669588128

防伪客服电话

（010）58582300